高等职业教育智能制造系列新形态教材

机械CAD/CAM应用

主　编　冯金广　庞子瑞
副主编　李太祥　杨亮华　赵永硕

同济大学出版社
TONGJI UNIVERSITY PRESS
·上海·

内 容 提 要

本书以真实项目为引导,突出工作任务与相关知识的密切联系,强化学生知识应用技能培养。本书的项目均由典型产品生产案例转化而来,任务设置参照国家职业技能标准和实际生产技术要求,以零件的数控加工为主线,旨在提高学生的技能水平和创新能力。

本书以"够用"为度、突出"实用"为主,注重制造技术在实际生产实践的应用,以培养学生分析和解决产品制造中实际问题的能力。全书内容主要包括机械 CAD/CAM 基础认知、导向轴的加工、转接头的加工、转接套的加工、机器底座的加工、推料导向架的加工、轴承座的加工、支撑架的加工、VERICUT 数控车削仿真和 VERICUT 数控铣削仿真共 10 个项目。另外,附有气缸半精件的加工、法兰半精件的加工等企业生产案例以二维码形式呈现。

本书不仅可以作为高等职业院校数控技术、机械制造及自动化、机械设计与制造、模具设计与制造等相关专业学生的教学用书,也可以作为数控加工技术人员的参考用书。

图书在版编目(CIP)数据

机械 CAD/CAM 应用 / 冯金广,庞子瑞主编. -- 上海:同济大学出版社,2024.12. -- ISBN 978-7-5765-1445-2

Ⅰ. TH122;TH164

中国国家版本馆 CIP 数据核字第 202479MW84 号

高等职业教育智能制造系列新形态教材
机械 CAD/CAM 应用

主编 冯金广 庞子瑞 **副主编** 李太祥 杨亮华 赵永硕
责任编辑 任学敏 **责任校对** 徐逢乔 **封面设计** 陈益平

出版发行	同济大学出版社 www.tongjipress.com.cn	
	(地址:上海市四平路 1239 号 邮编:200092 电话:021-65985622)	
经　销	全国各地新华书店	
制　作	南京月叶图文制作有限公司	
印　刷	常熟市大宏印刷有限公司	
开　本	787 mm×1092 mm　1/16	
印　张	16.75	
字　数	387 000	
版　次	2024 年 12 月第 1 版	
印　次	2024 年 12 月第 1 次印刷	
书　号	ISBN 978-7-5765-1445-2	
定　价	68.00 元	

本书若有印装质量问题,请向本社发行部调换　　　版权所有　侵权必究

前　言

本书全面贯彻落实党的二十大精神,把教材建设作为深化教育领域综合改革的重要环节,确保党的二十大精神进教材落到实处、取得实效。基于建设一批校企联合开发、产教特征明显、体现协同育人、彰显类型特色的现代职业教育优质教材的要求,本书由校企共同组织编写,内容选自企业一线生产案例,教学项目融合多个学科的内容、知识点和技能要求,突出内容的实践性。

本书以企业典型产品生产案例为载体,对照国家职业标准,以培养学生的综合职业能力为目标。以学生为中心,根据职业岗位工作过程设计学习内容,通过零件识图、三维建模、工艺制定、程序编制与可视化仿真等工作过程,培养学生对知识和技能的实践应用能力。全书4个模块共10个项目,基础模块包括项目一机械CAD/CAM基础;数控车削模块包括项目二导向轴的加工,项目三转接头的加工及项目四转接套的加工;数控铣削模块包括项目五机器底座的加工,项目六推料导向架的加工,项目七轴承座的加工及项目八支撑架的加工;数控仿真模块包括项目九VERICUT数控车削仿真及项目十VERICUT数控铣削仿真。另外,气缸半精件加工和法兰半精件加工的企业生产案例以二维码形式呈现,有需要的读者可扫描封底二维码学习。

本书的编写以就业为导向,以重点培养学生职业岗位能力为核心,以"够用"为度、突出"实用"为主,基于企业典型生产实例组织教材内容,具有以下特色:

(1) 基于工作过程编写内容,贴合实际生产需要,逻辑性强。数控车削和数控铣削模块中的项目均是来自企业产品生产实例的教学转化。

(2) 设置评价标准,项目可实施性强。每个项目均有一个明确的工作任务,并划分为多个学习活动,每个学习活动均有对应的评判标准,以编写加工程序活动为例,每完成一个工序刀路均有对应的评分标准,做到可实施、可评价、可量化。通过软件可视化仿真保证后续实操加工的可操作性,真正将知识与技能应用到实际生产中。

(3) 对标职业技能标准。数控车削和数控铣削模块中的项目内容对接技能考核要求,学习能力目标与国家数控车工、数控铣工职业技能标准接轨,基于数控车铣1+X证书标准实现课证融通。

(4) 学习资源丰富。教材配套数字资源,重要内容每个技能点均配套有视频资源,读者可以通过扫描书中相应二维码观看视频,方便自主学习。

  本书是2024年教育部产教融合、校企合作典型案例"三级育训　研创赋能　数控技术专业群实践教学改革与创新"成果的体现,由校企合作团队联合编写,项目一由天津中德职业技术学院庞子瑞编写,项目二、项目三由河南职业技术学院李太祥编写,项目四、项目五由河南职业技术学院赵永硕编写,项目六、项目七、项目八由河南职业技术学院冯金广编写,项目九、项目十由河南职业技术学院杨亮华编写,珠海格力智能装备有限公司刘煜煜、李常宏参与编写生产实例气缸半精件的加工和法兰半精件的加工,并对本书的零件加工工艺分析、程序编制以及学习资源建设等进行了指导工作。本书由冯金广、庞子瑞担任主编,并进行了大纲编写和统稿工作。

  在本书在编写过程中,编者参照了一些企业产品项目案例,参考了部分相关书籍,并借鉴了一些网络学习资源,在此对上述资源的单位和作者表示深深的谢意!由于编者水平有限,欠妥之处在所难免,恳请读者批评指正,以便下次修订时改进。

编 者
2024年9月

目 录

前言

基 础 模 块

项目一 机械 CAD/CAM 基础认知 ……………………………………………… 3
 学习活动 1.1 机械 CAD/CAM 认知 ……………………………………… 3
 学习活动 1.2 NX CAD 基础认知 ………………………………………… 5
 学习活动 1.3 NX CAM 基础认知 ………………………………………… 8
 学习活动 1.4 数控加工工艺 …………………………………………… 12
 学习活动 1.5 数控机床坐标系建立 …………………………………… 19

数控车削模块

项目二 导向轴的加工 ……………………………………………………………… 25
 学习活动 2.1 根据导向轴图纸要求,确定零件建模思路 ……………… 26
 学习活动 2.2 根据导向轴图纸要求,完成零件三维建模 ……………… 28
 学习活动 2.3 根据零件图纸技术要求,制定工艺内容 ………………… 31
 学习活动 2.4 创建加工刀具,设置刀具参数 …………………………… 32
 学习活动 2.5 创建加工坐标和加工几何体 ……………………………… 35
 学习活动 2.6 依照加工工艺,编制右端加工工序 ……………………… 36
 学习活动 2.7 调头装夹,设置工件坐标系 ……………………………… 47
 学习活动 2.8 依照加工工艺,编制左端加工工序 ……………………… 49
 学习活动 2.9 选择后置处理器,生成 G 代码 …………………………… 53

项目三 转接头的加工 ……………………………………………………………… 55
 学习活动 3.1 根据转接头图纸要求,确定零件建模思路 ……………… 56
 学习活动 3.2 根据转接头图纸要求,完成零件三维建模 ……………… 57

学习活动 3.3	分析加工方法,确定加工工艺	62
学习活动 3.4	创建加工刀具,设置刀具参数	63
学习活动 3.5	创建加工坐标和加工几何体	66
学习活动 3.6	依照加工工艺,编制左端加工工序	67
学习活动 3.7	调头装夹,创建加工坐标和加工几何体	76
学习活动 3.8	依照加工工艺,编制右端加工工序	77
学习活动 3.9	选择后置处理器,生成 G 代码	81

项目四　转接套的加工 …… 83

学习活动 4.1	根据转接套图纸要求,确定零件建模思路	84
学习活动 4.2	根据转接套图纸要求,完成零件三维建模	85
学习活动 4.3	分析加工方法,确定加工工艺	87
学习活动 4.4	创建加工刀具,设置刀具参数	87
学习活动 4.5	创建加工坐标和加工几何体	88
学习活动 4.6	依照加工工艺,编制加工工序	89
学习活动 4.7	选择后置处理器,生成 G 代码	97

数控铣削模块

项目五　机器底座的加工 …… 101

学习活动 5.1	根据机器底座图纸要求,确定零件建模思路	102
学习活动 5.2	根据机器底座图纸要求,完成零件三维建模	103
学习活动 5.3	根据零件图纸技术要求,制定工艺内容	108
学习活动 5.4	创建工件坐标系和加工几何体	109
学习活动 5.5	根据加工工序内容,创建加工刀具	111
学习活动 5.6	根据加工工序内容,编制加工程序	113
学习活动 5.7	根据加工工序内容,设置进给率和速度	126
学习活动 5.8	刀轨可视验证,G 代码后处理	127

项目六　推料导向架的加工 …… 131

学习活动 6.1	根据推料导向架图纸要求,确定零件建模思路	132
学习活动 6.2	根据推料导向架图纸要求,完成零件三维建模	133
学习活动 6.3	根据零件图纸技术要求,制定工艺内容	135

学习活动 6.4　创建工件坐标系和加工几何体 …………………………… 136
学习活动 6.5　根据加工工序内容,创建加工刀具 ……………………… 137
学习活动 6.6　根据加工工序内容,编制加工程序 ……………………… 137
学习活动 6.7　根据加工工序内容,设置进给率和速度 ………………… 151
学习活动 6.8　刀轨可视验证,G 代码后处理 …………………………… 152

项目七　轴承座的加工 ………………………………………………… 155

学习活动 7.1　根据轴承座图纸要求,确定零件建模思路 ……………… 156
学习活动 7.2　根据轴承座图纸要求,完成零件三维建模 ……………… 157
学习活动 7.3　根据零件图纸技术要求,制定工艺内容 ………………… 160
学习活动 7.4　创建工件坐标系和加工几何体(工位一) ………………… 161
学习活动 7.5　根据加工工序内容,创建加工刀具 ……………………… 162
学习活动 7.6　根据加工工序内容,编制加工程序(工位一) …………… 163
学习活动 7.7　创建工件坐标系和加工几何体(工位二) ………………… 170
学习活动 7.8　根据加工工序内容,编制加工程序(工位二) …………… 172
学习活动 7.9　根据加工工序内容,设置进给率和速度 ………………… 177
学习活动 7.10　刀轨可视验证,G 代码后处理 ………………………… 178

项目八　支撑架的加工 ………………………………………………… 180

学习活动 8.1　根据支撑架图纸要求,确定零件建模思路 ……………… 181
学习活动 8.2　根据支撑架图纸要求,完成零件三维建模 ……………… 182
学习活动 8.3　根据零件图纸技术要求,制定工艺内容 ………………… 187
学习活动 8.4　创建工件坐标系和加工几何体 …………………………… 187
学习活动 8.5　根据加工工序内容,创建加工刀具 ……………………… 188
学习活动 8.6　根据加工工序内容,编制加工程序 ……………………… 189
学习活动 8.7　根据加工工序内容,设置进给率和速度 ………………… 205
学习活动 8.8　刀轨可视验证,G 代码后处理 …………………………… 205

数控仿真模块

项目九　VERICUT 数控车削仿真 ……………………………………… 211

学习活动 9.1　VERICUT 软件简介 ……………………………………… 212
学习活动 9.2　创建数控车削加工项目 …………………………………… 213

学习活动 9.3	调用机床模型与系统	214
学习活动 9.4	毛坯安装(工位一)	216
学习活动 9.5	创建车削刀具(工位一)	219
学习活动 9.6	设置工件坐标系与 G 代码偏置(工位一)	224
学习活动 9.7	导入 G 代码程序(工位一)	225
学习活动 9.8	仿真检查(工位一)	226
学习活动 9.9	毛坯安装(工位二)	227
学习活动 9.10	创建车削刀具(工位二)	229
学习活动 9.11	设置工件坐标系与 G 代码偏置(工位二)	230
学习活动 9.12	导入 G 代码程序(工位二)	231
学习活动 9.13	仿真检查(工位二)	231
学习活动 9.14	保存项目文件	232

项目十　VERICUT 数控铣削仿真　235

学习活动 10.1	创建数控铣削加工项目	236
学习活动 10.2	调用机床模型与系统	237
学习活动 10.3	毛坯安装(工位一)	239
学习活动 10.4	创建铣削刀具(工位一)	242
学习活动 10.5	设置工件坐标系与 G 代码偏置(工位一)	247
学习活动 10.6	导入 G 代码程序(工位一)	248
学习活动 10.7	仿真检查(工位一)	249
学习活动 10.8	毛坯安装(工位二)	250
学习活动 10.9	创建铣削刀具(工位二)	252
学习活动 10.10	设置工件坐标系与 G 代码偏置(工位二)	254
学习活动 10.11	导入 G 代码程序(工位二)	255
学习活动 10.12	仿真检查(工位二)	256
学习活动 10.13	保存项目文件	256

参考文献　259

基础模块

项目一

机械 CAD/CAM 基础认知

任务目标

1. 了解机械 CAD/CAM 基本概念。
2. 了解机械 CAD/CAM 技术应用与发展方向。
3. 认知 NX CAD 软件部分功能与应用。
4. 认知 NX CAM 软件部分功能与应用。
5. 认知常用数控加工刀具。
6. 熟悉数控加工装夹要求。
7. 熟悉数控加工工艺路线。
8. 理解机床坐标系与工件坐标系关系。

确定任务

在机械制造加工行业,机械设计制造是生产制造行业中的重要岗位,主要任务是机械零件设计与加工。相关技术人员在开展机械零件设计与加工前应进行机械 CAD/CAM 相关知识的学习。

任务实施

学习活动 1.1 机械 CAD/CAM 认知

1.1.1 机械 CAD/CAM 定义

CAD(Computer Aided Design)即计算机辅助设计,是指利用计算机及其图形设备辅助设计人员进行设计工作。CAM(Computer Aided Manufacturing)即计算机辅助制造,是指利用计算机来进行生产设备管理控制和操作的过程。机械 CAD/CAM 技术是将 CAD 和 CAM 技术有机结合起来应用于机械领域的技术。

1.1.2 机械CAD部分功能特点

1. 二维绘图

CAD软件能够高效地绘制机械零件的二维视图。例如,在设计机械传动中的齿轮时,可以精确地绘制出齿轮的齿形轮廓、轮毂、轮辐等部分的平面投影图。设计人员可以通过CAD软件方便地设置线条的类型(如实线、虚线、点划线等)、颜色和线宽等属性,还能进行尺寸标注、形位公差标注等操作,确保图纸符合机械制图标准。

2. 三维建模

三维建模是CAD软件的核心功能之一。它包括实体建模、曲面建模和线框建模等方式。以实体建模为例,对于一个复杂的机械箱体,可通过拉伸、旋转、扫描、放样等操作,由简单的几何形状(如长方体、圆柱体、球体等)构建出箱体的三维实体模型。这种模型能够直观地展示机械部件的外观和内部结构,并且可以进行虚拟装配。例如,在汽车发动机设计中,通过CAD软件将发动机的各个零部件(如缸体、活塞、曲轴等)进行三维建模后,可在计算机中模拟它们的装配过程,检查各部件之间是否存在干涉情况。

3. 参数化设计

CAD软件允许用户通过定义参数来控制机械部件的几何形状和尺寸。比如在设计系列化的螺栓时,需定义螺栓的公称直径、长度、螺距等参数,当需要更改螺栓规格时,只需修改相应的参数值,整个模型就会自动更新。这大大提高了设计效率,尤其适用于标准件或具有相似结构的机械零件设计。

4. 工程分析集成

CAD软件可以与有限元分析(Finite Element Analysis,FEA)、运动学分析等工程分析软件集成。在设计机械结构件时,利用有限元分析可以对结构的强度、刚度和稳定性进行分析。例如,对于起重机的起重臂,通过CAD软件建立三维模型后,将模型数据导入有限元分析软件,施加相应的载荷和约束条件,就可以分析起重臂在不同工况下的应力分布和变形情况,从而优化设计,确保起重臂的安全性和可靠性。

1.1.3 机械CAM部分功能特点

1. 数控编程

CAM软件能够根据机械零件的CAD模型生成数控加工代码。例如,对于一个复杂的模具型腔,CAM软件可以根据其几何形状确定合适的加工工艺(如铣削加工、电火花加工等),并生成数控机床(如加工中心、数控铣床等)能够识别的G代码和M代码。编程人员可以在CAM软件中设置加工参数,如切削速度、进给量、切削深度等,以控制加工过程。

2. 刀具路径规划

在数控编程过程中,CAM软件会规划刀具在工件上的加工路径,全面考虑加工精度、加工效率和刀具寿命等因素。例如,在铣削一个具有复杂曲面的机械零件时,CAM软件可以采用等高线加工、环绕等距加工、螺旋式加工等不同的刀具路径策略,以保证曲面的加工质量。同时,还可以对刀具路径进行优化,如避免刀具的空行程,减少加工时间。

3. 加工模拟

CAM软件具有加工模拟功能,可以在计算机上模拟零件的加工过程。通过模拟,加工人员可以直观地看到刀具与工件的相对运动情况,检查是否存在碰撞、过切等问题。例如,在多轴联动加工中,由于刀具运动轨迹复杂,所以很容易出现刀具与夹具、工件之间的碰撞。通过加工模拟,加工人员就可以提前发现上述问题并对刀具路径或加工工艺进行调整,从而避免在实际加工中出现废品和设备损坏的情况。

1.1.4 机械 CAD/CAM 技术的应用优势

1. 提高设计质量

利用 CAD 软件的三维建模和工程分析功能,可以在设计阶段发现潜在的问题,如零件之间的干涉、结构强度不足等。同时,CAD 软件提供的精确绘图工具可以保证设计图纸的准确性,从而提高机械产品的设计质量。

2. 提高生产效率

CAM 技术实现了数控编程的自动化和刀具路径的优化,大大缩短了加工准备时间。同时,CAD/CAM 技术的集成使得设计数据能够直接用于制造,减少了数据转换过程中的错误,提高了从设计到生产的转换速度,进而提高了整个机械制造的生产效率。

3. 降低生产成本

设计质量的提高,减少了因设计缺陷导致的产品报废和返工问题。同时,CAM 技术通过优化刀具路径和加工工艺,提高了材料利用率和刀具寿命,降低了加工成本。另外,CAD/CAM 技术的应用可以实现产品的快速更新换代,增强企业的市场竞争力,从长期来看,也有助于降低企业的生产成本。

1.1.5 机械 CAD/CAM 技术的发展趋势

1. 智能化

未来机械 CAD/CAM 技术将朝着智能化方向发展。例如,智能 CAD 系统可以根据设计要求自动生成多种设计方案,并通过人工智能算法对这些方案进行评估和优化。在 CAM 方面,智能数控系统能够根据加工过程中的实时数据(如切削力、刀具磨损等)自动调整加工参数,实现自适应加工。

2. 集成化与协同化

机械 CAD/CAM 技术将与企业的其他信息系统[如企业资源计划(ERP)、产品数据管理 PDM 等]进一步集成,实现设计、制造、管理等各个环节的数据共享和协同工作。例如,在产品设计阶段,设计人员可以通过集成系统及时获取生产部门的反馈信息,如加工工艺的可行性、生产成本的估算等,从而优化设计方案。同时,在产品制造过程中,制造部门可以根据设计部门提供的最新数据进行生产调度和质量控制。

学习活动 1.2　NX CAD 基础认知

NX CAD 是 Siemens PLM Software 公司推出的一款功能强大的 CAD 软件,广泛应用于三维建模、装配设计、动力学仿真等多个领域。无论是初学者还是有一定经验的设计师,NX 都能提供全面的设计工具,帮助用户高效地完成复杂的设计任务。

1.2.1 NX CAD 软件简介

NX CAD 软件具有直观的界面和丰富的功能,能够帮助用户进行三维造型设计、装配建模以及工程图绘制等。其强大的模拟和渲染功能,使用户能够在虚拟环境中验证和展示设计创意,极大地提高了设计效率和准确性。NX CAD 软件界面如图 1-1 所示。

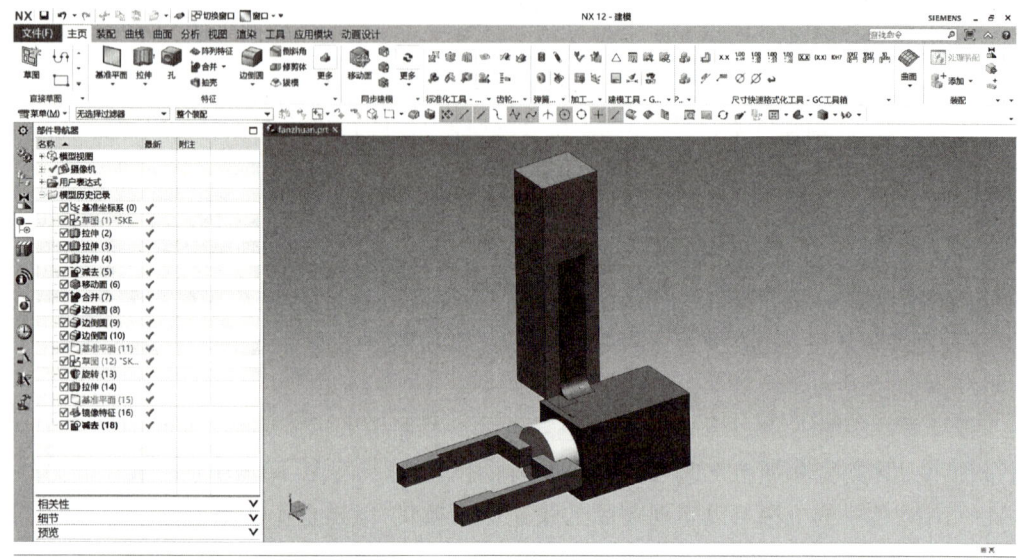

图 1-1　NX CAD 软件界面

1.2.2 NX CAD 软件基础操作

1. 界面介绍

(1) 资源条:提供常用的工具和命令,如图 1-2 所示。

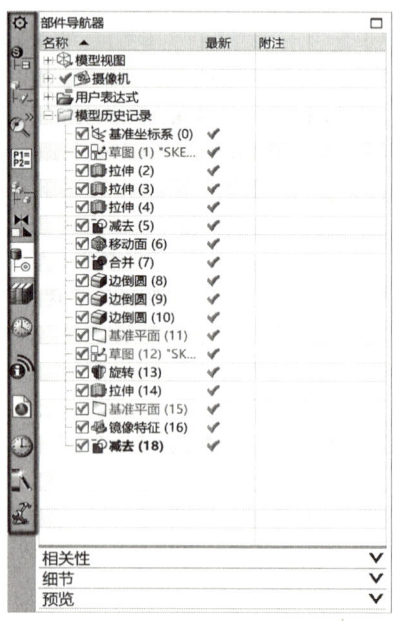

图 1-2　资源条

（2）图标工具条：包含常用的操作图标，如新建、打开、保存等，如图 1-3 所示。

图 1-3　图标工具条

（3）下拉式菜单：包含软件的所有功能菜单，如图 1-4 所示。

图 1-4　下拉式菜单

（4）通用预设置：允许用户自定义软件的工作环境和设置，如图 1-5 所示。

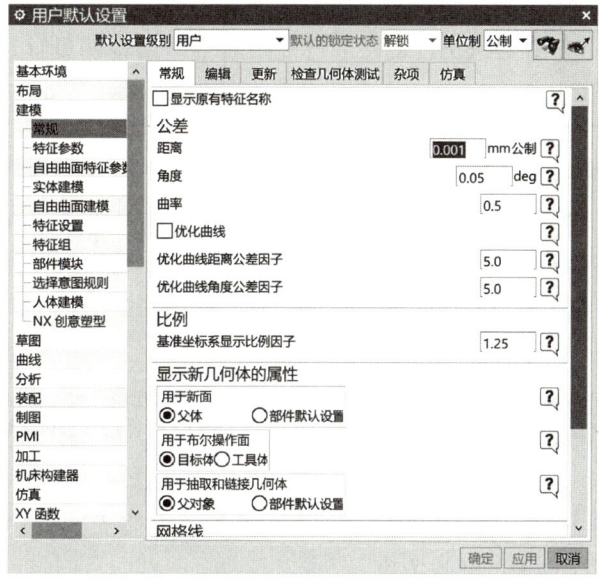

图 1-5　通用预设置

（5）弹出式菜单：在特定对象或区域上右键单击时显示的菜单，提供与当前对象相关的操作，如图 1-6 所示。

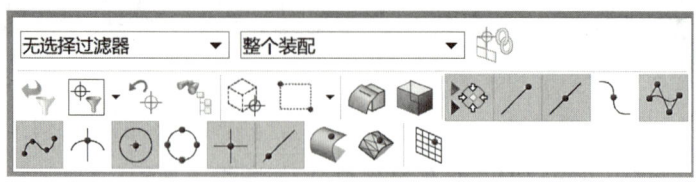

图 1-6　弹出式菜单

2. 基本建模功能

（1）草图设计：包括草图绘制、草图操作（如约束、移动、旋转等）和草图编辑。

（2）体素建立与布尔运算：体素是指基本的三维几何形状，如立方体、圆柱体等，布尔运算则是对这些基本形状进行组合（如并集、交集、差集等）的操作。

（3）扫描：通过拉伸、旋转、沿轨迹线扫描等方式生成复杂的三维形状。

（4）参考：用于辅助设计和定位，如基准面、基准轴等的设计。

（5）成形：用于创建零件的具体形状，包括孔、圆台、凸台、腔体、槽等的成形。

3. 高级建模技巧

（1）参数化设计：通过参数控制形状和尺寸，实现设计的快速修改和优化。

（2）装配设计：将多个零件组合成一个装配体，并进行装配仿真和干涉检查。

（3）渲染：为模型添加材质、纹理和灯光效果，生成逼真的渲染图像。

1.2.3　NX CAD 软件应用领域

NX CAD 软件在多个领域都有广泛的应用，如机械设计、航空航天、汽车设计、产线设计等。

（1）机械设计：使用 NX CAD 软件进行机械零件的三维建模和装配设计，极大地提高了设计效率和准确性。

（2）航空航天：利用 NX CAD 软件进行复杂航空器结构的设计和仿真分析，确保了设计的安全性和可靠性。

（3）汽车设计：通过 NX CAD 软件进行汽车车身、底盘和内饰的三维建模和渲染，优化了汽车外观和性能。

（4）产线设计：使用 NX CAD 软件进行机电产品的三维建模和渲染，帮助设计师更好地展示设计理念和效果。

学习活动 1.3　NX CAM 基础认知

NX CAM 是 Siemens PLM Software 公司推出的一款强大的 CAM 软件，基于 NX 平台，为数控加工提供了全面的解决方案。

1.3.1 NX CAM 基本概念

NX CAM 作为 NX 软件的一部分，提供了全面的数控编程功能，用于规划和生成机床的加工路径，将产品的三维模型转化为具体的加工操作和路径。NX CAM 软件的功能包括但不限于 2.5 轴、3 轴、5 轴铣削，车削以及放电加工（EDM）等加工方式，能够满足从简单零件到复杂航空引擎叶片等多种加工需求。

1.3.2 NX CAM 软件工作过程

NX CAM 软件的工作过程包括 NX 操作的定义、刀轨的创建、操作参数的设置、刀轨的仿真、车间文件的输出以及刀轨的后处理等步骤。

1. NX 操作的定义

用户需要在 NX CAM 软件中定义加工操作，包括选择加工类型、设置加工参数等。

2. 刀轨的创建

根据定义的加工操作，NX CAM 软件会自动生成刀轨。刀轨是刀具底部中心的运动轨迹，每个操作都会生成一个刀轨。

3. 操作参数的设置

用户可以根据需要调整加工参数，如切削速度、进给速度等，以优化加工效果。

4. 刀轨的仿真

NX CAM 软件提供了刀轨仿真功能，用户可以在仿真加工中观察刀具的运动轨迹和加工效果，以便及时发现并解决问题。

5. 车间文件的输出

完成加工编程后，NX CAM 软件可以输出车间文件，用于指导数控机床加工。

6. 刀轨的后处理

刀轨的后处理是将 NX CAM 软件生成的刀轨输出为机床可接受的标准格式的过程。NX CAM 软件提供了丰富的后处理器选项，用户可以根据机床型号和加工需求选择合适的后处理器。

1.3.3 NX CAM 软件的基础元素

在 NX CAM 软件中，几何体、刀具、加工方法和程序是构成加工编程的基础元素。

1. 几何体

几何体是加工编程中的加工对象，它可以是零件、组件或装配体。用户需要在 NX CAM 软件中创建或导入几何体，并为其设置工件坐标系（Machine Coordinate System，MCS）和工作坐标系（Work Coordinate System，WCS），如图 1-7 所示。

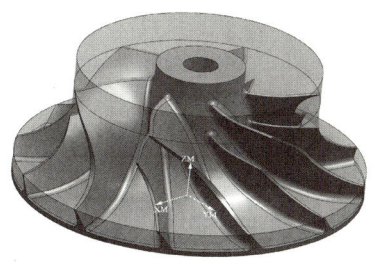

图 1-7 创建几何体

2. 刀具

刀具是用于切削零件的工具。NX CAM 软件支持多种刀具类型，如平底刀、球头刀等。用户可以在 NX CAM 软件中创建刀具，也可以从刀具库中调用已有的刀具，如图 1-8 所示。

图 1-8　定义数控加工刀具

3. 加工方法

加工方法是描述刀具在加工某个几何体时的运动轨迹的参数集合。NX CAM 软件提供了多种加工方法，如平面铣削、型腔铣削等。用户可以根据加工需求选择合适的加工方法，并设置相应的加工参数，如图 1-9 所示。

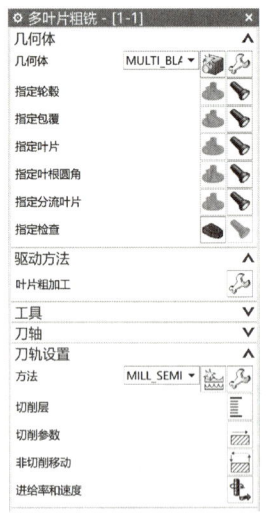
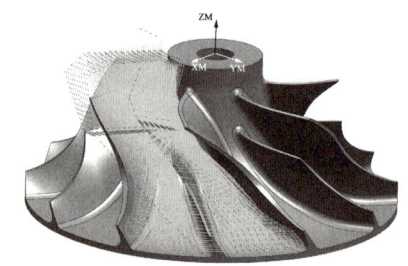

图 1-9　选择加工方法

4. 程序

程序是加工编程中的最高层次对象,包含多个加工操作。用户可以在 NX CAM 软件中创建程序,并将多个加工操作添加到程序中,以便进行批量加工,如图 1-10 所示。

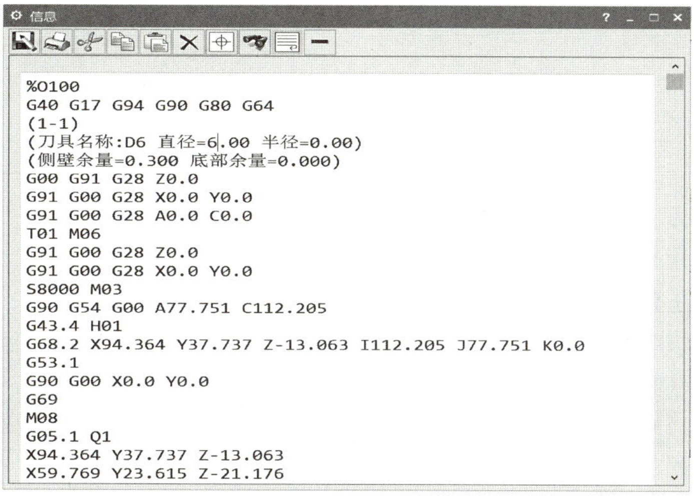

图 1-10 创建加工程序

1.3.4 NX CAM 软件刀轨计算和仿真

刀轨计算和仿真是 NX CAM 软件辅助制造的关键步骤。

1. 刀轨计算

刀轨计算是根据定义的加工操作和加工参数,自动生成刀具运动轨迹的过程。NX CAM 软件提供了高效的刀轨计算算法,可以确保生成的刀轨准确、高效。

2. 刀轨仿真

刀轨仿真是对生成的刀轨进行模拟的过程。通过仿真,用户可以观察刀具的运动轨迹和加工效果,以便及时发现并解决问题。NX CAM 软件提供了多种仿真选项,如碰撞检测、切削力仿真等,以帮助用户更好地评估加工效果,如图 1-11 所示。

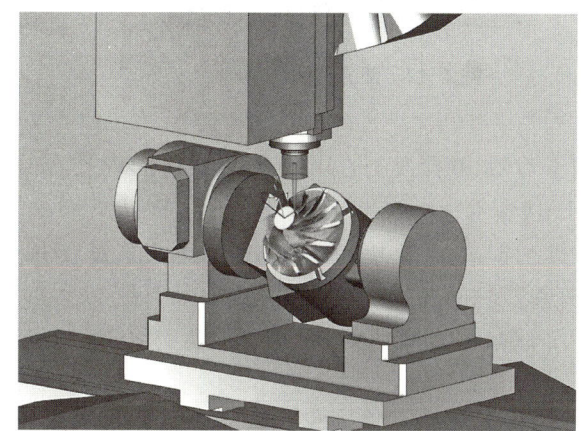

图 1-11 刀轨仿真

1.3.5 NX CAM 软件后处理

后处理是将 NX CAM 软件的刀轨输出为机床可接受的标准格式的过程。NX CAM 软件提供了丰富的后处理器选项,用户可以根据机床型号和加工需求选择合适的后处理器。后处理过程包括选择后处理器、设置后处理参数、生成后处理文件等步骤。正确的后处理设置,可以确保生成的数控程序能够在机床上正确运行。

1.3.6　NX CAM 软件应用领域

NX CAM 软件广泛应用于机械制造、航空航天、汽车制造等领域，能够帮助用户快速创建出各种复杂的三维模型，并进行数控加工编程和仿真等工作，从而提高产品的质量和竞争力。

学习活动 1.4　数控加工工艺

1.4.1　常用车削刀具应用

1. 车刀的分类

常用车刀按用途分为外圆车刀、镗孔车刀、端面车刀、切断或切槽刀、螺纹车刀、成形车刀等，如图 1-12 所示。

（1）外圆车刀：用于车削工件的外圆、台阶及端面，如 93°外圆车刀、35°外圆车刀、45°外圆车刀等，如图 1-13 所示。

图 1-12　部分车刀的种类

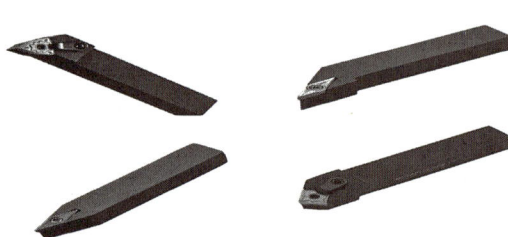

图 1-13　外圆车刀

（2）镗孔车刀：用于车削工件的内孔，如图 1-14 所示。

图 1-14　镗孔车刀

（3）端面车刀（45°车刀，又称弯头车刀）：用于车削工件的外圆、端面及倒角，如图 1-15 所示。

（4）切断或切槽刀：用于切断工件或在工件上切槽，如图 1-16 所示。

图 1-15　端面车刀

图 1-16　切断车刀

（5）螺纹车刀：用于车削螺纹，如外螺纹车刀和内螺纹车刀等，如图 1-17 所示。

（6）成形车刀：用于车削工件的圆弧面或成形面，如图 1-18 所示。

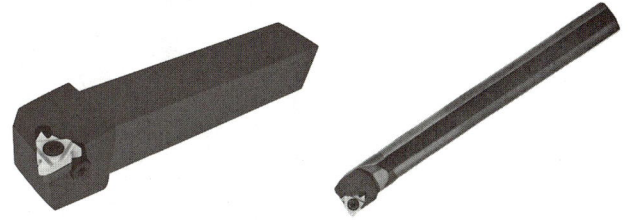

图 1-17 螺纹车刀　　　　　　图 1-18 成形车刀

2. 车刀的构成

数控车刀通常由刀杆和刀片两部分组成。刀杆用于连接刀片和机床,起到支撑和传递动力的作用,一般有正方形、矩形等形状,常见的刀杆尺寸有 16 方、20 方、25 方、32 方、40 方等;刀片则是直接参与切削的部分,其材质和几何形状对切削性能有重要影响。刀片磨损后只需更换刀片,无需更换整个刀杆,节省了刀具成本和换刀时间。

3. 刀片的材料及性能

常用刀片材料的类别和主要性能见表 1-1。目前,应用最多的是硬质合金和涂层硬质合金。

表 1-1　常用刀片材料类别和主要性能

材料类别	硬度	抗弯强度/GPa	耐热性/℃
高速钢	63 HRC~70 HRC	3.0~3.4	620
钨钴类硬质合金	89 HRA~91.5 HRA	1.1~1.75	800~1 000
钨钴钛类硬质合金	89 HRA~92.5 HRA	0.9~1.4	800~1 000
新型硬质合金	89.5 HRA~94 HRA	0.9~2.2	1 100
涂层硬质合金	1 950 HV~3 200 HV	0.9~2.2	1 100~1 400
氧化铝陶瓷	92 HRA~94 HRA	0.45~0.55	1 200
复合陶瓷	93 HRA~94 HRA	0.60~1.2	1 100
氮化硅陶瓷	91 HRA~93 HRA	0.75~0.85	1 390~1 400
天然金钢石	10 000 HV	0.20~0.50	700~800
人造聚晶金钢石	6 500 HV~9 000 HV	0.21~0.48	700~800
立方氮化硼	6 000 HV~8 000 HV	0.294	1 400~1 500
复方金钢石	≥7 000 HV	≥1.5	800

1.4.2　常用铣削刀具应用

数控铣床上所采用的刀具要根据被加工零件的材料、几何形状、表面质量要求、热处理状态、切削性能及加工余量等,选择刚性好、耐用度高的刀具。常用刀具如图 1-19 所示。

1. 铣刀的分类

(1) 面铣刀。面铣刀是一种用于铣削平面的刀具,如图 1-20 所示。面铣刀通常由刀盘、刀片和刀柄组成。刀盘上安装有多个刀片,刀片可以是可转位的,也可以是整体式的。面铣刀的直径大小各异,可以根据加工需求进行选择。面铣刀主要用于加工各种平面,如工件的底面、顶面、侧面等,能够高效地去除大量材料,获得较高的加工效率和表面质量。同时,面铣刀也可以加工工件的台阶面,保证台阶的尺寸精度和表面质量。

图 1-19 数控铣床常用刀具

(2) 立铣刀。立铣刀通常具有较高的硬度,能够在切削过程中保持刀刃的锋利,抵抗磨损,从而保证加工的精度和表面质量。不同类型的立铣刀具有不同的切削刃几何形状,如直线刃、螺旋刃等,如图 1-21 所示。螺旋刃立铣刀在切削时更加平稳,排屑效果更好,能够减小切削力、减少振动,提高加工效率和表面质量。

图 1-20 面铣刀

图 1-21 立铣刀

立铣刀可以进行平面铣削、沟槽铣削、轮廓铣削等多种加工操作,适用于不同形状和尺寸的工件加工,也可以加工较小直径的孔和沟槽,对于一些复杂形状的工件,能够实现高精度的加工。

(3) 圆角铣刀。刀头部分呈圆弧形状,切削刃沿着圆弧分布,如图 1-22 所示。其圆弧半径有多种规格可选,以满足不同尺寸圆角的加工需求。在模具的型腔、型芯等部位常常需要加工圆角,圆角铣刀能够精确地加工出各种半径的圆角,提高模具的质量和使用寿命。对于一些有圆角要求的机械零件,如轴类零件的轴肩、箱体类零件的拐角等,圆角铣刀可以高效地完成加工任务。

(4) 球头铣刀。球头铣刀是一种具有球形切削刃的铣刀,如图 1-23 所示,适用于加工复杂的三维曲面,如模具的型腔、汽车覆盖件模具等。球头铣刀能够在不同方向上进行切削,保证曲面的精度和表面质量,还可以方便地进行倒角和圆角的切削,使工件的边缘更加光滑。在雕刻、工艺品制作等领域,球头铣刀能够实现精细的加工效果。

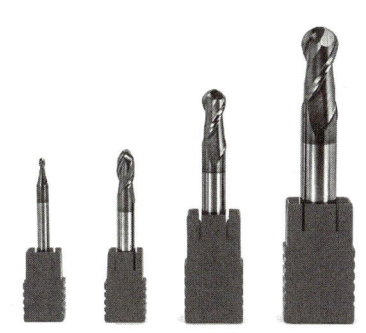

图 1-22　圆角铣刀　　　　　图 1-23　球头铣刀

（5）倒角铣刀。倒角铣刀是一种用于加工工件倒角的刀具。倒角铣刀通常有一个特定角度的切削刃，常见的有 45°、30°、60°等不同角度的倒角铣刀，如图 1-24 所示。其刀头部分的形状和尺寸根据不同的倒角要求而有所不同。在机械零件的加工中，倒角铣刀用于对孔口、轴端等部位进行倒角加工，以去除毛刺、锐边，提高工件的安全性和装配性能。在模具的制造过程中，倒角铣刀用于对模具的分型面、型腔边缘等部位进行倒角，使模具更加美观，同时也便于模具的装配和使用。

图 1-24　倒角铣刀

（6）螺纹铣刀。螺纹铣刀是一种用于加工螺纹的刀具。螺纹铣刀通常由刀柄和刀头组成，如图 1-25 所示。刀头部分有多个切削刃，形状和角度经过特殊设计，以适应螺纹加工的要求，可以高效地加工各种内螺纹，包括盲孔螺纹和通孔螺纹。对于不同直径和螺距的内螺纹，可选择相应规格的螺纹铣刀。螺纹铣刀同样适用于外螺纹的加工，能够在圆柱面或圆锥面上加工出精确的螺纹。

（7）丝锥。丝锥是一种用于加工内螺纹的刀具，由工作部分和柄部组成，如图 1-26 所示。工作部分包括切削部分和校准部分。切削部分有几个牙形，用于切削金属形成螺纹；校准部分用于校准和修光螺纹。在机械制造中，丝锥广泛用于加工各种零件上的内螺纹，如螺栓孔、螺母孔等。

图 1-25　螺纹铣刀　　　　　图 1-26　丝锥

（8）铰刀。铰刀是一种具有多个切削刃，用于对已有的孔进行精加工以提高其尺寸精度、形状精度和表面质量的刀具,如图 1-27 所示。铰刀通常由切削部分和校准部分组成。切削部分主要负责切削金属;校准部分则用于校准孔径和提高孔的表面质量。在机械制造中,铰刀广泛应用于各种孔的精加工,如发动机缸体、齿轮箱壳体等零件上的孔;用于加工模具中的各种安装孔、导向孔等,以保证模具的精度和装配性能;用于航空航天零部件上的高精度孔进行加工,确保零件的质量和可靠性。

(9) 麻花钻。麻花钻是一种常用的孔加工刀具,如图 1-28 所示。麻花钻由柄部、颈部和工作部分组成。柄部用于装夹在机床主轴上,一般有直柄和锥柄两种。颈部是柄部和工作部分的过渡部分,通常刻有商标、钻头直径和材料等标记。工作部分包括切削部分和导向部分。切削部分有两个螺旋形的主切削刃、两个副切削刃和横刃。导向部分起导向和修光孔壁的作用,同时也是切削部分的后备部分。麻花钻广泛应用于各种金属和非金属材料的钻孔加工,如钢材、铸铁、铝合金、塑料等。

图 1-27　铰刀

图 1-28　麻花钻

2. 铣刀的性能要求

(1) 良好的切削性能:能承受高速切削和强力切削并且性能稳定。

(2) 较高的精度:刀具的精度指刀具的形状精度和刀具与装卡装置的位置精细度。

(3) 配备完善的工具系统:满足多刀连续加工的要求。

1.4.3　数控装夹要求

1. 夹具的选择

数控机床主要用于加工形状复杂的零件,但所使用夹具的结构往往并不复杂,数控机床夹具的选用可根据生产零件的批量来确定。对单件、小批量、工作量较大的模具加工来说,一般可直接在机床工作台面上通过调整实现定位与夹紧,然后通过工件坐标系的设定来确定零件的位置。对有一定批量的零件的加工来说,可选用结构较简单的夹具。常用的夹具有机用虎钳、卡盘、压板、角铁和 V 形铁。

1) 机用虎钳

在数控铣削加工中,当粗加工、半精加工和精加工精度要求不高时,对于较小的零件通常利用机用虎钳进行装夹。机用虎钳是常用的铣床通用夹具,用来装夹矩形和圆柱形一类的工件,如图 1-29 所示。机用虎钳的最大优点是快捷,但夹持范围不大。在使用时通常与垫块一起联用。

2) 卡盘

在数控加工中,对于结构尺寸不大且零件外表面是不需要进行加工的圆形表面,可以利用三爪卡盘进行装夹。对于非回转零件可采用四爪卡盘装夹。卡盘也是数控铣床的通用卡具,如图1-30所示。

图1-29 机用虎钳

图1-30 卡盘

3) 压板

在单件或少量生产和不便于使用夹具夹持的情况下,常常直接在铣床工作台上安装工件。使用压板、螺母、螺栓直接在铣床工作台上安装工件时,应该注意压板的压紧点尽量接近切削处,还应该使得压板的压紧点和压板下面的支撑点相对应,如图1-31所示。

图1-31 压板

4) 角铁和V形铁

利用角铁和V形铁装夹工件的装夹方式适合于单件或小批量生产。如图1-32所示,工件安装在角铁上时,工件与角铁侧面接触的表面为定位基准面。拧紧弓形夹上的螺钉,工件即被夹紧。这类角铁常用来装夹要求表面互相垂直的工件。圆柱形工件(如轴类零件)通常用V形铁装夹,再利用压板将工件夹紧。V形铁如图1-33所示。

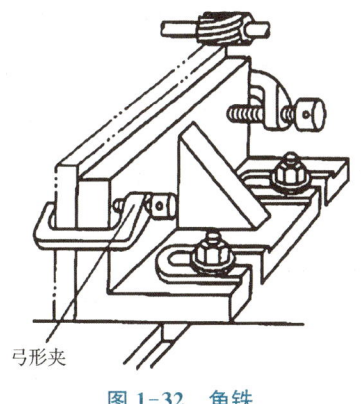

图1-32 角铁

图1-33 V形铁

2. 零件的装夹

1) 定位基准的选择

在铣床加工时,零件的定位应遵循六点定位原则。同时,还应特别注意以下三点:

(1) 进行多工位加工时,定位基准的选择应考虑能完成尽可能多的加工内容,即选择便于各个表面都能被加工的定位方式。

(2) 当零件的定位基准与设计基准难以重合时,应认真分析装配图样,明确零件设计基准的设计功能,通过尺寸链的计算,严格规定定位基准与设计基准间的尺寸位置精度要求,确保加工精度。

(3) 编程原点与零件定位基准可以不重合,但二者之间必须要有确定的几何关系。编程原点的选择主要考虑便于编程和测量。

2) 夹具的选用

在铣床上,夹具的任务不仅是装夹零件,而且要以定位基准为参考基准,确定零件的加工原点。因此,夹具的选用要恰当。

3) 零件的夹紧

在考虑夹紧方案时,应保证夹紧可靠,并尽量减少夹紧变形。同时,在确定定位和夹紧方案时应注意以下四点:

(1) 尽可能做到设计基准、工艺基准与编程计算基准的统一。

(2) 尽量将工序集中,减少装夹次数,尽可能在一次装夹后能加工出全部待加工表面。

(3) 避免采用人工调整时间长的装夹方案。

(4) 夹紧力的作用点应落在工件刚性较好的部位。

如图 1-34 所示,薄壁套的轴向刚性比径向刚性好,用卡爪径向夹紧时工件变形大,若沿轴向施加夹紧力,变形会小得多。在夹紧薄壁箱体类零件时,夹紧力不应作用在箱体的顶面,而应作用在刚性较好的凸边上,或改为在顶面上三点夹紧,改变着力点位置,以减小夹紧变形。

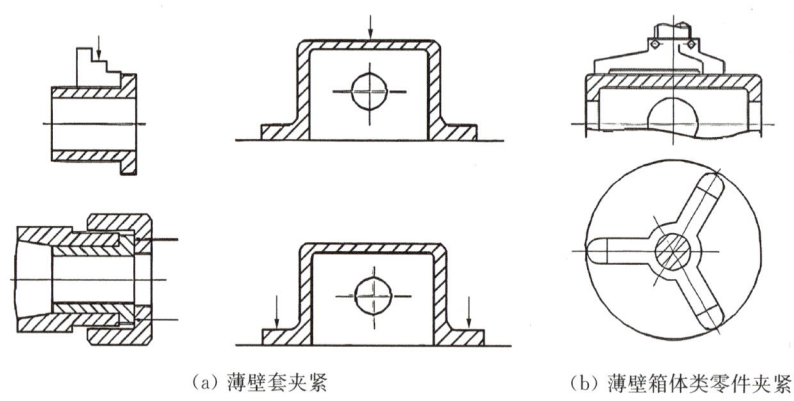

(a) 薄壁套夹紧　　(b) 薄壁箱体类零件夹紧

图 1-34　数控铣床零件夹紧示意

1.4.4　数控铣削工艺范围

数控铣床是一种工艺范围较广的数控加工机床,能进行铣削、镗削、钻削和螺纹加工等多项工作,如图 1-35 至图 1-38 所示。数控铣床特别适合于箱体类零件和孔系的加工。

项目一　机械 CAD/CAM 基础认知

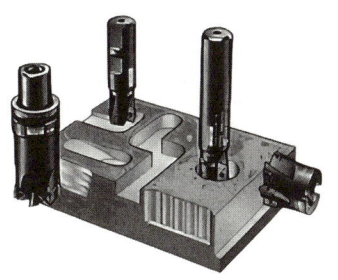
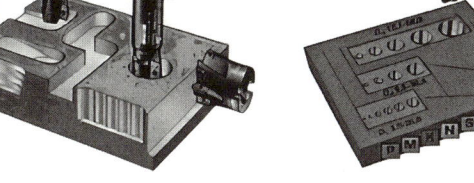

图 1-35　铣削加工　　　图 1-36　钻削加工　　　图 1-37　螺纹加工

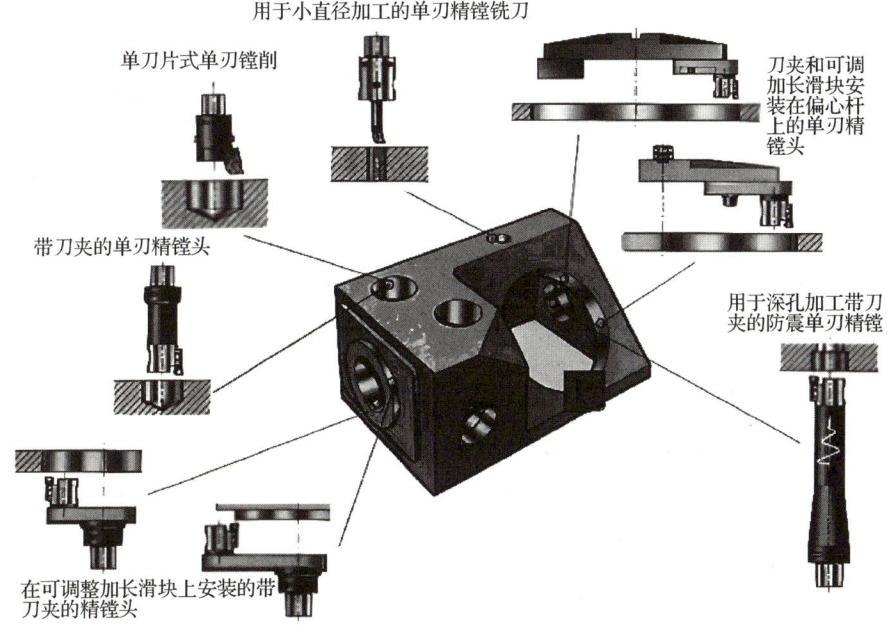

图 1-38　镗削加工

学习活动 1.5　数控机床坐标系建立

在数控机床上加工零件，刀具与工件的相对运动是以数字形式体现的。因此，必须建立相对的坐标系，才能明确刀具与工件的相对位置。数控机床坐标系包括坐标原点（机床原点）、坐标轴和运动方向。

1.5.1　坐标轴的判定

数控机床坐标系是机床上固有的，用来确定工件坐标系的基本坐标系。国际标准和我国部颁标准均规定了数控机床的坐标系采用笛卡尔右手直角坐标系，如图 1-39(a)所示。基本坐标轴 X、Y、Z 轴的关系及其正方向用右手直角定则判定。拇指为 X 轴，食指为 Y 轴，中指为 Z 轴，其正方向为各手指指向，并分别用 $+X$、$+Y$、$+Z$ 来表示。围绕 X、

019

Y、Z 轴的旋转运动及其正方向用右手螺旋定则判定,拇指指向 X、Y、Z 轴的正方向,四指弯曲的方向为对应各轴的旋转正方向,并分别用 $+A$、$+B$、$+C$ 来表示。如图 1-39(b) 所示为立式铣床坐标系,基本坐标轴 X、Y、Z 轴分别与铣床的主要导轨相平行。

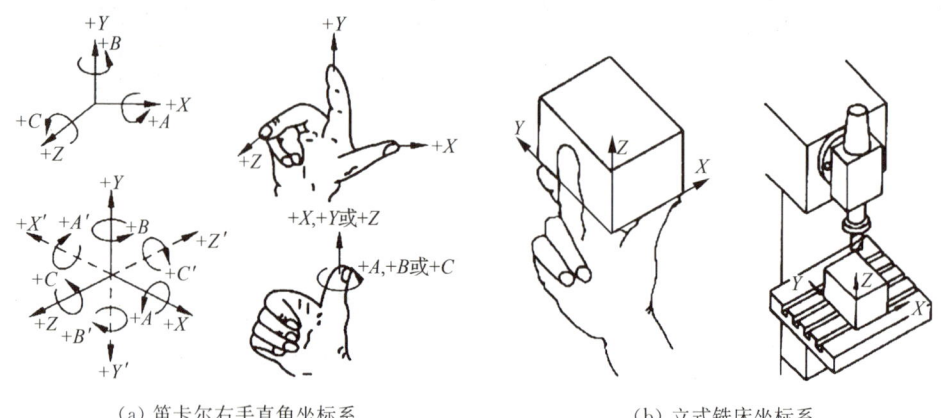

(a) 笛卡尔右手直角坐标系   (b) 立式铣床坐标系

图 1-39 坐标系

1.5.2 坐标轴运动方向的确定

不论数控机床的具体结构是工件静止、刀具运动,还是刀具静止、工件运动,都假定工件不动,刀具相对于静止的工件运动。增大刀具与工件之间距离的方向为坐标轴运动的正方向。

1.5.3 机床原点与机床参考点

现代数控机床一般都有一个基准位置,称为机床原点或机床绝对原点,是机床制造商设置在机床上的一个物理位置,其作用是使机床与控制系统同步,建立机床运动坐标的起始点。机床坐标系建立在机床原点之上,是机床上固有的坐标系。机床坐标系的原点位置在各坐标轴的正向最大极限处,用 M 表示,如图 1-40 所示。

与机床原点相对应的还有一个机床参考点,用 R 表示,如图 1-41 所示,它是机床制造商在机床上用行程开关设置的一个物理位置,与机床原点的相对位置是固定的,由机床制造商在机床出厂之前精密测量确定。机床参考点 R 一般不同于机床原点 M。

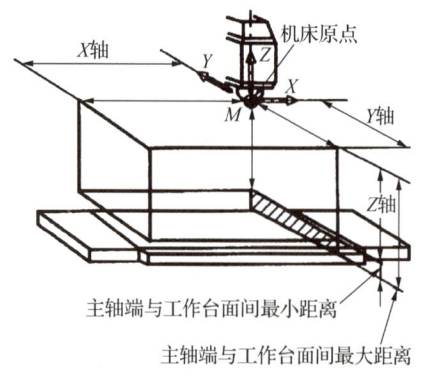

图 1-40 立式铣床机床原点

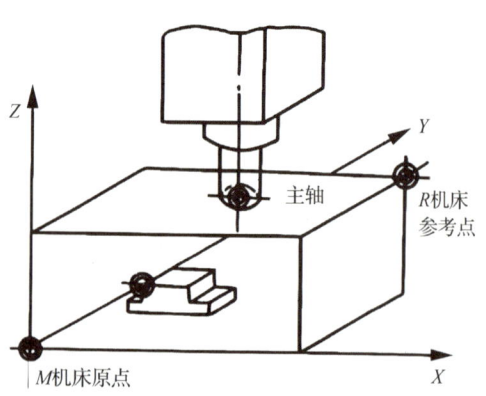

图 1-41 机床参考点与机床原点的关系

1.5.4 工件坐标系与工件坐标系原点

工件坐标系是编程时使用的坐标系,又称为编程坐标系。编程时首先根据被加工零件的几何形状和尺寸,在零件图上设定工件坐标系,使零件图上的所有几何元素,在坐标系中都有确定的位置,为编程提供轨迹坐标和运动方向。

工件坐标系的坐标轴,要根据工件在机床上的安装位置和加工方法来确定,如图 1-42 所示。一般工件坐标系的 Z 轴要与机床坐标系的 Z 轴平行,且正方向一致,与工件的主要定位支撑面垂直;工件坐标系的 X 轴,选择在零件尺寸较大或切削时的主要进给方向上,且与机床坐标系的 X 轴平行,正方向一致;工件坐标系的 Y 轴,可根据右手定则确定。

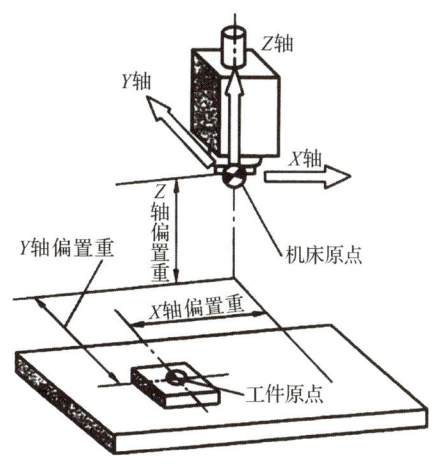

图 1-42 工件坐标系与机床坐标系

工件坐标系原点,也称为工件原点或编程原点,是由编程人员根据编程计算方便性、机床调整方便性、对刀方便性、在毛坯上位置确定的方便性等具体情况定义在工件上的几何基准点,一般为零件图上最重要的设计基准点。加工原点也称为程序原点,是指零件被装夹好后,相应的编程原点在机床坐标系中的位置。

工件原点选择原则如下:
(1) 与设计基准、工艺基准一致。
(2) 尽量选在尺寸精度高、粗糙度低的工件表面上。
(3) 最好选在工件的对称中心上。
(4) 要便于测量和检测。

完成本项目任务以后,对上述所有学习活动进行评价,填写任务评价表(表 1-2)。

表 1-2 任务评价表

序号	项目(分值)	评价内容	配分	得分
1	机械 CAD/CAM 认知 (30 分)	简述机械 CAD/CAM 定义	5	
2		简述机械 CAD 功能特点	10	
3		简述机械 CAM 功能特点	10	
4		简述机械 CAD/CAM 技术	5	
5	NX CAD 基础认知 (20 分)	简要介绍 NX CAD 软件	10	
6		演示 NX CAD 软件基础操作	10	

（续表）

序号	项目(分值)	评价内容	配分	得分
7	NX CAM 基础认知（30 分）	简述 NX CAM 软件基本概念	5	
8		演示 NX CAM 软件工作过程	5	
9		演示 NX CAM 软件加工方法	5	
10		演示 NX CAM 软件刀轨仿真	5	
11		演示 NX CAM 软件后处理	5	
12		简述 NX CAM 软件应用领域	5	
13	数控加工工艺（15 分）	演示常用数控刀具用途	5	
14		演示数控工作装夹要求	5	
15		简述数控铣削工艺路线	5	
16	数控机床坐标系建立（5 分）	简述数控机床坐标系与工件坐标系	5	
		总计	100	

数控车削模块

突破自我空间

项目二

导向轴的加工

任务目标

1. 正确识读导向轴零件图的加工质量要求。
2. 使用 CAD/CAM 软件完成导向轴零件的三维实体建模。
3. 分析导向轴零件加工工艺,正确选择工艺工装与刀具。
4. 制定零件加工工序流程,合理规划各部位加工策略。
5. 使用 CAD/CAM 软件外径粗车策略编制粗加工工序。
6. 使用 CAD/CAM 软件外径精车策略编制外轮廓精加工工序。
7. 使用 CAD/CAM 软件沟槽车削策略编制矩形槽加工工序。
8. 使用 CAD/CAM 软件螺纹车削策略编制螺纹加工工序。
9. 使用 CAD/CAM 软件端面车削策略编制调头端面加工工序。
10. 完成 G 代码后处理。

确定任务

现有一批导向轴零件生产任务(图 2-1),目前毛坯尺寸为 ϕ50 mm×77 mm,材料为 45#棒料。根据总体生产任务安排,现需要完成以下任务:

(1) 完成导向轴零件三维建模;
(2) 正确选择工艺工装与刀具;
(3) 制定加工工序流程;
(4) 编制外轮廓车削加工工序;
(5) 编制沟槽和螺纹车削加工工序;
(6) 合理设置粗、精车加工切削参数;
(7) 分工序完成 G 代码后处理。

机械 CAD/CAM 应用

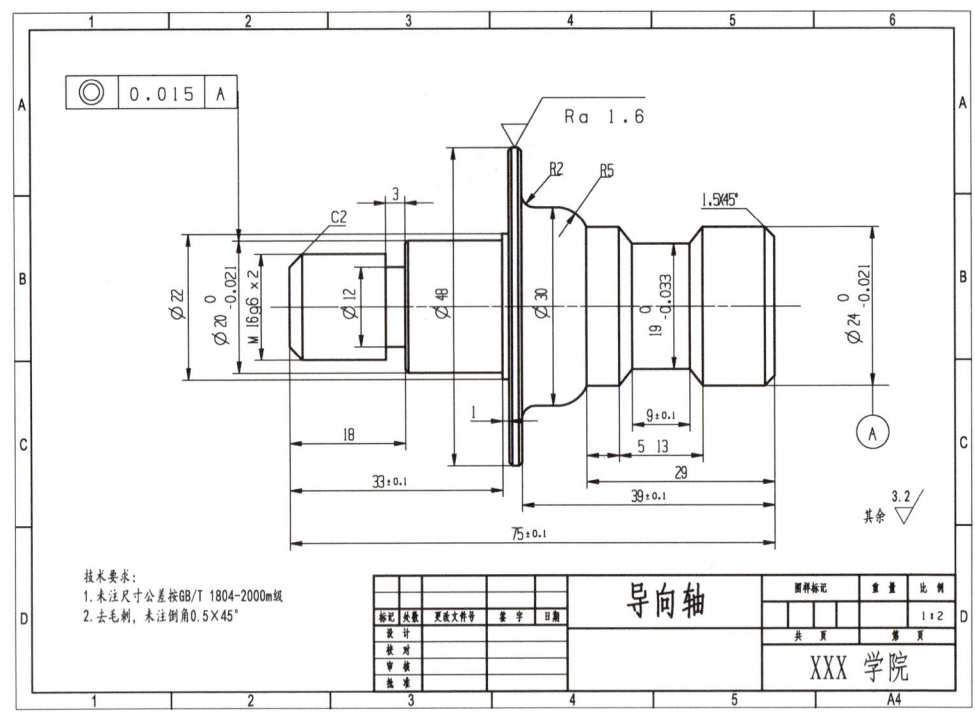

图 2-1 导向轴零件图

任务实施

学习活动 2.1　根据导向轴图纸要求，确定零件建模思路

对导向轴图纸进行实体分析，首先选择实体建模过程中所需要的主体特征，其次，处理细节特征最后修正加工尺寸。零件主体和细节建模步骤见表 2-1、表 2-2。

表 2-1　零件主体建模步骤

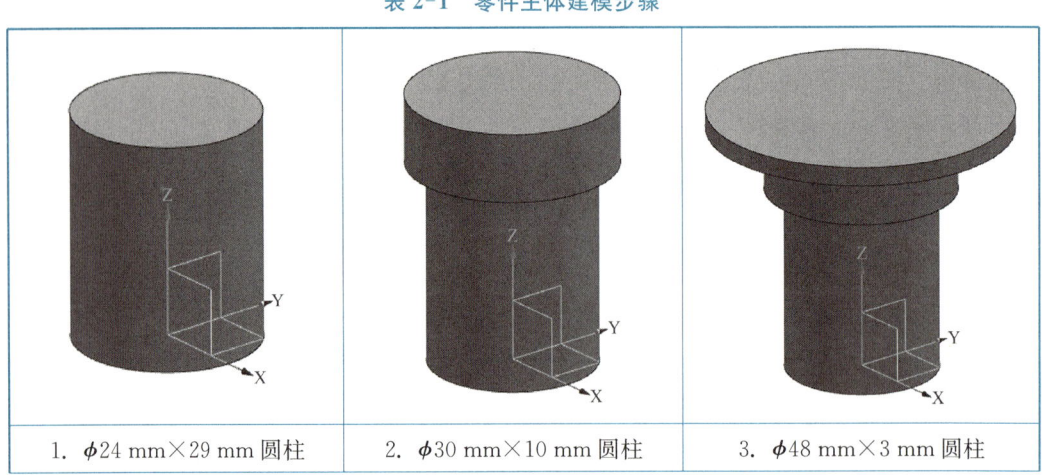

| 1. φ24 mm×29 mm 圆柱 | 2. φ30 mm×10 mm 圆柱 | 3. φ48 mm×3 mm 圆柱 |

（续表）

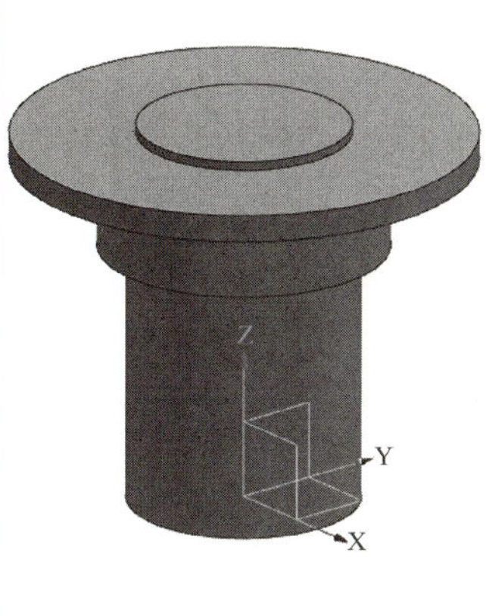 4. φ22 mm×1 mm 圆柱	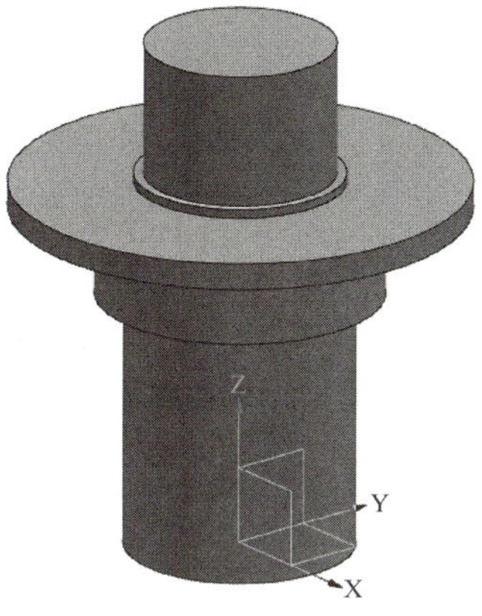 5. φ20 mm×14 mm 圆柱	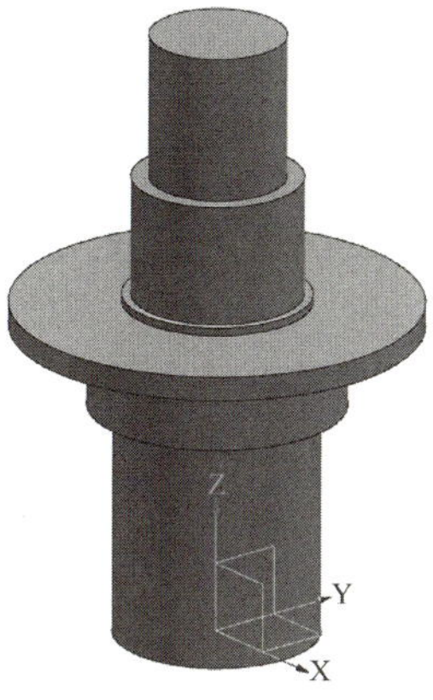 6. φ15.8 mm×16 mm 圆柱

表 2-2　零件细节建模步骤

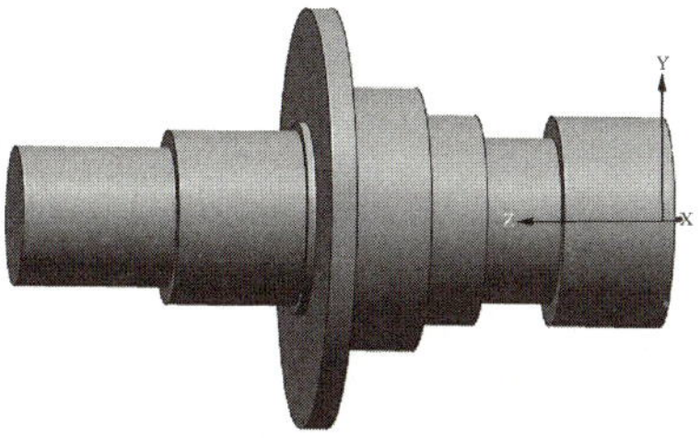 1. φ24 mm×29 mm 矩形槽	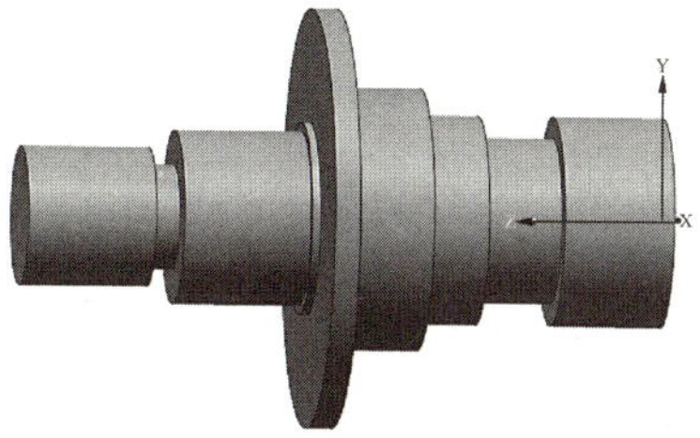 2. φ12 mm×3 mm 矩形槽
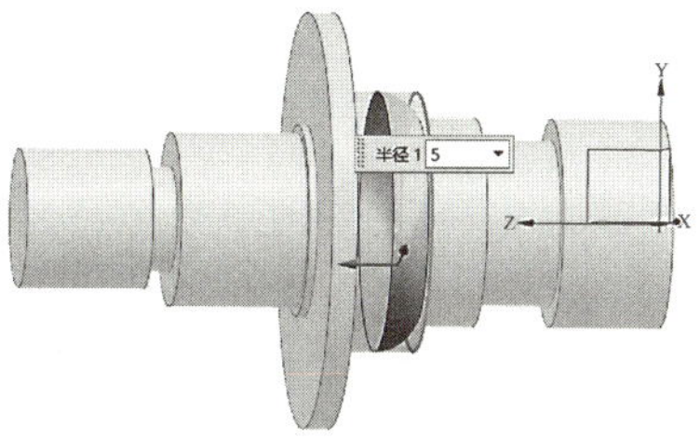 3. R5 倒圆角	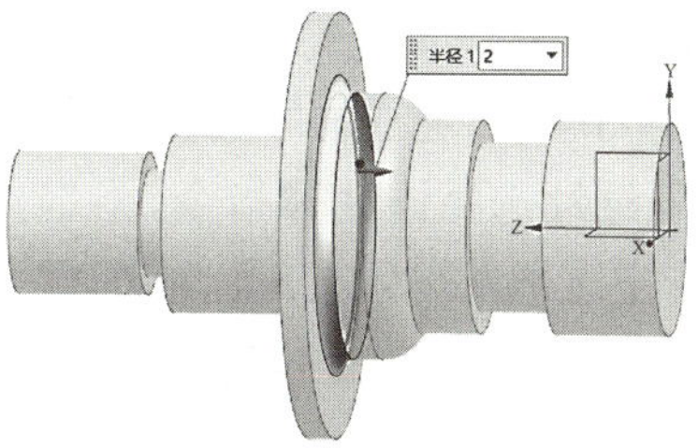 4. R2 倒圆角
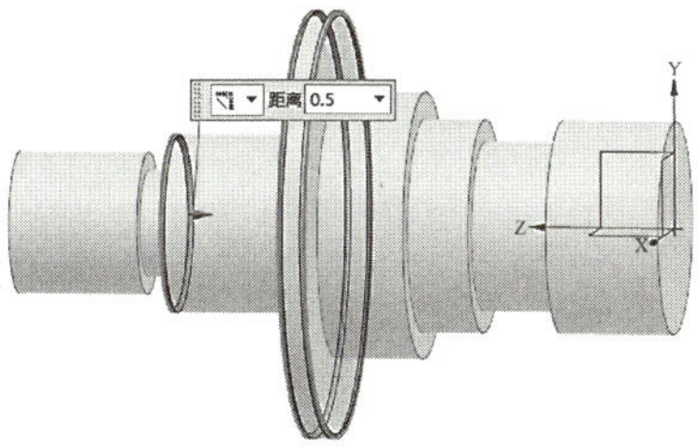 5. 0.5 mm 倒角	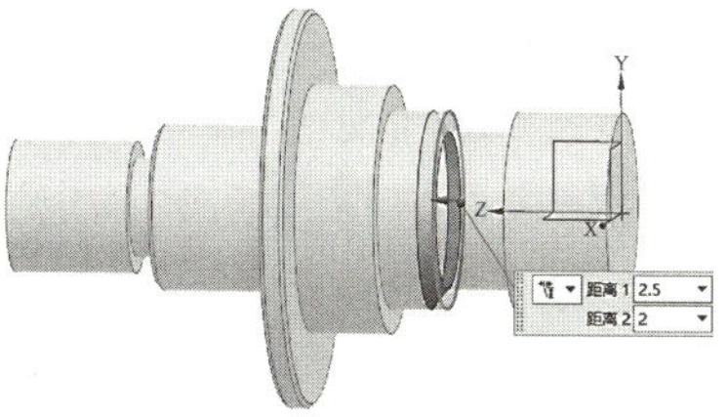 6. 2.5 mm×2 mm 倒角

(续表)

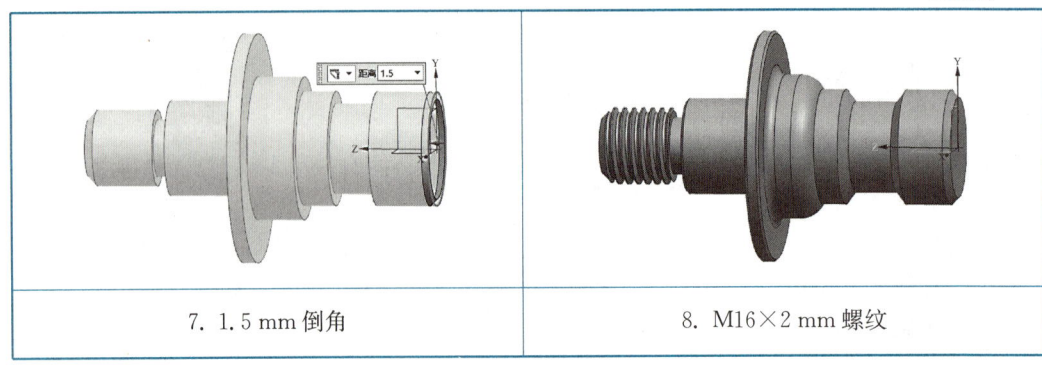

| 7. 1.5 mm 倒角 | 8. M16×2 mm 螺纹 |

学习活动 2.2　根据导向轴图纸要求，完成零件三维建模

2.2.1　新建文档

启动 NX 软件后，在主页选项卡下选择"新建"，在新建的对话框中选择模型、单位；文件名称、文件夹的位置可以根据自己的习惯进行命名选择，方便查找；最后单击"确定"进入新建的文件中。

2.2.2　创建主体特征

（1）选择"菜单"→"插入"→"设计特征"→"圆柱"，指定矢量为 Z 轴，指定点为原点，直径为 24 mm，高度为 29 mm，如图 2-2 所示。点击"确定"，完成该段圆柱创建。

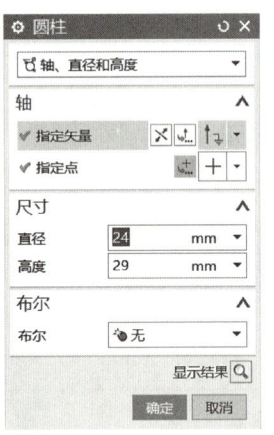
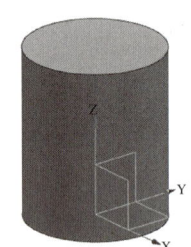

图 2-2　圆柱体输入

（2）继续选择圆柱体指令，指定矢量为 Z 轴，指定点选择圆柱上表面圆心，输入直径 30 mm，高度 10 mm，布尔选择"合并"，选择体为上一圆柱体表面中心，如图 2-3 所示。点击"确定"，完成该段圆柱创建。

（3）继续选择圆柱体指令，指定矢量为 Z 轴，指定点选择圆柱上表面圆心，输入直径 48 mm，高度 3 mm，布尔选择"合并"，选择体为上一圆柱体表面中心。点击"确定"，完成该段圆柱创建。

（4）继续选择圆柱体指令，指定矢量为 Z 轴，指定点选择圆柱上表面圆心，输入直径 22 mm，高度 1 mm，布尔选择"合并"，选择体为上一圆柱体表面中心。点击"确定"，完成该段圆柱创建。

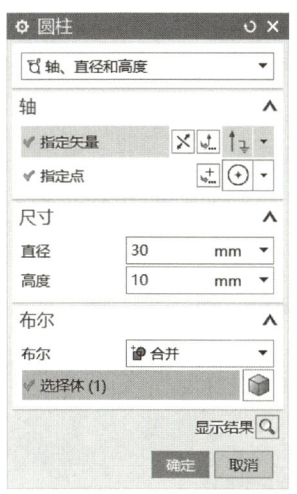
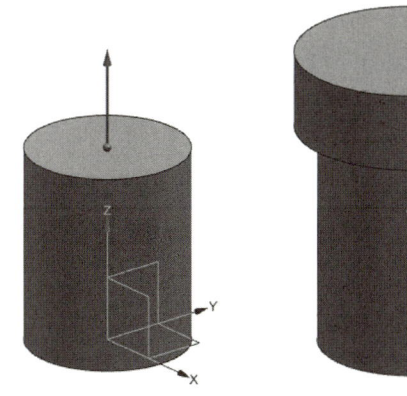

图 2-3 圆柱体合并输入

(5) 继续选择圆柱体指令,指定矢量为 Z 轴,指定点选择圆柱上表面圆心,输入直径 20 mm,高度 14 mm,布尔选择"合并",选择体为上一圆柱体表面中心。点击"确定",完成该段圆柱创建。

(6) 继续选择圆柱体指令,指定矢量为 Z 轴,指定点选择圆柱上表面圆心,输入直径 15.8 mm,高度 18 mm,布尔选择"合并",选择体为上一圆柱体表面中心。点击"确定",完成主体建模,如图 2-4 所示。

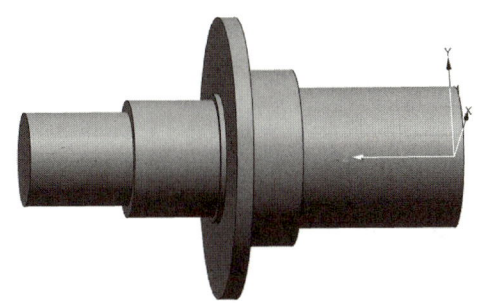

图 2-4 主体建模

2.2.3 创建细节特征

1) 矩形槽

选择"菜单"→"插入"→"设计特征"→"槽",选择"矩形槽",放置在最右端圆柱面上,输入槽直径为 19 mm,宽度为 9 mm;定位槽输入距离为 13 mm(注意,尺寸基准选择主体右端面圆弧);点击"确定",完成该矩形槽创建,如图 2-5(a)所示。

微课视频——导向轴细节建模

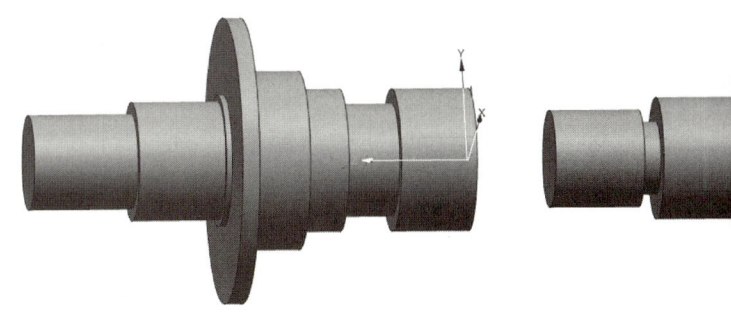

(a) 19 mm 直径矩形槽　　　　　　(b) 12 mm 直径矩形槽

图 2-5 矩形槽建模

继续选择"矩形槽",放置在最左端圆柱面上,输入槽直径为 12 mm,宽度为 3 mm;定位槽输入距离 15 mm(注意,尺寸基准选择主体左端面圆弧);点击"确定",完成该矩形槽创建,如图 2-5(b)所示。

2) 倒圆角

选择"边倒圆",第一个倒圆角,半径 1 输入 5 mm;第二个倒圆角,半径 1 输入 2 mm,如图 2-6 所示。

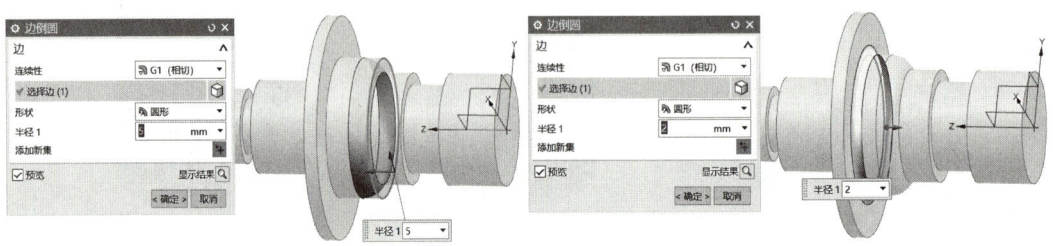

图 2-6 倒圆角建模

3) 对称倒角

选择"倒斜角",横截面选择"对称",依次倒角 2 mm、0.5 mm、1.5 mm,如图 2-7 所示。

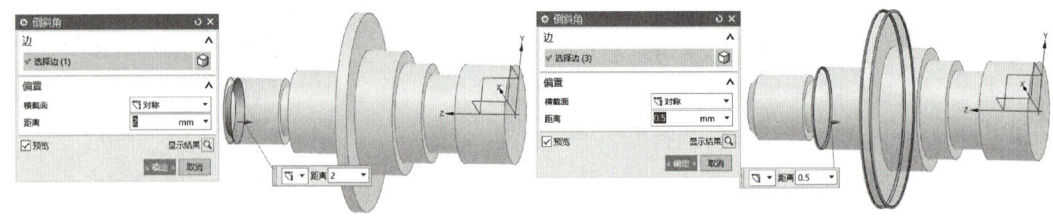

图 2-7 对称倒角建模

4) 非对称倒角

选择"倒斜角",横截面选择"非对称",距离 1 输入 2.5 mm,距离 2 输入 2 mm;继续倒角,距离 1 输入 2.5 mm,距离 2 输入 2 mm,如图 2-8 所示。

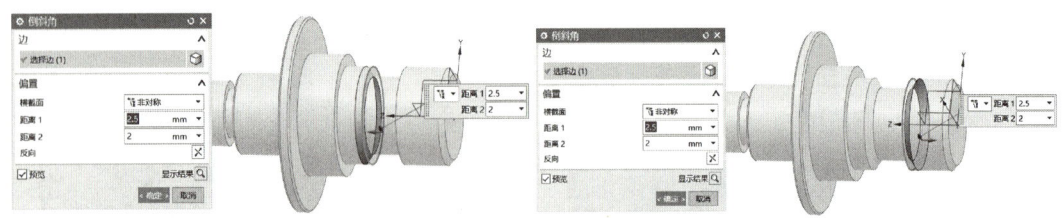

图 2-8 非对称倒角建模

5) 外螺纹建模

选择"菜单"→"插入"→"设计特征"→"螺纹刀",在对话框中选择"详细",螺纹小径输入 14 mm,长度输入 16 mm,螺距输入 2 mm。在"选择起始"中选择"图中底面",并使轴线沿 Z 轴正方向,然后点击"确定",如图 2-9 所示。

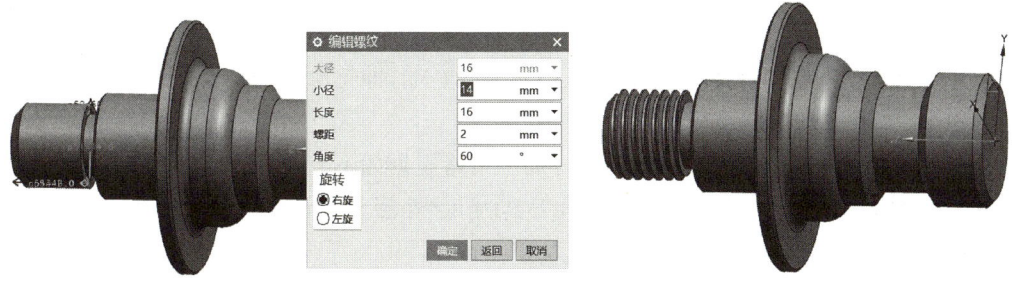

图 2-9　外螺纹建模

2.2.4　尺寸修正

在同步建模框中选择"偏置区域",选择面选择直径为 20 mm 的圆柱面,箭头指向代表正方向,图 2-10 中箭头指向外部为正方向,距离输入－0.006(一般偏置距离为半径偏差的一半多,直径 20 mm 的下偏差为 0.021 mm,半径偏差为－0.010 5 mm,故取值－0.006)。

选择面选择直径为 19 mm 的槽底圆柱面,箭头指向代表正方向,图 2-10 中箭头指向外部为正方向,距离输入－0.008 mm(判断方法如上一个面偏置)。

对于长度对称的正负偏差,不作修正。

微课视频——
导向轴尺寸
修正

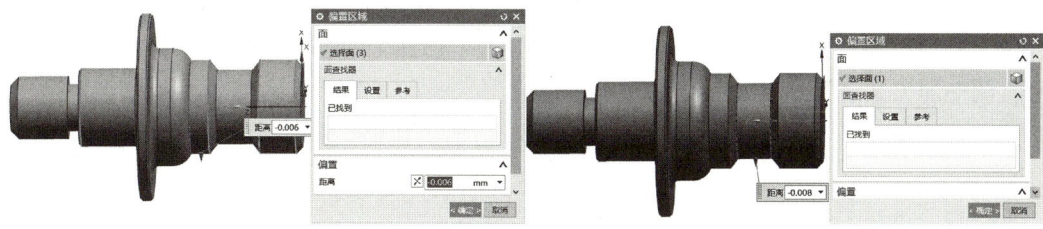

图 2-10　尺寸修正

学习活动 2.3　根据零件图纸技术要求,制定工艺内容

2.3.1　分析加工方法

本任务为导向轴零件加工,根据加工任务可知,零件毛坯尺寸为 $\phi50$ mm×77 mm,需要进行切除端面保证工件长度以及外轮廓的加工,加工对象为外轮廓、沟槽、螺纹等特征。为保证加工精度和表面质量,按照先轮廓粗加工、精加工,然后切槽,最后螺纹加工的顺序进行。

毛坯为 45# 棒料，采用三爪自定心卡盘装夹，考虑工件定位、接刀位置及装夹因素，需要先完成右端加工；调头后夹持 φ24 mm×29 mm 圆柱面，再完成另一端的所有加工。

2.3.2 规划加工策略

本导向轴零件分两次装夹完成加工。先加工右端，即轮廓外径较大的一侧，然后调头第二次装夹，完成左端螺纹一侧的加工。

工件坐标原点设置为零件端面中心，加工策略规划如下。

（1）端面加工：采用端面加工策略，刀具为 80°外圆车刀，精车余量为 0.2 mm，加工至平整。

（2）外轮廓粗加工：采用外轮廓粗加工策略，刀具为 80°外圆车刀，径向加工余量为 0.2 mm，侧壁加工余量为 0.04 mm；右端加工至 φ48 mm 外圆左端面左侧 3 mm 处。

（3）外轮廓精加工：采用外轮廓精加工策略，刀具为 55°外圆车刀，加工余量为 0。

（4）开口槽粗、精加工：采用沟槽加工策略，刀具为 3 mm 切槽刀，径向精加工余量为 0.12 mm，侧壁加工余量为 0.04 mm。

（5）调头装夹，垫紫铜皮，夹持 φ24 mm×29 mm 圆柱面。

（6）端面加工：采用端面加工策略，刀具为 80°外圆车刀，精车余量为 0.2 mm，加工至 φ48 mm 外圆倒角处，完成接刀。

（7）外轮廓粗加工：采用外轮廓粗加工策略，刀具为 80°外圆车刀，径向加工余量为 0.2 mm，侧壁加工余量为 0.04 mm；右端加工至 φ48 mm 外圆右端面右侧。

（8）外轮廓精加工：采用外轮廓精加工策略，刀具为 55°外圆车刀，加工余量为 0。

（9）φ12 mm×3 mm 矩形槽加工，采用沟槽车削加工策略，刀具为 2 mm 切槽刀，底面、侧壁加工余量为 0。

（10）M16×2 mm 螺纹加工：采用螺纹车削加工策略，刀具为 60°螺纹刀，加工余量为 0。

微课视频——导向轴刀具设置

学习活动 2.4　创建加工刀具，设置刀具参数

单击"应用模块"菜单（图 2-11），单击"加工"快捷键图标，或使用快捷键"Ctrl＋Alt＋M"进入加工环境对话框，CAM 会话配置选择"cam_general"，要创建的 CAM 组装选择"turning"，点击"确定"，进入加工环境（图 2-12）。

图 2-11　应用模块菜单

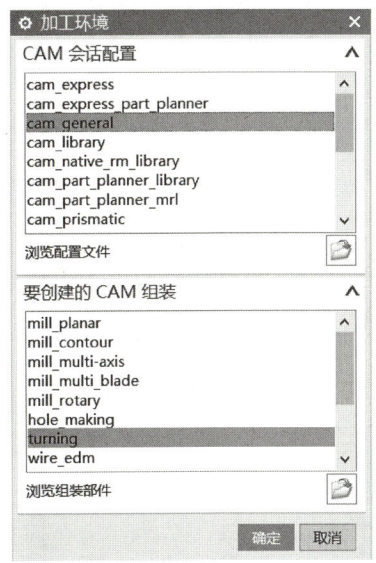
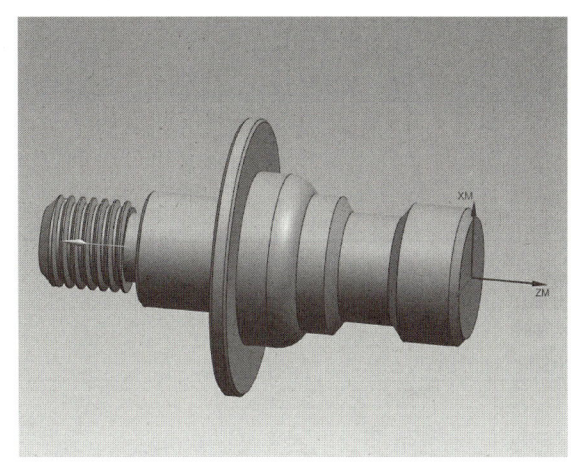

图 2-12　配置加工环境

2.4.1　创建刀具

在加工视图菜单中,选择"机床"视图,单击"创建刀具"图标,进入"创建刀具"对话框(图 2-13)。

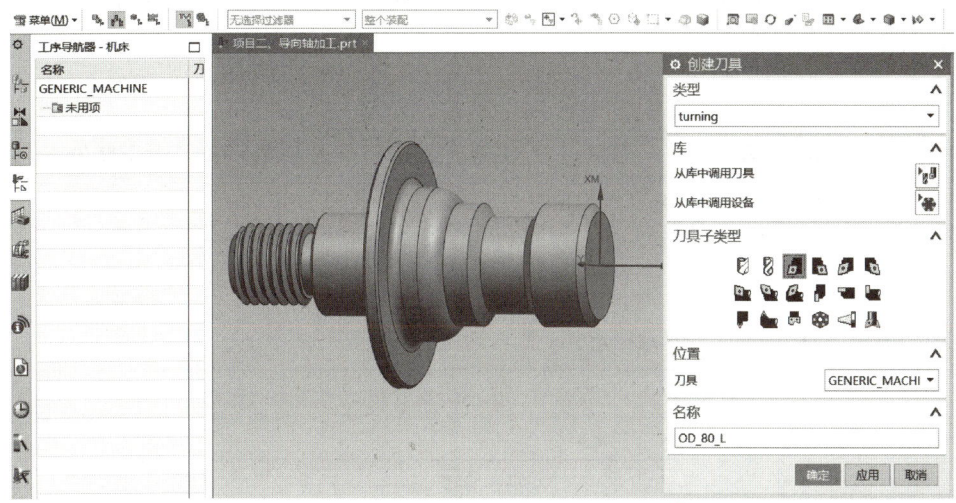

图 2-13　创建刀具

选择刀具子类型为"OD_80_L",名称修改为"外径粗车 80"外圆车刀,点击"确定",进入刀具参数设置对话框(图 2-14)。在"工具"选项中,设置刀尖半径为 0.4 mm,刀片长度为 15 mm,刀具号设置为 1;在"跟踪"选项中,补偿寄存器、刀具补偿寄存器统一设置为"1";在"更多"选项中,"工作坐标系"栏目中设置 MCS 主轴组为"操作"。点击"确定",完成"外径粗车 80"外圆车刀设置。

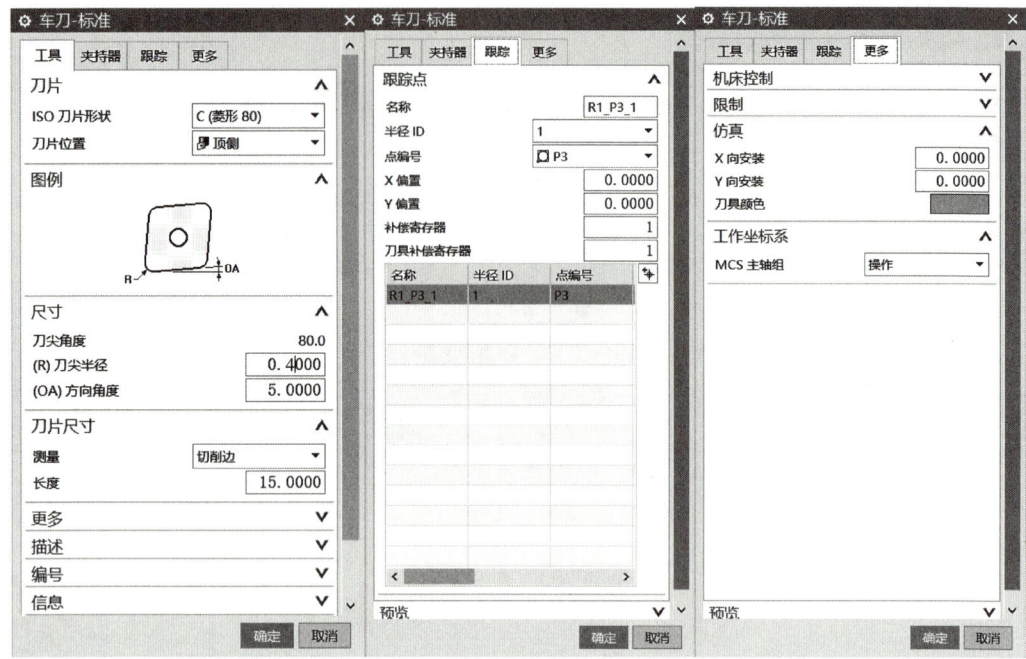

图 2-14 设置刀具参数

2.4.2 设置刀具参数

按照创建"外径粗车 80"外圆车刀设置方法，完成刀具参数（表 2-3）设置及所有刀具创建（图 2-15）。

表 2-3 创建刀具参数表

刀号	刀具子类型	名称	尖角半径/mm	刀片长度/mm	刀片宽度/mm	编号
1	OD_80_L	外径粗车 80	0.4	5	—	1
2	OD_55_L	外径精车 55	0.4	5	—	2
3	OD_GROOVE_L	切槽刀 3	—	10	3	3
4	OD_THREAD_L	外螺纹车刀 60	—	5	5	4

图 2-15 刀具一览

学习活动 2.5　创建加工坐标和加工几何体

微课视频——
导向轴基础
设置

2.5.1　创建右端工件坐标系

在加工视图菜单中,单击"几何"视图,双击或右键编辑"MCS_SPINDLE"工件坐标系,进入 MCS 设置对话框。指定 MCS 坐标系选择"对象的坐标系",点击工件右侧端面,点击"确定",此时 MCS 坐标系原点为零件端面中心。调整工件姿态,XM 竖直向上,ZM 指向右侧,完成工件坐标系设置,如图 2-16 所示。

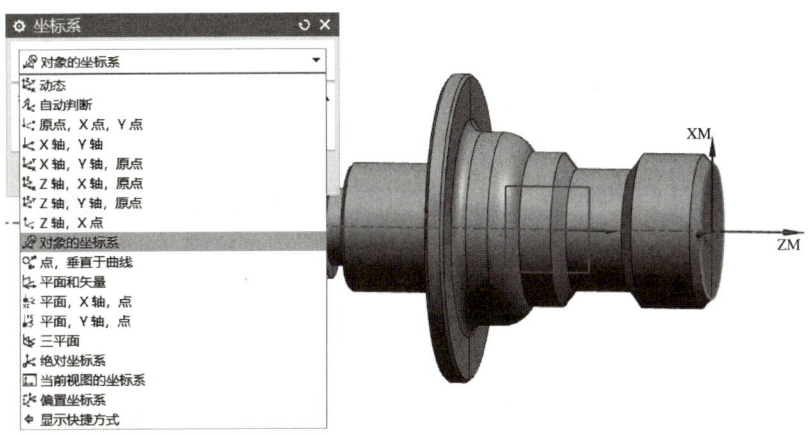

图 2-16　坐标系设置

2.5.2　创建车削加工几何体

(1) 在"几何"视图下,单击"MCS_SPINDLE"前面"+"号,展开"WORKPIECE"图标,双击或右键编辑"WORKPIECE",进入"工件"设置对话框,点击"指定部件",点击相应部件,点击"确定",完成工件指定,如图 2-17 所示。

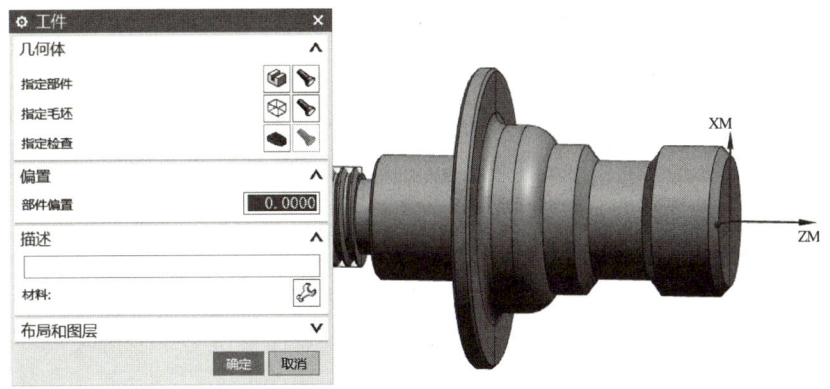

图 2-17　工件指定

(2) 点击"指定毛坯",选择"包容圆柱体"类型,在"限制"栏中,ZM+设置为 0.2 mm,

在"半径"栏设置偏置为1 mm,点击"确定",完成加工几何体毛坯设置(图2-18)。

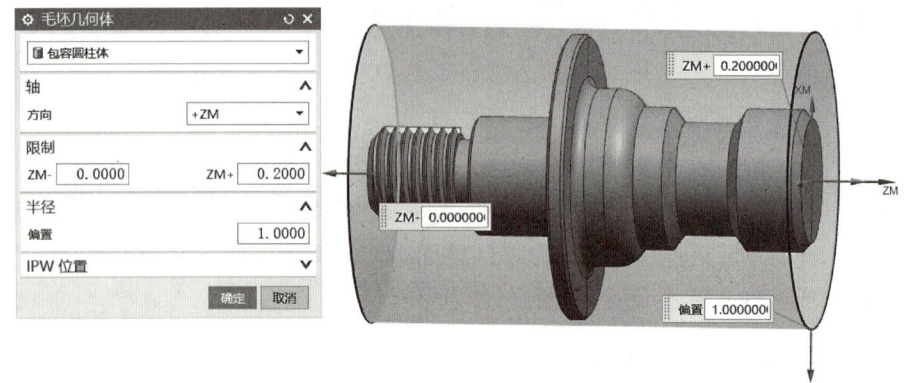

图2-18 毛坯设置

学习活动2.6 依照加工工艺,编制右端加工工序

在"加工"视图菜单中,选择"几何视图",点击选中"TURNING_WORKPIECE",单击"创建工序"图标,进入创建工序对话框,如图2-19所示。

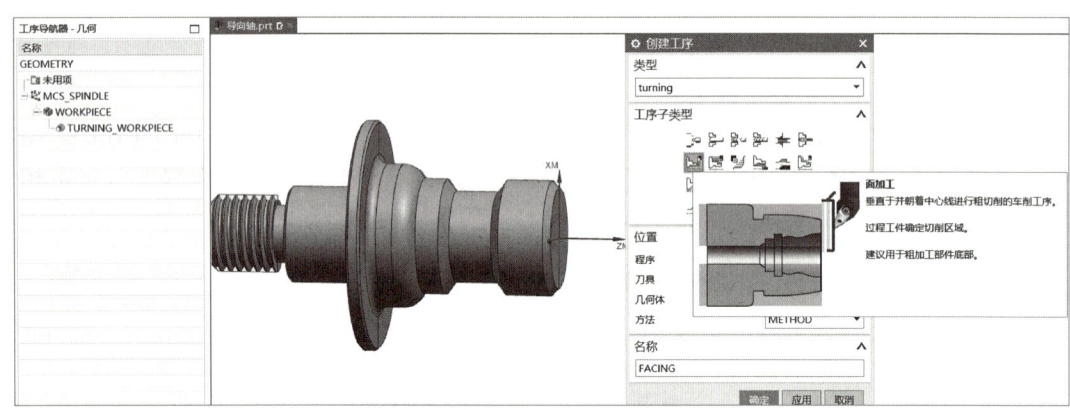

图2-19 创建工序

2.6.1 右端面加工工序

工序子类型选择"面加工",程序默认"NC_PROGRAM",刀具选择"外径粗车80",几何体选择"WORKPIECE",方法默认"METHOD",名称修改为"右端面车削",单击"确定"按钮,进入端面加工参数设置对话框。

1) 确定切削区域

点击"切削区域"按钮,在"轴向修剪平面1"栏中,选择限制选项为"点",点击模型右侧端面中心,限制加工区域。点击"确定",完成端面车削设置,如图2-20所示。

微课视频——
导向轴右端
加工基础设置

项目二 导向轴的加工

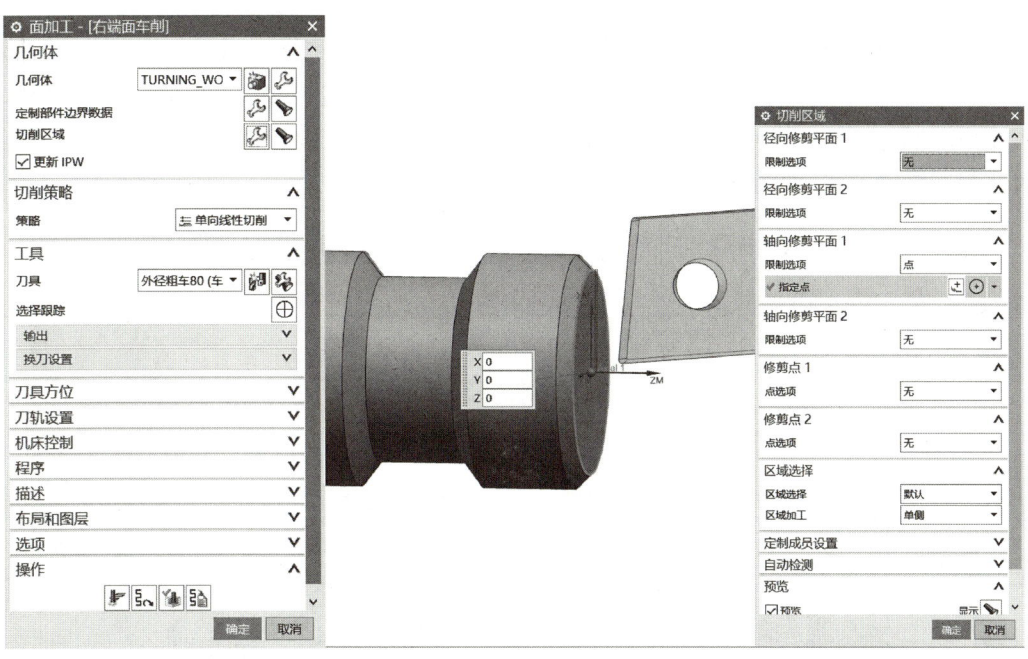

图 2-20 限制加工区域

2）切削参数设置

在刀轨设置中，"切削深度"最大值设置为 0.5 mm，点击"切削参数"，点击"余量"，粗加工余量栏中"面"设置为 0 mm，"径向"设置为 0 mm。点击"确定"按钮，完成端面车削参数设置。

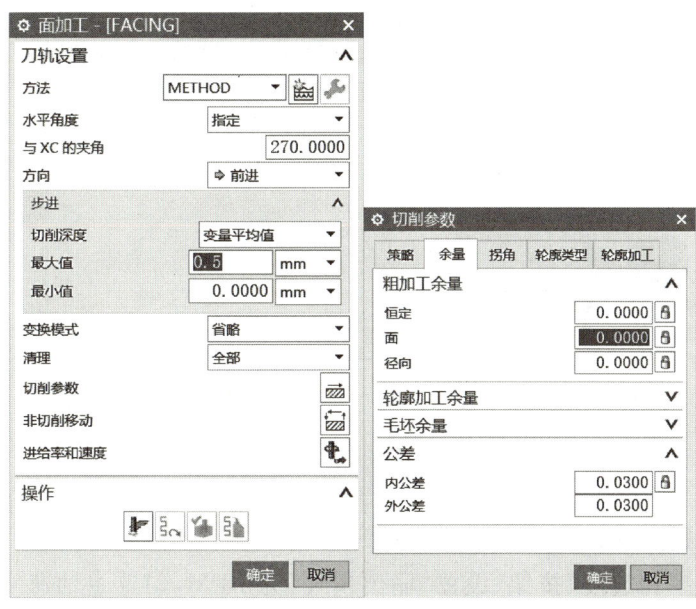

图 2-21 切削参数设置

037

3）非切削移动设置

点击"非切削移动"按钮，选择"逼近"选项，指定出发点坐标为 X 为 -50，Z 为 -100（坐标设置参考工件坐标系设置方法），点击"确定"按钮，完成出发设置。在"运动到起点"栏，点击"运动类型"选项，设置为"直接"，指定点设置坐标 X 为 -26，Z 为 -2（坐标设置参考工件坐标系设置方法，如图 2-22 所示）。

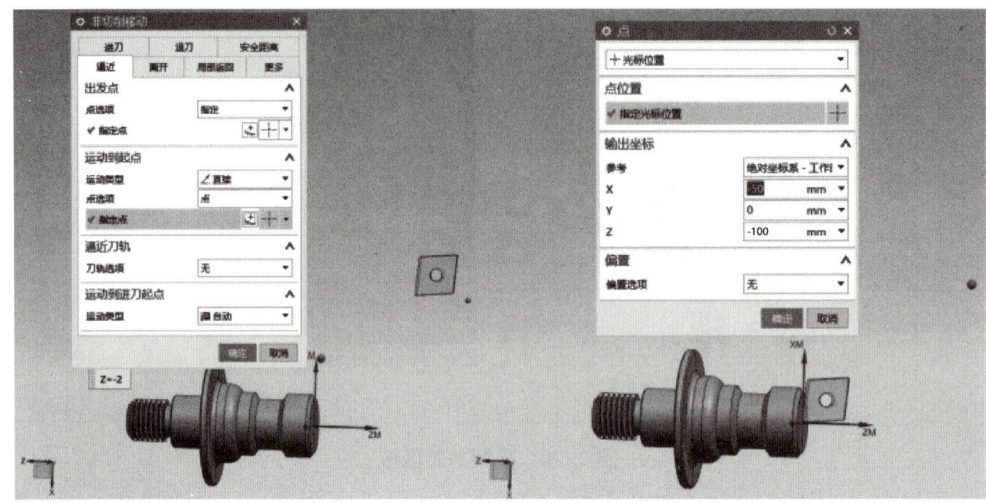

图 2-22　逼近设置

选择"离开"选项，指定离开刀轨选项栏为"与逼近相同"，"运动到回零点"栏中的"运动类型"选项设置为"直接"，"点选项"为"与起点相同"，点击"确定"按钮，完成非切削移动设置。

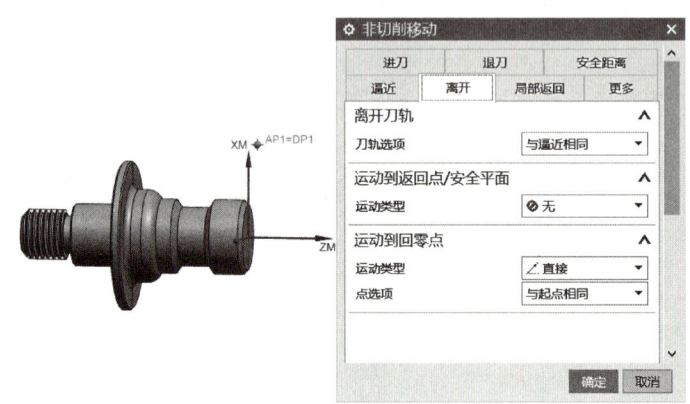

图 2-23　离开设置

4）进给率和速度设置

点击"进给率和速度"按钮，设置"输出模式"为 RPM，勾选主轴速度，指定转速为 700 r/min；在"进给率"栏目中，设置切削进给率为 0.12，单位为"mmpr"。点击"确定"按钮，完成进给率和速度设置，如图 2-24 所示。

5）生成切削路径

点击"生成"按钮，生成刀具切削路径，如图 2-25 所示。

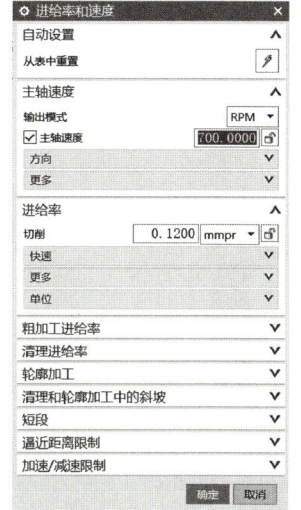

图 2-24　进给率和速度设置

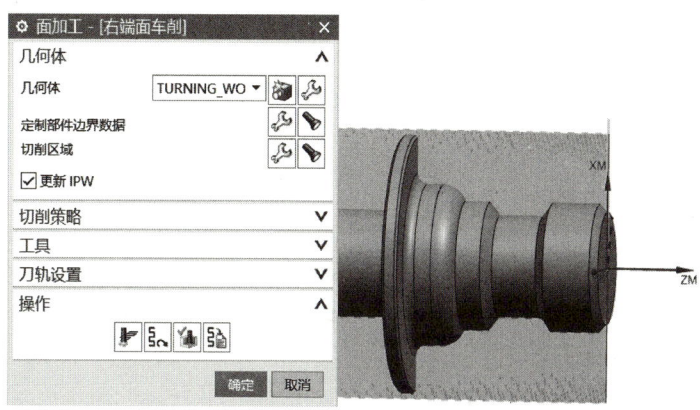

图 2-25　生成刀轨

6）验证路径

点击"确认"按钮，设置为 3D 动态模式，调节动画速度为 3，点击播放按钮，右端面仿真切削过程，如图 2-26 所示。

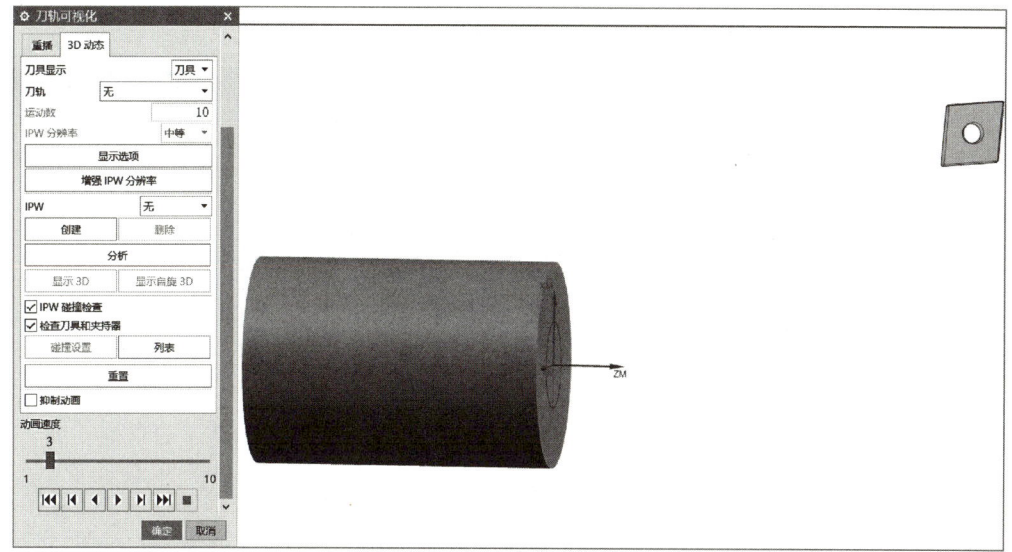

图 2-26　右端面车削刀轨验证

2.6.2　台阶面外径粗车工序

工序子类型选择"外径粗车"，程序默认"NC_PROGRAM"，刀具选择"外径粗车 80"，几何体选择"TURNING_WORKPIECE",方法默认"METHOD",名称修改为"右端外径粗车"(图 2-27),单击"确定"按钮,进入外径粗车加工参数设置对话框。

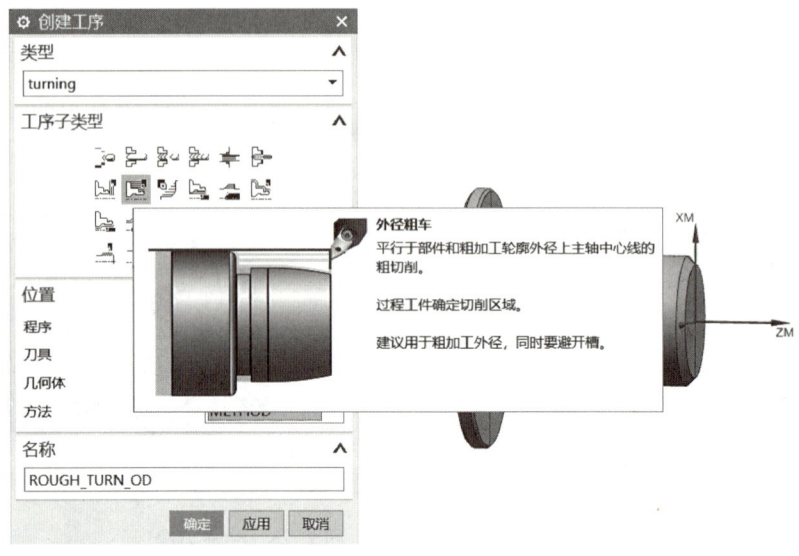

图 2-27　台阶面外径粗车

1) 确定切削区域

点击切削区域按钮,在"轴向修剪平面 2"栏中,选择限制选项为"点",点击"点"对话框,输入坐标 X 为 24,Z 为 39.5,限制加工区域如图 2-28 所示。点击"确定",完成外径粗车切削区域设置。

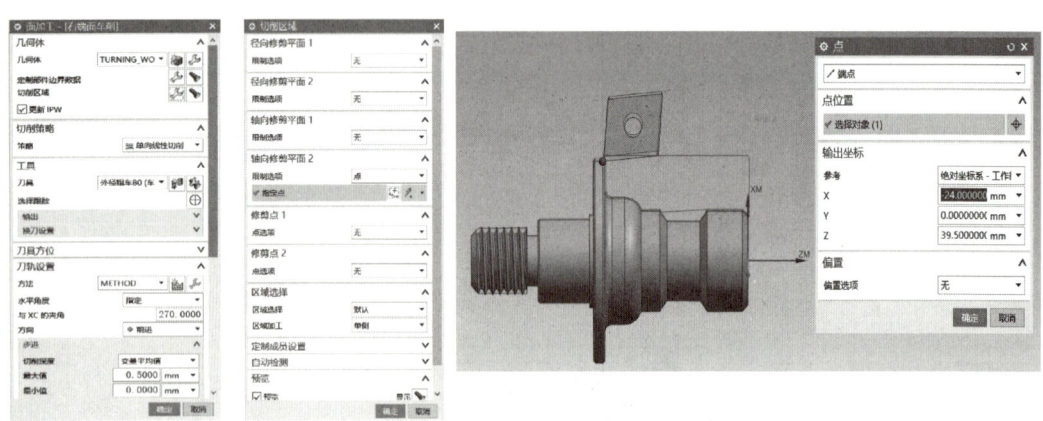

图 2-28　台阶面外径粗车切削区域设置

2) 切削参数设置

在"刀轨设置"栏中,"切削深度"选择"恒定","最大值"设置为 0.5 mm,"变换模式"选择"省略",点击"切削参数",点击"余量"选项,"粗加工余量"栏中"面"设置为 0.1 mm,"径向"设置为 0.3 mm;点击"轮廓加工",勾选"附加轮廓加工","轮廓切削区域"选择"与粗加工相同"。点击"确定"按钮,完成外径粗车切削参数设置,如图 2-29 所示。

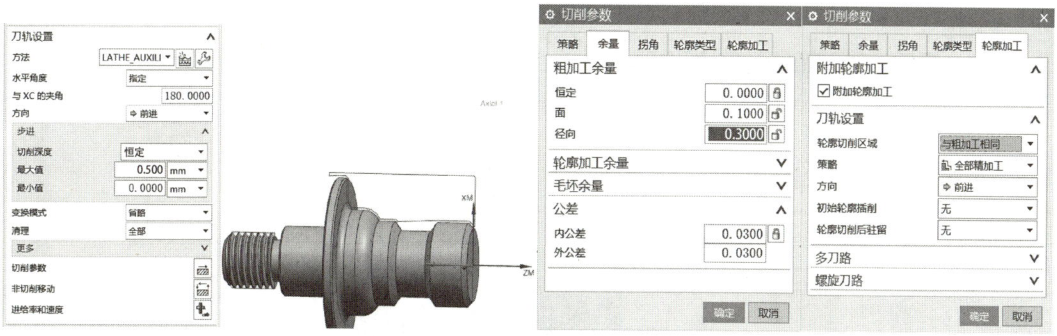

图 2-29　台阶面外径粗车切削参数设置

3) 非切削移动设置

点击"非切削移动"按钮,选择"逼近"选项,指定出发点坐标 X 为-50,Z 为-60(坐标设置参考工件坐标系设置方法),点击"确定"按钮,完成出发设置。在"运动到起点"栏,点击"运动类型"选项,设置为"直接",指定点设置坐标为 X 为-26,Z 为-2(坐标设置参考工件坐标系设置方法)。

选择"离开"选项,指定"运动到返回点/安全平面"中的"点选项"为"与起点相同";指定"运动到回零点"中"点选项"为"与起点相同","运动类型"选项,设置为"直接",点击"确定"按钮,完成非切削移动设置,如图 2-30 所示。

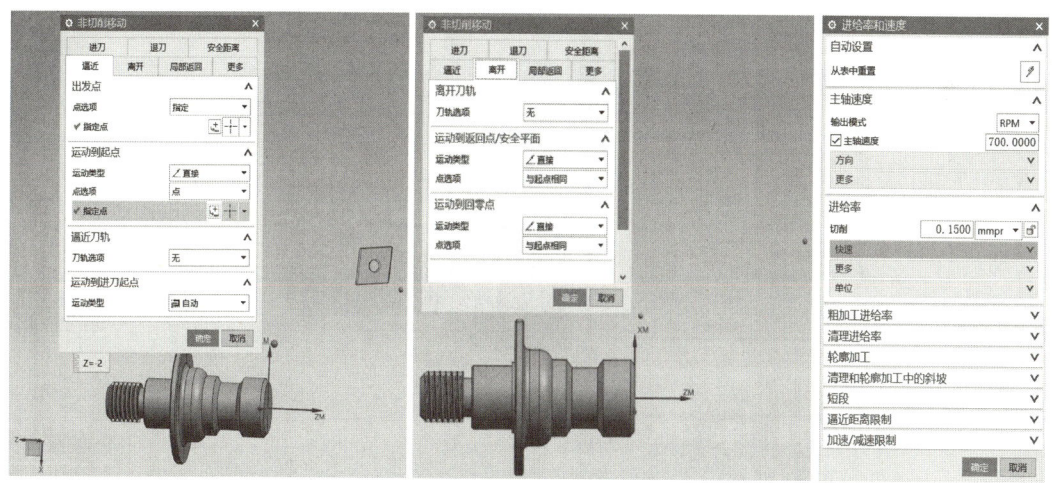

图 2-30　台阶面外径粗车逼近和离开及进给率和速度设置

4) 进给率和速度设置

点击"进给率和速度"按钮,设置"输出模式"为 RPM,勾选主轴速度,指定转速为 700 r/min;在"进给率"栏目中,设置切削进给率为 0.15,单位为"mmpr"。点击"确定"按钮,完成进给率和速度设置,如图 2-30 所示。

5）生成切削路径

点击"生成"按钮,产生刀具切削路径,如图 2-31 所示。

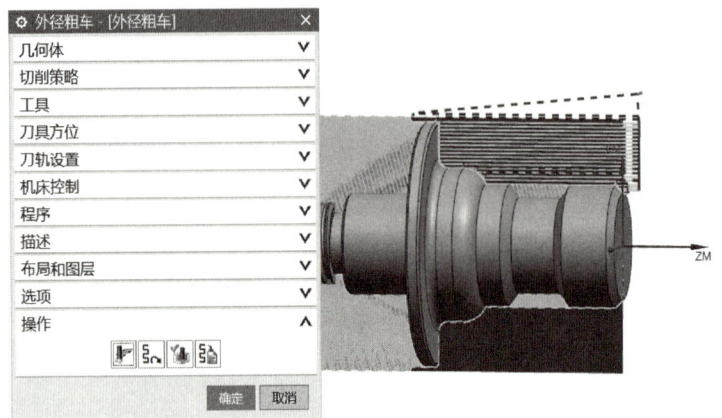

图 2-31　台阶面外径粗车刀轨

6）验证路径

点击"确认"按钮,设置为 3D 动态模式,调节动画速度为 3,点击播放按钮,仿真切削过程,如图 2-32 所示。

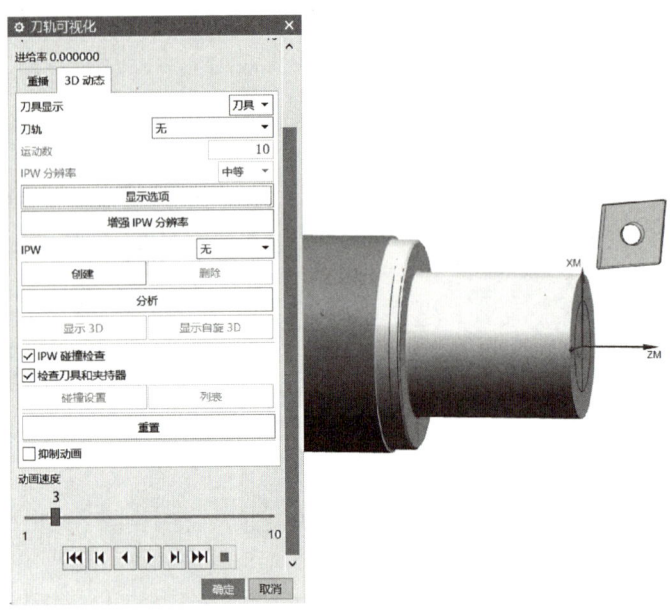

图 2-32　台阶面外径粗车刀轨验证

2.6.3　台阶面外径精车工序

工序子类型选择"外径精车",程序默认"NC_PROGRAM",刀具选择"外径精车 55",几何体选择"TURNING_WORKPIECE",方法默认"METHOD",名称修改为"右端外径精车"(图 2-33),点击"确认"按钮,进入外径精车加工参数设置对话框。

微课视频——导向轴右端精加工

项目二 导向轴的加工

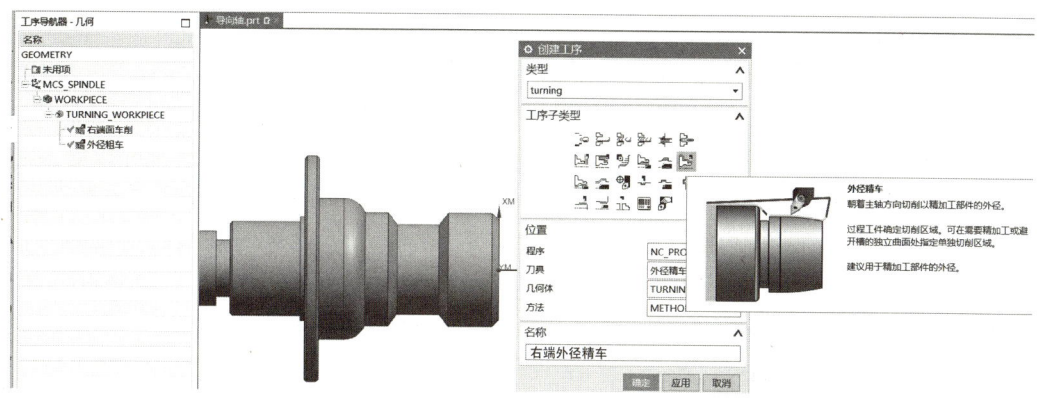

图 2-33 台阶面外径精车

1）确定切削区域

点击"切削区域"按钮,在"轴向修剪平面 2"中,选择限制选项为"点",点击"点"对话框,输入坐标 X 为 0,Z 为 45,限制加工区域。点击"确定",完成台阶面外径精车切削区域设置。

2）切削参数设置

在"刀轨设置"栏目中,勾选"省略变换区";点击"切削参数",点击"余量选项","精加工余量"栏中"面"设置为 0 mm,"径向"设置为 0 mm;在"公差"栏中,设置内、外公差均为 0.01 mm,点击"确定"按钮,完成外径精车切削参数设置,如图 2-34 所示。

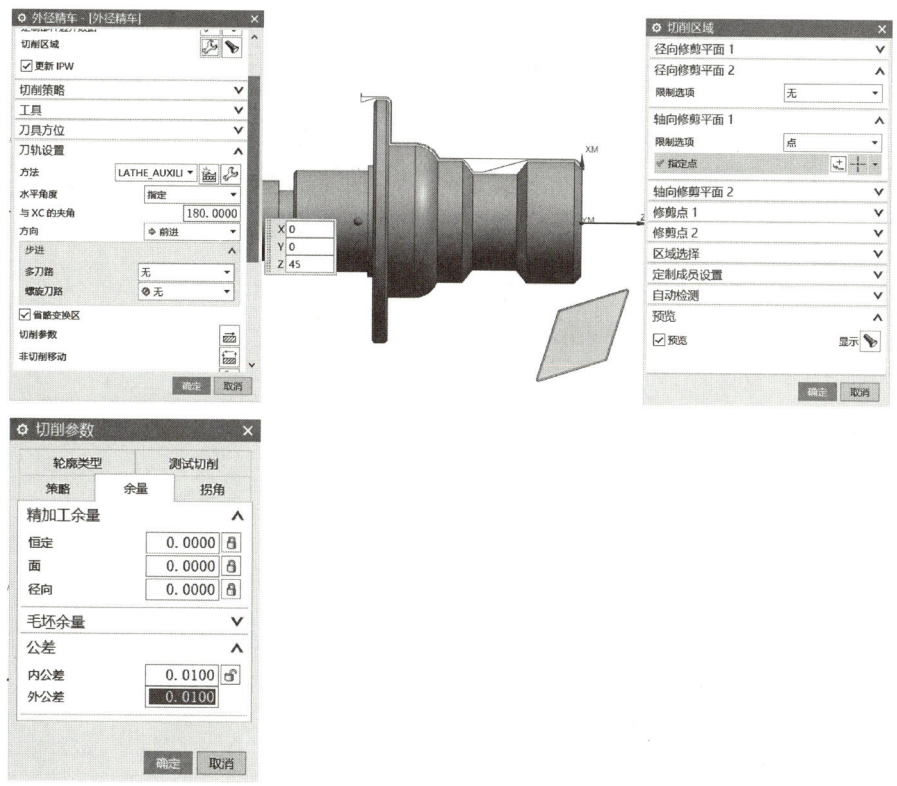

图 2-34 台阶面外径精车参数设置

043

3) 非切削移动设置

点击"非切削移动"按钮,选择"逼近"选项,指定出发点坐标为 X 为 -50,Z 为 -60(坐标设置参考工件坐标系设置方法),点击"确定"按钮,完成出发设置。在"运动到起点"栏,点击"运动类型"选项,设置为"直接",指定点设置坐标为 X 为 -26,Z 为 -2(坐标设置参考工件坐标系设置方法)。

选择"离开"选项,指定"运动到返回点/安全平面"中的"点选项"为"与起点相同";指定"运动到回零点"中"点选项"为"与起点相同","运动类型"选项,设置为"直接",点击"确定"按钮,完成非切削移动设置。

4) 进给率和速度设置

点击"进给率和速度"按钮,设置"输出模式"为 RPM,勾选主轴速度,指定转速为 900 r/min;在"进给率"栏中,设置切削进给率为 0.12,单位为"mmpr"。点击"确定"按钮,完成进给率和速度设置。

5) 生成切削路径

点击"生成"按钮,产生刀具路径,如图 2-35 所示。

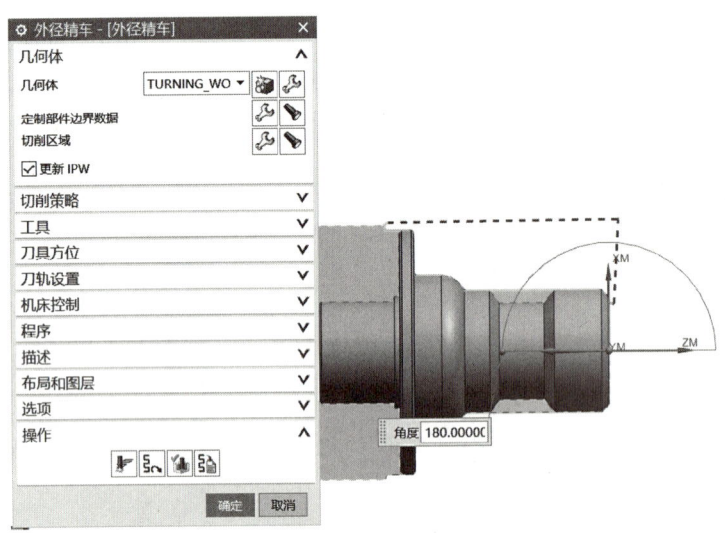

图 2-35 台阶面外径精车刀轨

6) 验证路径

点击"确认"按钮,设置为 3D 动态模式,调节动画速度为 3,点击播放按钮,仿真切削过程,如图 2-36 所示。

2.6.4 外径开槽工序

工序子类型选择"外径开槽",程序默认"NC_PROGRAM",刀具选择"外径切槽 3",几何体选择"TURNING_WORKPIECE",方法默认为"METHOD",名称修改为"导向轴车削",点击"确认"按钮,进入外径开槽加工参数设置对话框。

1) 确定切削区域

点击"切削区域"按钮,在"轴向修剪平面 1"中,选择"限制选项"为"点",点击"点"对话框,捕捉如图 2-37 所示坐标点,屏蔽开槽左侧区域,剩余开槽区域。点击"确定",完成开槽切削区域设置。

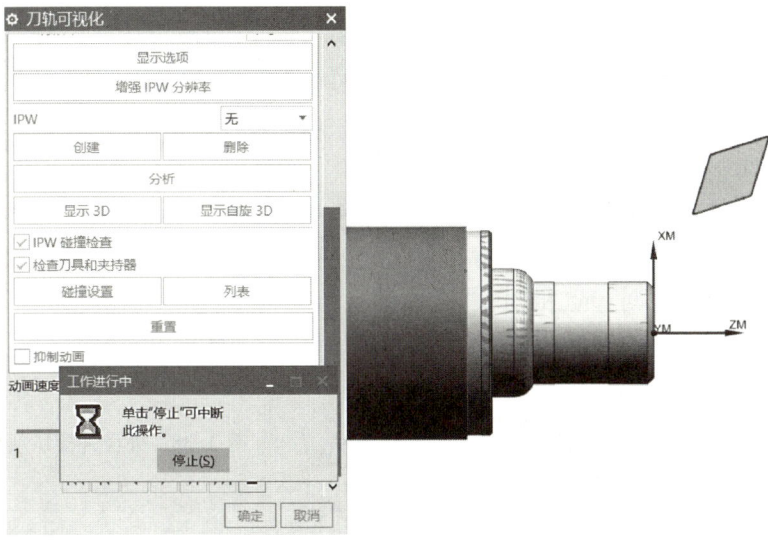

图 2-36 外径精车刀轨验证

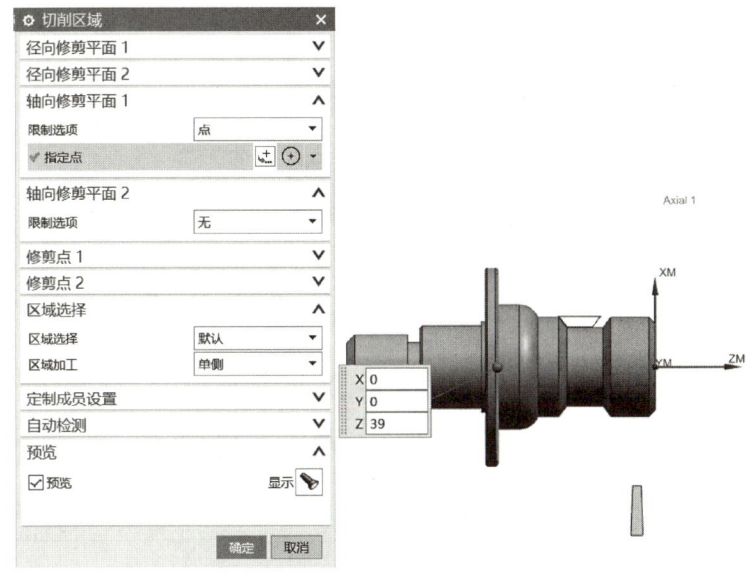

图 2-37 外径开槽切削区域设置

2)切削参数设置

点击"切削参数",点击"余量"选项,"精加工余量"栏中"面"设置为 0 mm,"径向"设置为 0 mm;在"公差"栏中,设置内、外公差均为 0.01 mm;点击"轮廓加工"选项,勾选"附加轮廓加工","轮廓切削区域"设置为"与粗加工相同","策略"设置为"全部精加工"。点击"确定"按钮,完成切削参数设置,如图 2-38 所示。

3) 非切削移动设置

点击"非切削移动"按钮,选择"逼近"选项,指定出发点坐标为 X 为 -50,Z 为 -60(坐标设置参考工件坐标系设置方法),点击"确定"按钮,完成出发设置。在"运动到起点"栏,点击"运动类型"选项,设置为"直接",指定点设置坐标为 X 为 -20,Z 为 22 坐标设置参考工件坐标系设置方法)。

选择"离开"选项,指定"运动到返回点/安全平面"中的"点选项"为"与起点相同";指定"运动到回零点"中"点选项"为"与起点相同","运动类型"选项,设置为"直接"。点击"确定"按钮,完成非切削移动设置,如图 2-39 所示。

图 2-38 外径开槽切削参数设置

4) 进给率和速度设置

点击"进给率和速度"按钮,设置"输出模式"为 RPM,勾选主轴速度,指定转速为 600 r/min;在"进给率"栏中,设置切削进给率为 0.04,单位为"mmpr"。点击"确定"按钮,完成进给率和速度设置。

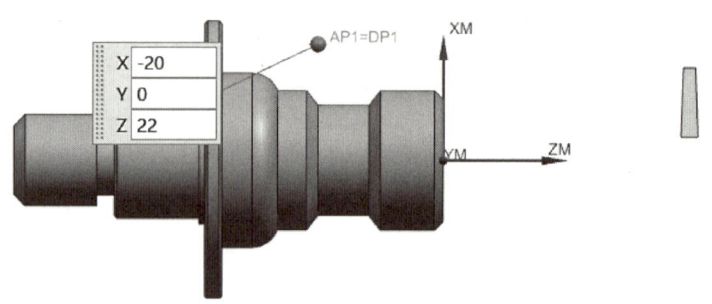

图 2-39 外径开槽逼近和离开设置

5) 生成切削路径

点击"生成"按钮,产生刀具路径,如图 2-40 所示。

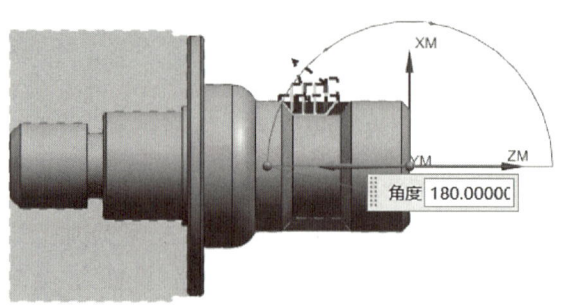

图 2-40 外径开槽刀轨

6）验证路径

点击"确认"按钮，设置为3D动态模式，调节动画速度为3，点击播放按钮，仿真切削过程，如图2-41所示。

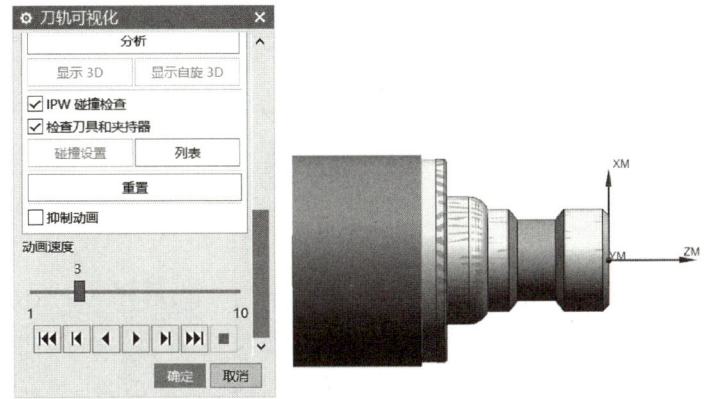

图 2-41　外径开槽刀轨验证

学习活动 2.7　调头装夹，设置工件坐标系

微课视频——
导向轴左端
加工基础设置

2.7.1　调头新建坐标系

调整加工模型至左端朝向右侧，在"加工视图"菜单中，右键单击"GEOMETRY"，拓展菜单至"插入"，继续拓展菜单点击"几何体"，点击"确定"，创建"MCS_SPINDLE_1"工件坐标系，如图2-42所示；双击"MCS_SPINDLE_1"进入MCS设置对话框。"指定MCS坐标"选择"对象的坐标系"，点击工件右侧端面，点击"确定"，此时MCS坐标系原点为零件端面中心。此时MCS_SPINDLE_1和原有坐标MCS_SPINDLE的X轴向指向同侧，如果相反，需要再次双击"MCS_SPINDLE_1"切换"动态"，双击XM轴的箭头，反向XM轴方向。点击"确定"，完成工件坐标系设置。拖动模型调整工件姿态至XM轴向上，ZM轴向右侧，如图2-43所示。

图 2-42　调头新建坐标系

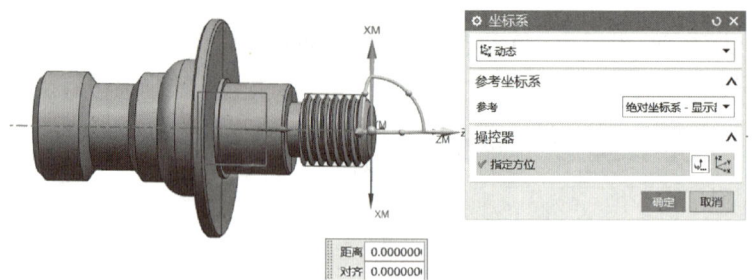

图 2-43 调头坐标修正

2.7.2　设置几何体

在"几何"视图下,单击"MCS_SPINDLE_1"前面"+"号,展开"WORKPIECE1"图标,双击或右键编辑"TURNING_WORKPIECE_1",进入"工件"设置对话框,点击"指定部件",点击相应部件。点击"确定",完成工件指定,如图 2-44 所示。

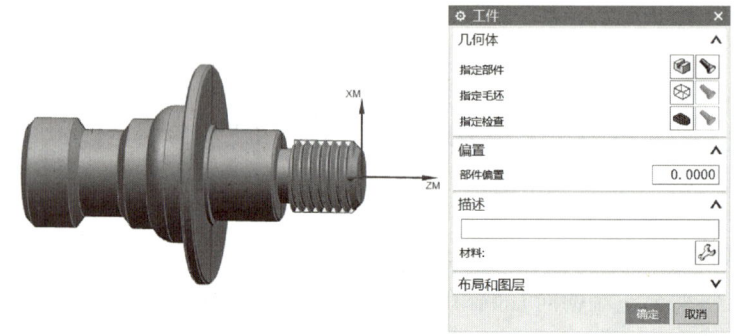

图 2-44 调头工件设置

双击或右键编辑"TURNING_WORKPIECE_1",进入"车削工件"对话框,点击"指定毛坯边界",点击相应部件,指定点捕捉 φ48 mm 圆柱面左侧中心,长度设置为 38 mm,直径设置为 50 mm。点击"确定",完成毛坯指定,如图 2-45 所示。

图 2-45 调头毛坯指定

学习活动 2.8　依照加工工艺,编制左端加工工序

微课视频——
导向轴左端
加工工序

2.8.1　左端面加工工序

参考 2.6.1 相关内容设置左端面加工工序。刀具为"外径粗车 80",工序子类型选择"面加工",程序默认"NC_PROGRAM",名称修改为"左端面车削";切削区域使用轴向点限定在端面侧;刀轨设置"切削深度"最大值设置为 0.5 mm;切削参数中"粗加工余量"中"面"设置为 0 mm,"径向"设置为 0 mm;非切削移动设置中"逼近"选项,指定出发点坐标 X 为 -50,Z 为 140,"运动到起点"运动类型设置为"直接",指定点设置坐标 X 为 -26,Z 为 78;"离开"选项中"指定离开刀轨"选项为"点",指定坐标点为 X 为 -26,Z 为 78;"运动到回零点"中的"点运动类型"设置为"直接",指定点坐标 X 为 -50,Z 为 140。进给率和速度"输出模式"为 RPM,勾选主轴速度,指定转速为 700 r/min,"进给率"设置切削进给率为 0.15,单位为"mmpr"。产生刀具路径,如图 2-46 所示。

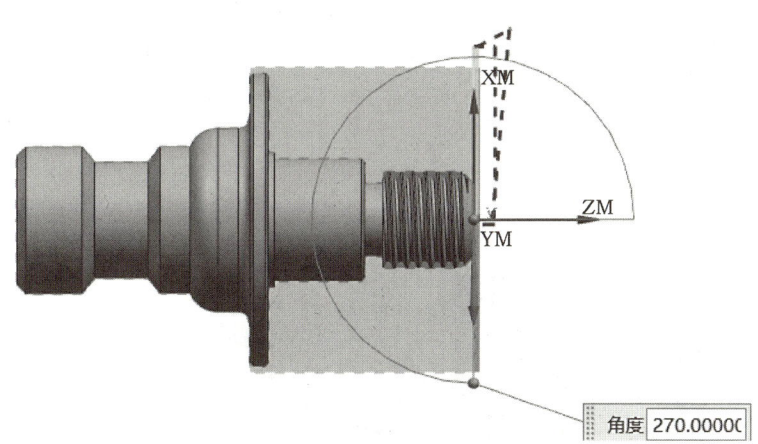

图 2-46　左端面车削刀轨

2.8.2　外径粗车工序

参考 2.6.2 相关内容设置外径粗车加工工序。刀具为"外径粗车 80",工序子类型选择"外圆粗车",程序默认"NC_PROGRAM",名称修改为"左端外径粗车";刀轨设置切削深度选择"恒定",最大值设置为 0.5 mm;切削参数中"粗加工余量"中"面"设置为 0.1 mm,"径向"设置为 0.3 mm;非切削移动设置中"逼近"选项,指定出发点坐标 X 为 -50,Z 为 140,"运动到起点"运动类型设置为"直接",指定点设置坐标 X 为 -26,Z 为 78;"离开"选项中指定离开刀轨选项栏为"点",指定坐标点 X 为 -26,Z 为 78;"运动到回零点"中的"运动类型"设置为"直接",指定点坐标 X 为 -50,Z 为 140。进给率和速度"输出模式"为 RPM,勾选主轴速度,指定转速为 700 r/min,"进给率"设置切削进给率为 0.2,单位为"mmpr"。产生刀具路径,如图 2-47 所示。

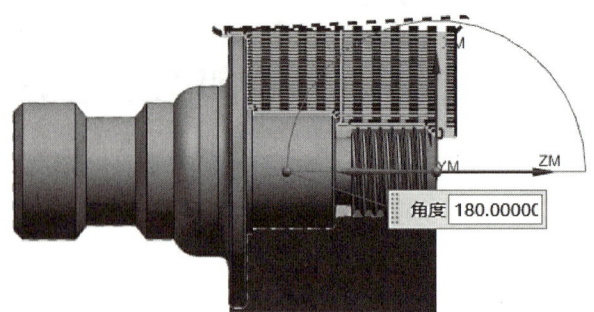

图 2-47 左端外径粗车刀轨

2.8.3 外径精车工序

参考 2.6.3 相关内容设置外径精车加工工序。刀具为"外径精车 55",工序子类型选择"外径精车",程序默认"NC_PROGRAM",名称修改为"左端外径精车";切削参数中"精加工余量"中"面"设置为 0 mm,"径向"设置为 0 mm,内、外公差均设置为 0.01 mm;非切削移动设置中"逼近"选项,指定出发点坐标 X 为-50,Z 为 140,"运动到起点"的"运动类型"设置为"直接",指定点设置坐标 X 为-26,Z 为 78;"离开"选项中指定离开刀轨选项栏为"点",指定坐标点 X 为-26,Z 为 78;"运动到回零点"中的"点运动类型"设置为"直接",指定点坐标 X 为-50,Z 为 140。进给率和速度"输出模式"为 RPM,勾选主轴速度,指定转速为 900 r/min,"进给率"设置切削进给率为 0.1,单位为"mmpr"。产生刀具路径,如图 2-48 所示。

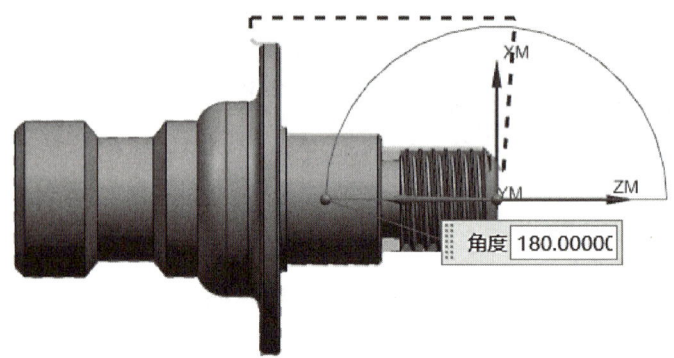

图 2-48 左端外径精车刀轨

2.8.4 退刀槽加工工序

参考 2.6.4 相关内容设置退刀槽车削加工工序。刀具为"切槽刀 3",工序子类型选择"外径开槽",程序默认"NC_PROGRAM",名称修改为"退刀槽车削";程序默认"NC_PROGRAM",几何体选择"WORKPIECE",方法默认"METHOD"。

切削区域使用"轴向修剪平面 1"和"轴向修剪平面 2"限制切削区域为退刀槽区域。切削参数"精加工余量"中"面"设置为 0 mm,"径向"设置为 0 mm;"公差"设置内、外公差均为 0.01 mm;非切削移动中"逼近"指定出发点坐标 X 为-50,Z 为 140,"运动到起点"运动类型选项设置为"直接",指定点设置坐标 X 为-14,Z 为 57,"离开"选项,指定"运动到返回点/安全平面"中的"点选项"为"与起点相同";运动类型选项设置为"直接",指定"运动到回零点"中"点选项"为"与起点相同"。

进给率和速度设置"输出模式"为 RPM,勾选主轴速度,指定转速为 600 r/min;在"进给率"中,设置切削进给率为 0.04,单位为"mmpr"。产生刀具路径,如图 2-49 所示。

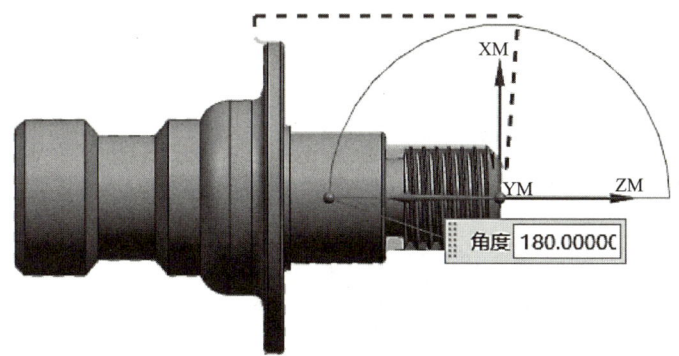

图 2-49 左端退刀槽车削刀轨

2.8.5 螺纹加工工序

在"加工视图"菜单中,选择"几何"视图,点击选中"TURNING_WORKPIECE_1",单击"创建工序"图标,进入创建螺纹加工工序。工序子类型选择"外径螺纹",程序默认"NC_ PROGRAM",刀具选择"外螺纹车刀 60",几何体选择"TURNING_WORKPIECE",方法默认"METHOD",名称修改为"螺纹车削",点击"确定"按钮,进入外径螺纹加工参数设置对话框,如图 2-50 所示。

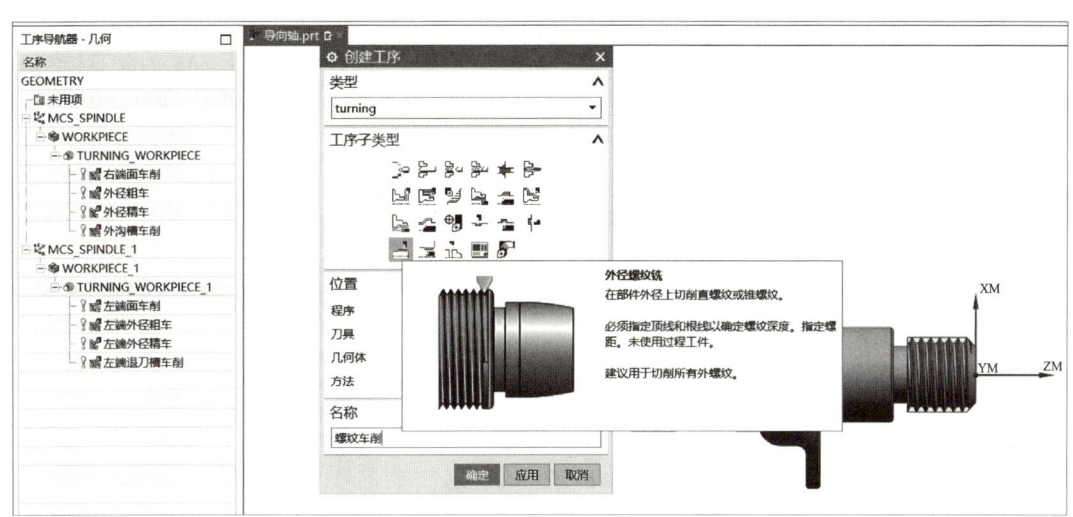

图 2-50 螺纹车削加工参数设置

1) 螺纹形状设置

通过"选择顶线"捕捉螺纹顶部直线,注意起点(Start)在右侧,结束点(End)在左侧;"终止线"捕捉螺纹结束竖直线;"根线"捕捉螺纹顶部直线;"偏置"中的"起始偏置"设置为

3 mm,"终止偏置"设置为 1.5 mm,"顶线偏置"设置为 0 mm,"根偏置"设置为 1 mm,如图 2-51 所示。

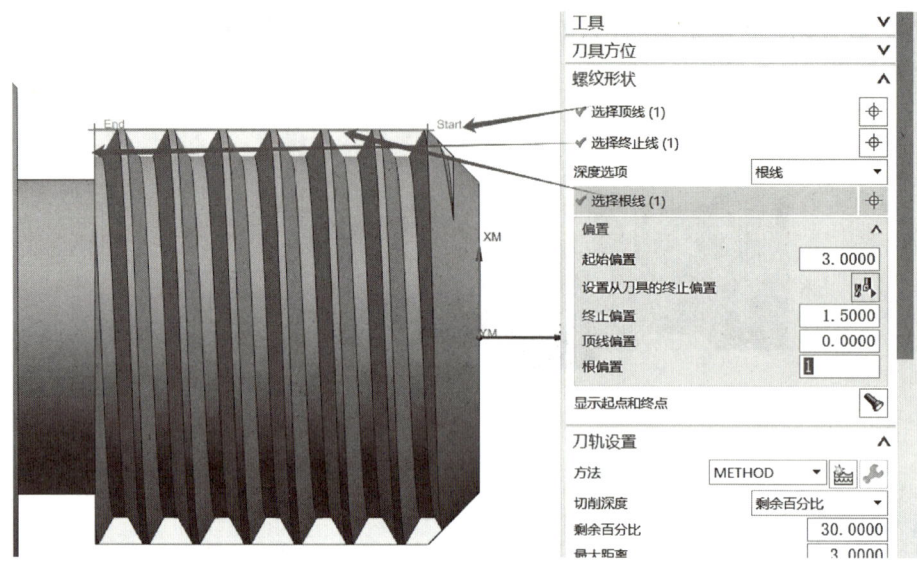

图 2-51　螺纹形状设置

2)螺纹车削参数设置

切削参数中"螺距变化"设置为"恒定","距离"设置为 2 mm;非切削参数中,非切削移动中"逼近"指定出发点坐标 X 为-50,Z 为 140,"运动到起点"中运动类型选项设置为"直接",指定点设置坐标 X 为-15,Z 为 80;"离开"选项,指定"运动到返回点/安全平面"中"点选项"为"与起点相同";"运动到回零点"中"点选项"为"与起点相同",设置为"直接";"进给率和速度"中,勾选"主轴速度",设置"输出模式"为 RPM,指定转速为 500 r/min;在"进给率"中,设置切削为 2,单位为"mmpr",如图 2-52 所示。

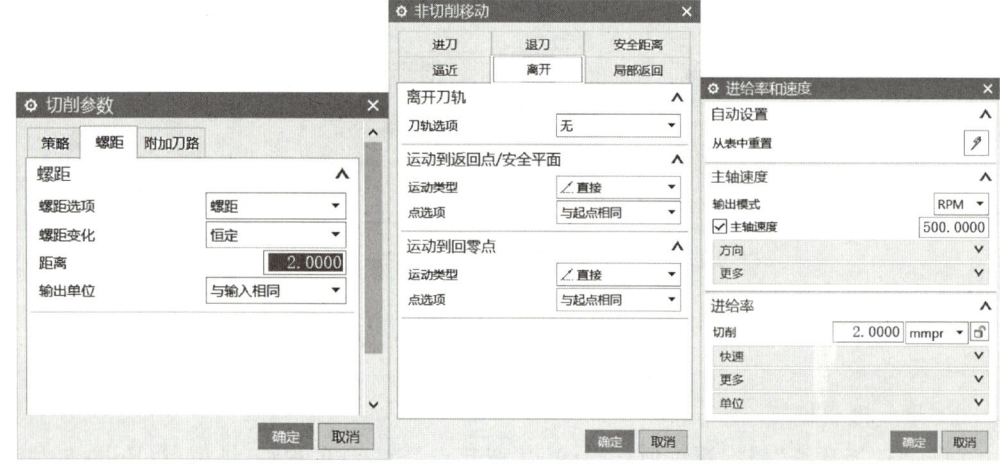

图 2-52　螺纹车削参数设置

3)生成导轨

点击"生成"按钮,产生刀具路径,如图 2-53 所示。

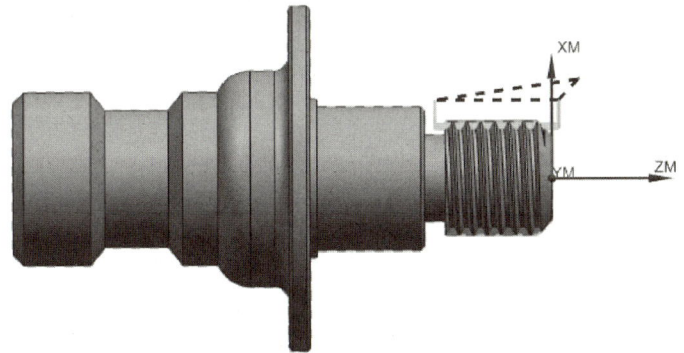

图 2-53 螺纹车削刀轨

学习活动 2.9　选择后置处理器,生成 G 代码

微课视频——
导向轴程序
制作

在"工序导航器-程序顺序"视图中,按"Ctrl"键选中"右端车削"工序和"右端外径粗车"工序,单击工序组中"后处理",进入"后处理"操作界面,选择后处理器文件"lathe",设置程序路径,程序名为"Z6.1-6.2",设置文件扩展名为"NC",单位为"公制/部件",单击"确定"按钮,完成 G 代码生成(图 2-54)。重复操作完成各加工工序 G 代码生成。

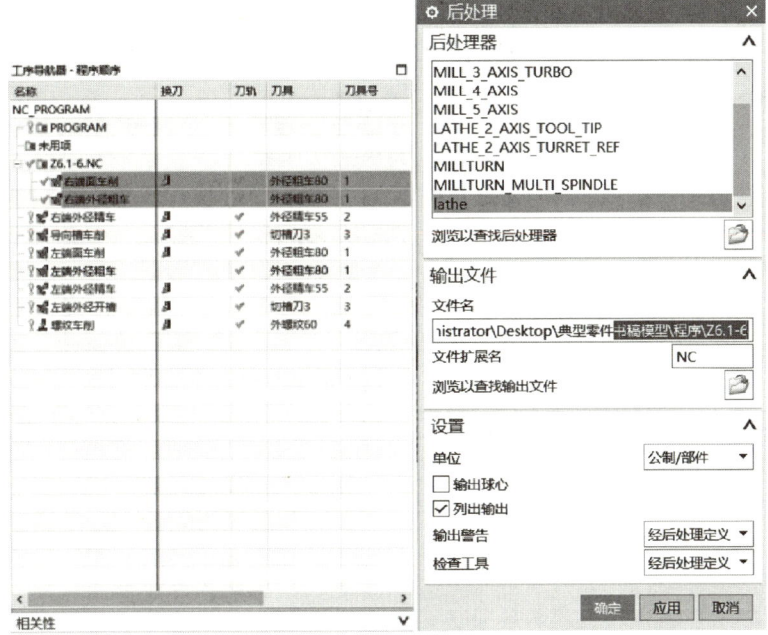

图 2-54 后处理

任务评价

完成本任务实施以后,对上述所有活动进行评价,填写任务评价表(表 2-4)。

表 2-4 任务评价表

序号	项目(分值)	评价内容	配分	得分
1	零件建模 (20 分)	零件模型结构完整	8	
2		零件模型细节特征完整	4	
3		加工尺寸修正合理	4	
4		建模过程高效、合理	4	
5	分析工艺 (15 分)	加工方法描述正确、清晰	5	
6		装夹方式描述合理,具有可实施性	3	
7		加工策略、加工刀具选用合理	7	
8	设置加工几何体(5 分)	工件坐标系 MCS 设置合理	2	
9		指定加工部件选择正确	2	
10		毛坯参数设置正确	1	
11	创建加工刀具 (5 分)	创建刀具齐全,命名清晰	3	
12		刀具参数设置正确	2	
13	编制加工工序(50 分)	右端面加工工序合理	5	
14		右端台阶面外径粗加工工序合理	6	
15		右端台阶面外径精加工工序合理	5	
16		外径开槽加工工序合理	6	
17		左端面加工工序合理	6	
18		左端外径粗车加工工序合理	6	
19		左端外径精车加工工序合理	5	
20		左端退刀槽加工工序合理	5	
21		螺纹加工工序合理	6	
22	G 代码后处理 (5 分)	程序组划分合理	3	
23		后处理 G 代码,命名格式合理	2	
		总计	100	

项目三

转接头的加工

任务目标

1. 正确识读转接头零件图的加工质量要求。
2. 使用 CAD/CAM 软件完成转接头零件的三维实体建模。
3. 分析转接头零件加工工艺,正确选择工艺工装与刀具。
4. 制定零件加工工序流程,合理规划各部位加工策略。
5. 使用 CAD/CAM 软件对外轮廓粗、精车策略编制加工工序。
6. 使用 CAD/CAM 软件对内轮廓粗、精车策略编制加工工序。
7. 使用 CAD/CAM 软件对内沟槽车削策略编制加工工序。
8. 使用 CAD/CAM 软件对内螺纹车削策略编制加工工序。
9. 使用 CAD/CAM 软件对调头车削进行设置,规划工序内容。
10. 完成 G 代码后处理。

确定任务

现有一批转接头零件生产任务(图 3-1),毛坯尺寸为 $\phi 50$ mm×72 mm,材料为 45♯棒料。根据总体生产任务安排,现需要完成以下任务:

(1) 完成转接头零件三维建模;

(2) 正确选择工艺工装与刀具;

(3) 制定加工工序流程;

(4) 编制车削加工工序;

(5) 编制沟槽和螺纹车削加工工序;

(6) 合理设置粗、精加工切削参数;

(7) 分工序完成 G 代码后处理。

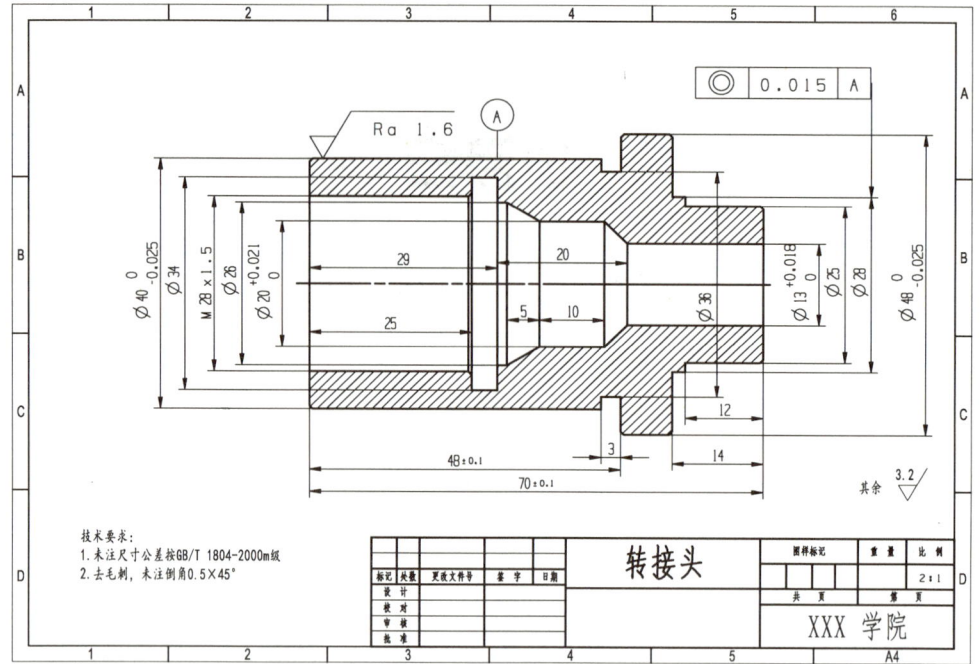

图 3-1 转接头零件图

任务实施

学习活动 3.1 根据转接头图纸要求，确定零件建模思路

对转接头图纸进行实体分析，首先选择实体建模过程中所需要的主体特征；其次，处理细节特征；最后修正加工尺寸。零件主体及细节建模步骤见表 3-1、表 3-2。

表 3-1 零件主体建模步骤

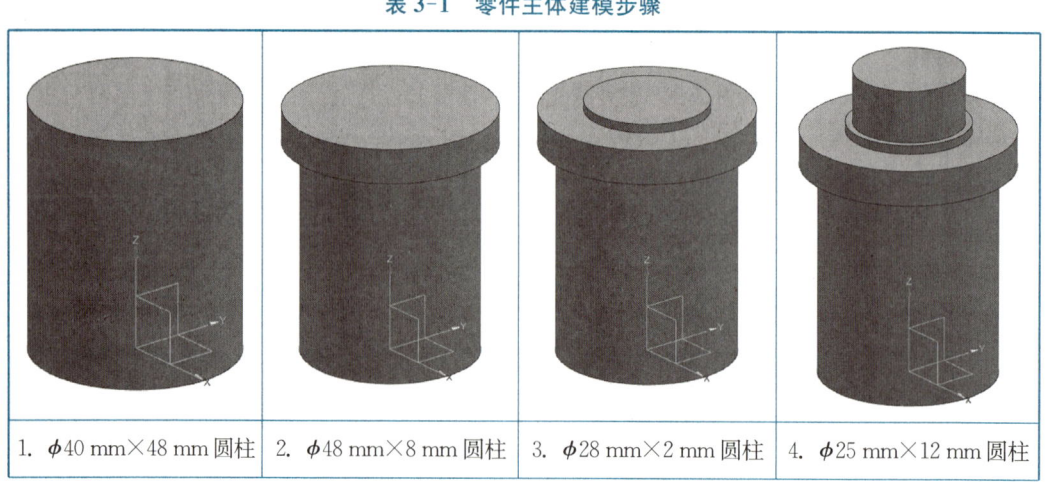

| 1. $\phi 40$ mm×48 mm 圆柱 | 2. $\phi 48$ mm×8 mm 圆柱 | 3. $\phi 28$ mm×2 mm 圆柱 | 4. $\phi 25$ mm×12 mm 圆柱 |

(续表)

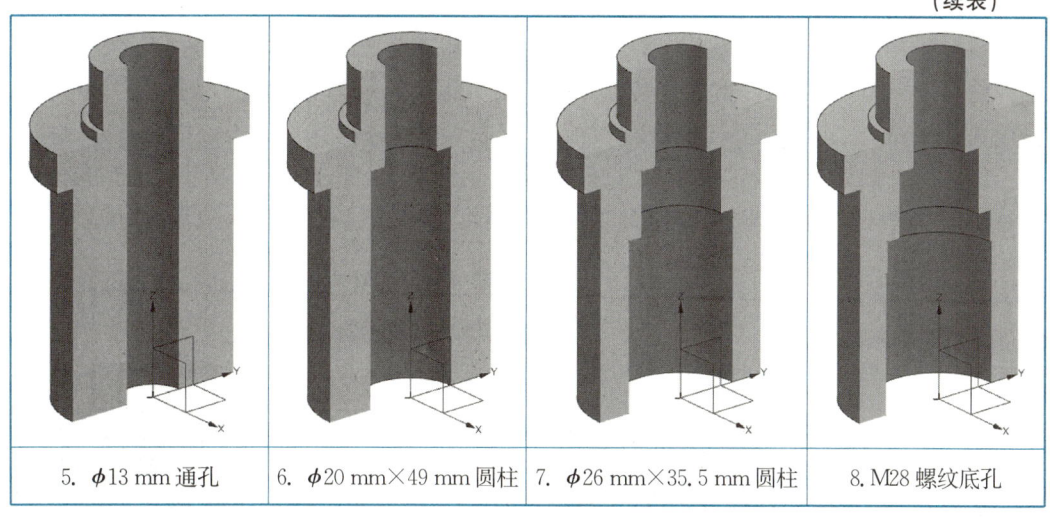

| 5. φ13 mm 通孔 | 6. φ20 mm×49 mm 圆柱 | 7. φ26 mm×35.5 mm 圆柱 | 8. M28 螺纹底孔 |

表 3-2 零件细节建模步骤

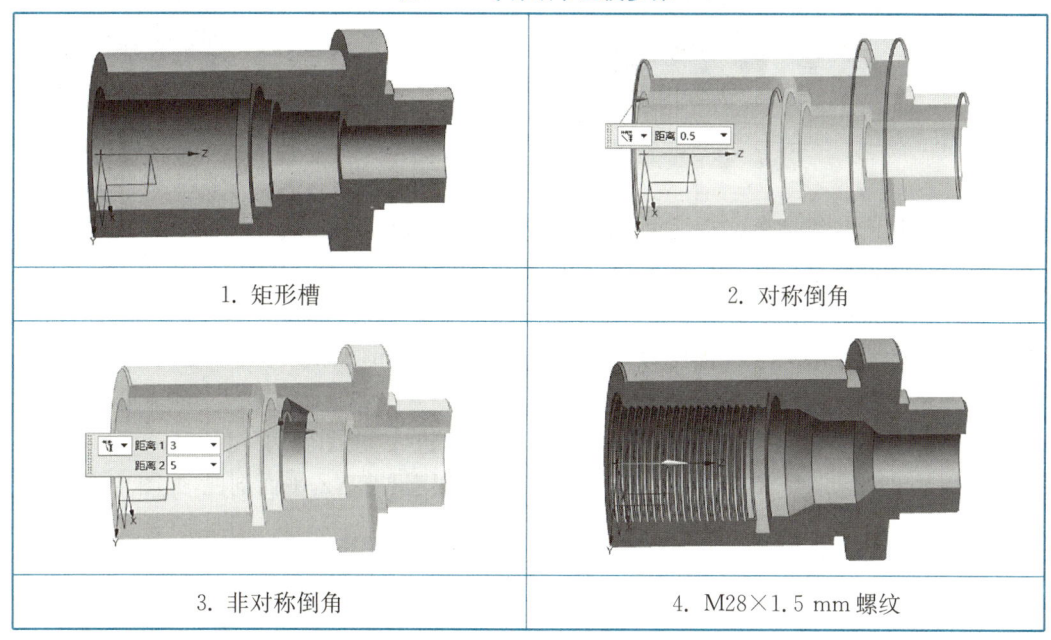

| 1. 矩形槽 | 2. 对称倒角 |
| 3. 非对称倒角 | 4. M28×1.5 mm 螺纹 |

学习活动 3.2 根据转接头图纸要求，完成零件三维建模

3.2.1 新建文档

启动 NX 软件后，在主页选项卡下选择"新建"，在新建的对话框中选择模型、单位；文件名、文件夹的位置可以根据自己的习惯进行命名选择，方便查找；点击"确定"，进入新建

微课视频——
转接头主体
建模

的文件中。

3.2.2 创建主体特征

选择"菜单"→"插入"→"设计特征"→"圆柱",指定矢量为 Z 轴,输入直径为 40 mm,高度为 48 mm,点击"确定",输入第一个圆柱体。

继续选择圆柱体指令,"指定点"选择圆柱上表面圆心,布尔选择"合并","选择体"为上一圆柱体表面中心。输入直径为 48 mm,高度为 70-48-14 mm,点击"确定",如图 3-2 所示。

图 3-2 圆柱体输入

继续选择圆柱体指令,"指定点"选择圆柱上表面圆心,布尔选择"合并","选择体"为上一圆柱体表面中心。输入直径为 28 mm,高度为 2 mm,点击"应用"。

继续选择圆柱体指令,"指定点"选择圆柱上表面圆心,布尔选择"合并","选择体"为上一圆柱体表面中心。输入直径为 25 mm,高度为 12 mm,点击"确定",完成主体建模。

3.2.3 设置剖视图

单击主菜单中"视图"功能,单击"编辑截面"按钮,进入"视图剖切"对话框;单击"指定平面",捕捉基准坐标系中 XZ 平面,单击"确定",主体建模沿着 XZ 平面剖视,如图 3-3 所示。

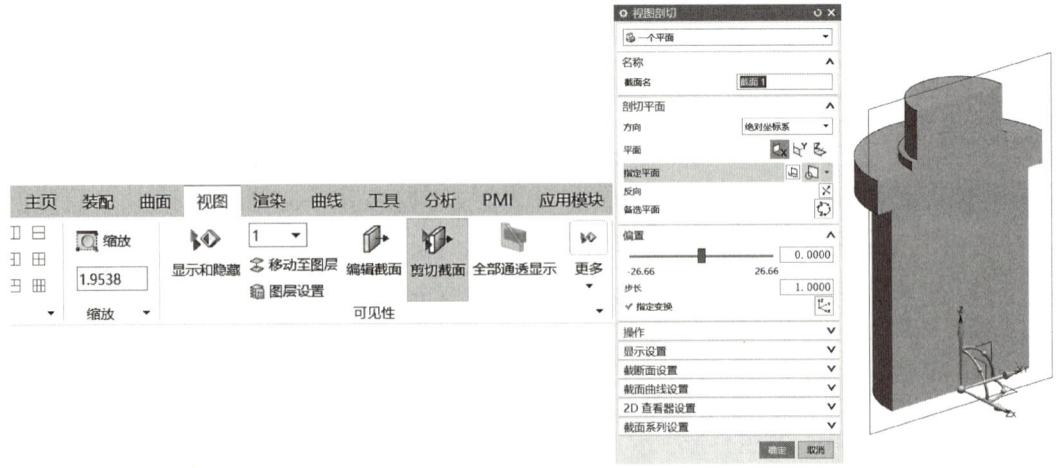

图 3-3 剖视图设置

3.2.4 设置内部主体特征

1) φ13 mm 孔通孔建模

选择"菜单"→"插入"→"设计特征"→"孔",指定点捕捉主体模型表面中心点,"尺寸"中直径设置为 13 mm,深度设置为 90 mm,点击"确定",完成孔建模,如图 3-4 所示。

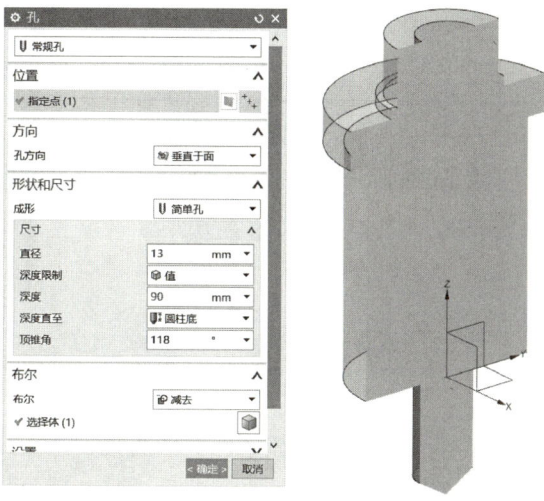

图 3-4 φ13 mm 孔建模

2) φ20 mm 孔建模

选择"菜单"→"插入"→"设计特征"→"圆柱",指定点捕捉坐标原点,布尔选择"减去",输入直径为 20 mm,高度为 49 mm,点击"确定",完成 φ20 mm 孔建模,如图 3-5 所示。

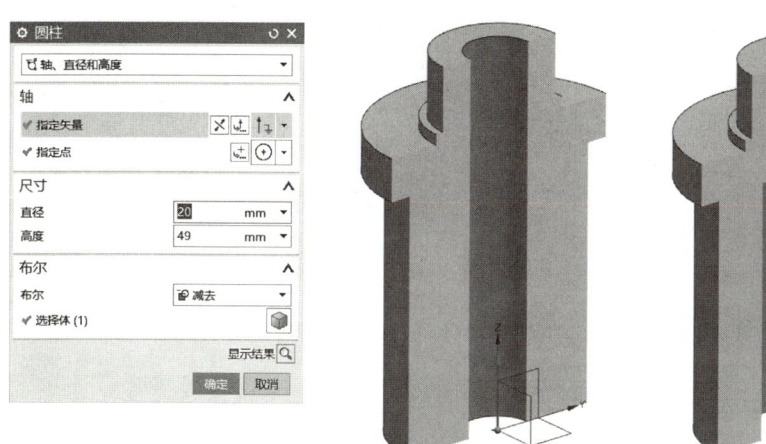

图 3-5 φ20 mm 孔建模

3) φ26 mm 孔建模

继续圆柱体建模功能,指定点捕捉坐标原点,布尔选择"减去",输入直径为 26 mm,高度为 35.5 mm,点击"确定",完成 φ26 mm 孔建模,如图 3-6 所示。

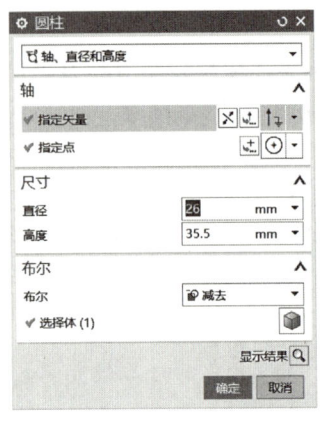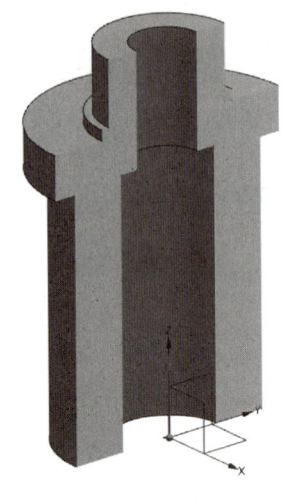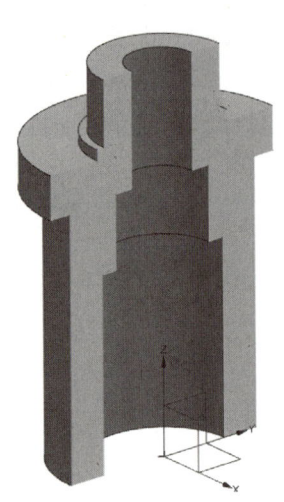

图 3-6　ϕ26 mm 孔建模

4）M28 螺纹底孔建模

继续圆柱体建模功能，指定点捕捉坐标原点，布尔选择"减去"，输入直径 28-0.866×1.5 mm，高度 29 mm，单击"应用"，完成 M28 螺纹底孔建模，如图 3-7 所示。

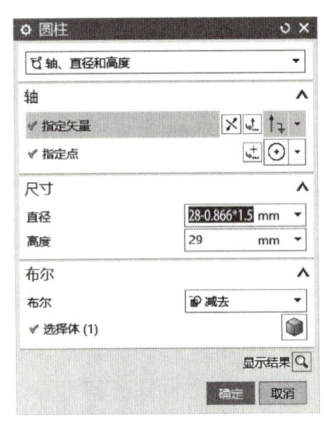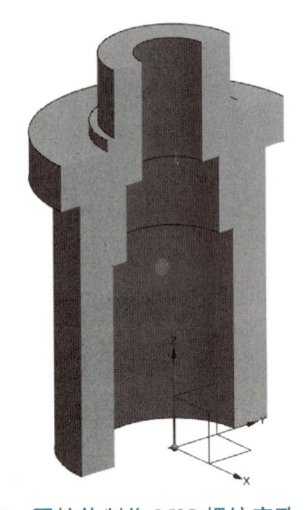

图 3-7　圆柱体制作 M28 螺纹底孔

3.2.5 细节特征建模

1）矩形槽建模

选择"菜单"→"插入"→"设计特征"→"槽"，选择矩形槽，放置在螺纹底孔圆柱面上，输入槽直径为 34 mm，宽度为 3 mm；定位槽输入距离 0 mm（注意尺寸基准选择主体螺纹底孔右端面圆弧）；点击"确定"，完成该矩形槽建模，如图 3-8 所示。

2）对称倒角

选择倒斜角，横截面选择"对称"，依次倒角 0.5 mm、1 mm、3.5 mm，如图 3-9 所示。

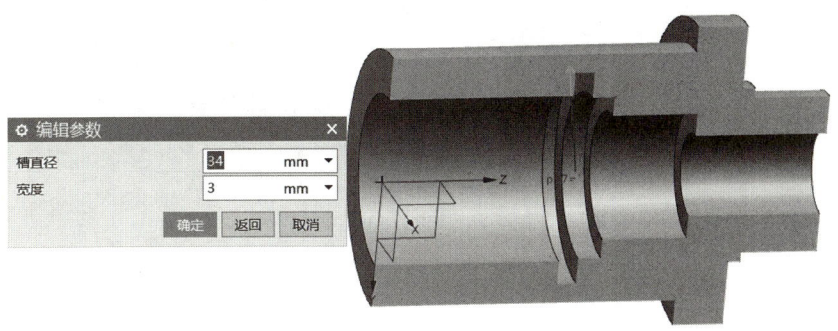

图 3-8 矩形槽细节特征建模

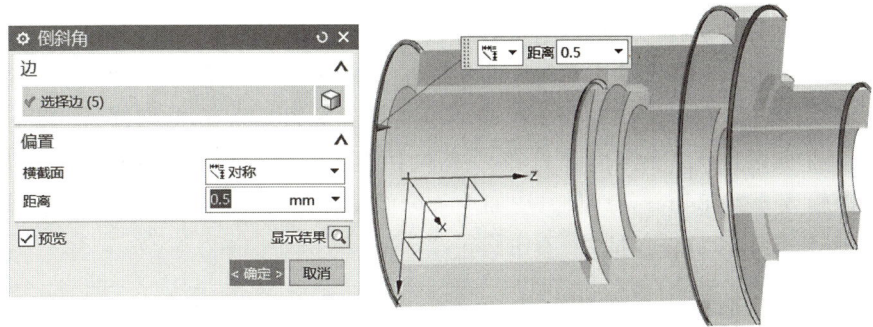

图 3-9 对称倒角细节特征建模

3) 非对称倒角

选择"倒斜角","横截面"选择"非对称",距离 1 输入 3 mm,距离 2 输入 5 mm,如图 3-10 所示。

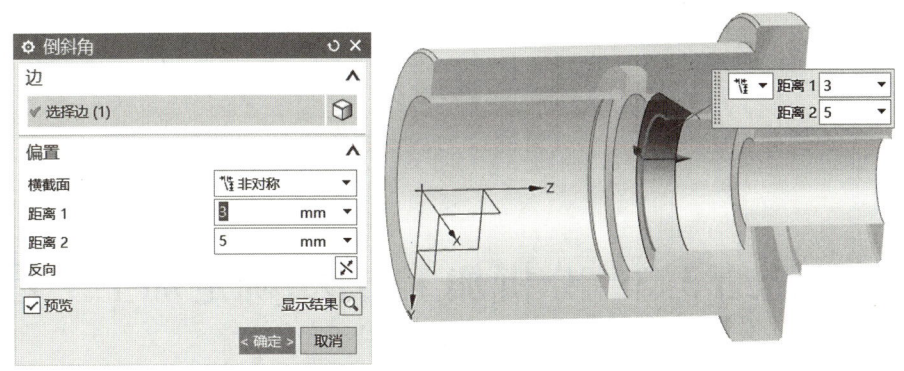

图 3-10 非对称倒角细节特征

4) 螺纹建模

选择"菜单"→"插入"→"设计特征"→"螺纹刀","螺纹类型"选择"详细",大径输入 28 mm,长度输入 26 mm,螺距输入 1.5 mm。在"选择起始"中选择图中底面,并使轴线沿 Z 轴正方向,单击"确定",如图 3-11 所示。

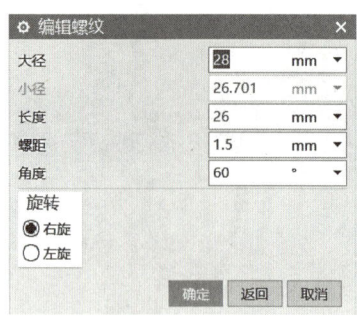
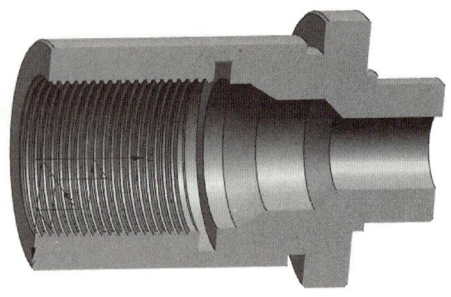

图 3-11　螺纹细节特征建模

3.2.6　尺寸修正

微课视频——
转接头尺寸
修正

在同步建模框中选择"偏置区域",选择面选择 φ48 mm 和 φ40 mm 的外部圆柱面,箭头指向代表正方向,图 3-12 中箭头指向外部为正方向,距离输入 −0.006 mm(一般偏置距离为半径偏差的一半多,下偏差为 0.021 mm,半径偏差为 −0.010 5 mm,故取值 −0.006 mm)。

选择 φ20 mm 和 φ13 mm 内孔面,箭头指向代表正方向,图 3-12 中箭头指向外部为正方向,距离输入 −0.006 mm(判断方法如上一个面偏置)。

对于长度为对称的正负偏差,不作修正。

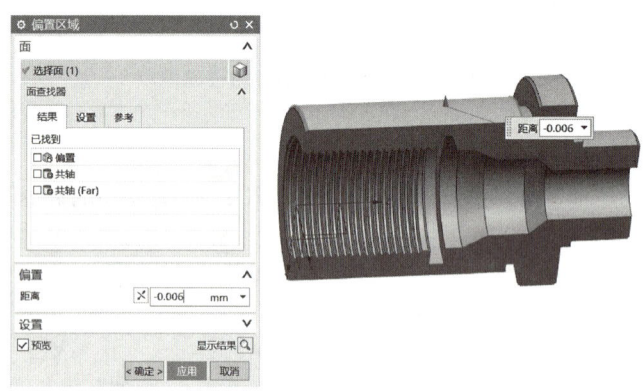

图 3-12　尺寸修正

学习活动 3.3　分析加工方法,确定加工工艺

3.3.1　分析加工方法

本任务为转接头零件加工,根据加工任务可知,零件毛坯尺寸为 φ50 mm×72 mm,需要切除端面保证工件长度,需要进行内外轮廓的粗、精加工,加工对象为外轮廓、沟槽、螺纹等特征。为保证加工精度和表面质量,左端外轮廓和内轮廓应该一次装夹完成车削,按照先轮廓粗加工、精加工,然后切槽,最后螺纹加工的顺序进行。

毛坯为 45# 棒料,采用三爪自定心卡盘装夹,考虑的工件定位、接刀位置及装夹因素,需要先夹持毛坯表面,完成左端加工;调头后夹持φ40 mm×48 mm 圆柱面,完成另一端的所有加工。

3.3.2 规划加工策略

本零件分两次装夹完成加工。首先加工左端,夹持毛坯面,φ12 mm 通孔,φ40 mm 圆柱面和内部轮廓一次全部加工完成;然后调头第二次装夹,垫铜套夹持φ40 mm 圆柱面,完成右端φ13 mm 铰孔及外部轮廓粗、精车。

工件坐标系原点设置为零件端面中心,加工策略规划如下。

(1) 左侧端面加工:采用端面加工策略,刀具为 80°外圆车刀,精车余量为 0.2 mm,加工至平整。

(2) 外轮廓粗、精加工:采用外轮廓粗加工策略,刀具为 80°外圆车刀,径向加工余量为 0.2 mm,侧壁加工余量为 0.04 mm;左端加工至φ48 mm 外圆处;采用外轮廓精加工策略,刀具为 80°外圆车刀,加工余量为 0。

(3) 矩形槽加工:采用沟槽加工策略,刀具为 3 mm 切槽刀,径向精余量为 0.12 mm,侧壁加工余量为 0。

(4) 钻φ12 mm 通孔。

(5) 内轮廓粗加工:采用内轮廓粗加工策略,刀具为 55°内孔镗刀,径向加工余量为 0.12 mm,侧壁加工余量为 0.04 mm。

(6) 内轮廓精加工:采用内轮廓精加工策略,刀具为 55°内孔镗刀,径向加工余量为 0,侧壁加工余量为 0。

(7) 内沟槽加工:沟槽车削加工策略,刀具为 3 mm 切槽刀,底面、侧壁加工余量为 0。

(8) M28×1.5 内螺纹加工:采用螺纹车削加工策略,刀具为 60°螺纹刀,加工余量为 0。

(9) 调头装夹:垫紫铜皮,夹持φ40 mm×48 mm 圆柱面。

(10) 外轮廓粗、精加工:采用外轮廓粗加工策略,刀具为 80°外圆车刀,径向加工余量为 0.2 mm,侧壁加工余量为 0.04 mm;左端加工至φ48 外圆处;采用外轮廓精加工策略,刀具为 80°外圆车刀,加工余量为 0。

(11) 外沟槽加工:沟槽车削加工策略,刀具为 3 mm 切槽刀,底面、侧壁加工余量为 0。

(12) 铰φ13 mm 孔。

学习活动 3.4　创建加工刀具,设置刀具参数

微课视频——
转接头加工
刀具设置

3.4.1 创建刀具

在加工视图菜单中,选择"机床"视图,单击"创建刀具"图标,进入创建刀具对话框(图 3-13)。选择刀具子类型为"ID_55_L",名称修改为"内孔镗刀 55",单击"确定",进入刀具参数设置对话框(图 3-14)。在"工具"选项中,设置刀尖半径为 0.2 mm,刀片长度为

3 mm,刀具号设置为2;在跟踪选项中,补偿寄存器、刀具补偿寄存器统一设置为2;在"更多"选项中,工作坐标系栏目中设置MCS主轴组为"操作"。点击"确定",完成"内孔镗刀55"设置。

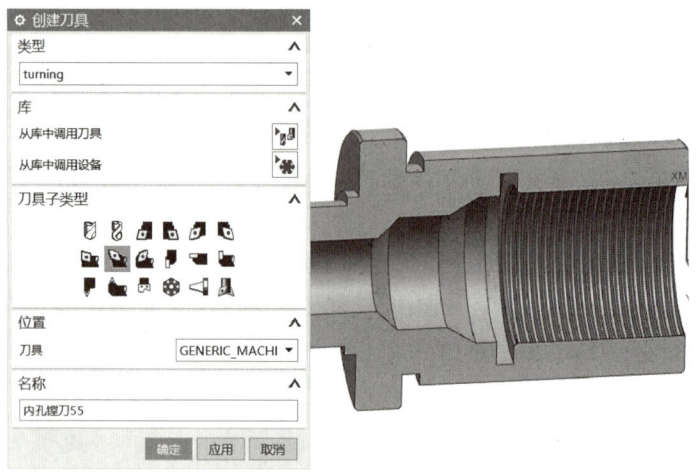

图3-13 创建刀具

图3-14 设置内孔镗刀刀具参数

3.4.2 钻头及铰刀创建

在加工视图菜单中,选择"机床视图",单击"创建刀具"图标,进入创建刀具对话框,切换类型为"hole_making",创建ϕ12.6 mm麻花钻和ϕ13 mm铰刀,如图3-15所示。

3.4.3 设置刀具参数

按照创建"外径粗车80"外圆车刀设置方法,完成刀具参数表(表3-3)所有刀具创建(图3-16)。

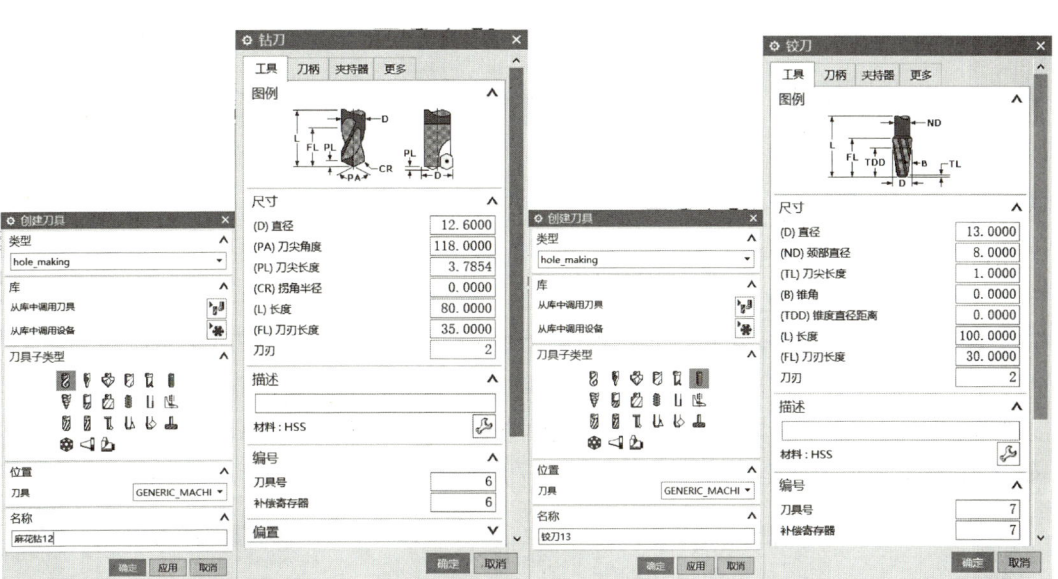

图 3-15 钻头和铰刀创建

表 3-3 创建刀具参数表

刀号	刀具子类型	名称	尖角规格/mm	刀片长度/mm	刀片宽度/mm	编号
1	OD_80_L	外圆车刀 80	0.4(半径)	5	—	1
2	ID_55_L	内孔镗刀 55	0.2(半径)	3	—	2
3	ID_GROOVE_L	内沟槽 2	—	4	2	3
4	ID_THREAD_L	内螺纹 60	—	3	3	4
5	OD_GROOVE_L	切槽刀 3	—	10	3	5
6	STD_DRILL	麻花钻 12.6	12.6(直径)	100	—	6
7	REAMER	铰刀 13	13(直径)	30	—	7

图 3-16 刀具一览

学习活动 3.5　创建加工坐标和加工几何体

单击加工快捷键图标,CAM 会话配置选择"cam_general",要创建的 CAM 组装选择"turning",点击"确定",进入加工环境。

3.5.1　创建左端工件坐标系

微课视频——
转接头加工
基础设置

在加工视图菜单中,单击"几何"视图,双击或右键编辑"MCS_SPINDLE"工件坐标系,进入 MCS 设置对话框。指定 MCS 坐标系选择对象的坐标系,点击工件右侧端面,点击"确定",此时 MCS 坐标系原点为零件端面中心。调整工件姿态,XM 轴竖直向上,ZM 轴指向右侧,完成工件坐标系设置,如图 3-17 所示。

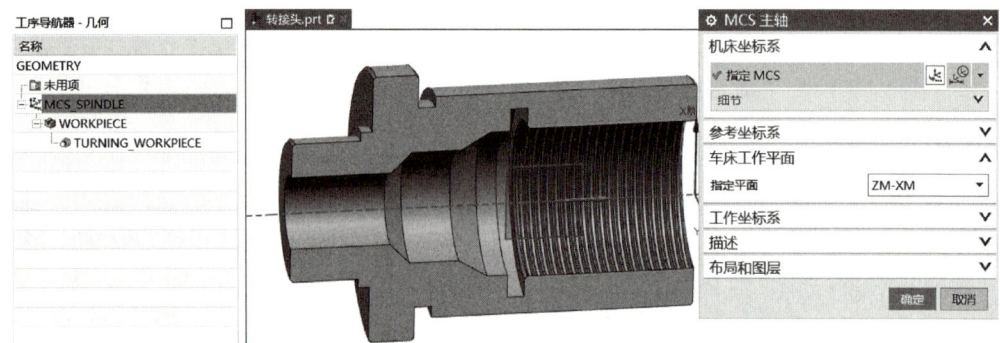

图 3-17　坐标系设置

3.5.2　创建左端车削加工几何体

(1) 在"几何"视图下,单击"MCS_SPINDLE"前面"＋"号,展开"WORKPIECE"图标,双击或右键编辑"WORKPIECE",进入"工件设置对话框",点击"指定部件",点击相应部件,点击"确定",完成工件指定,如图 3-18 所示。

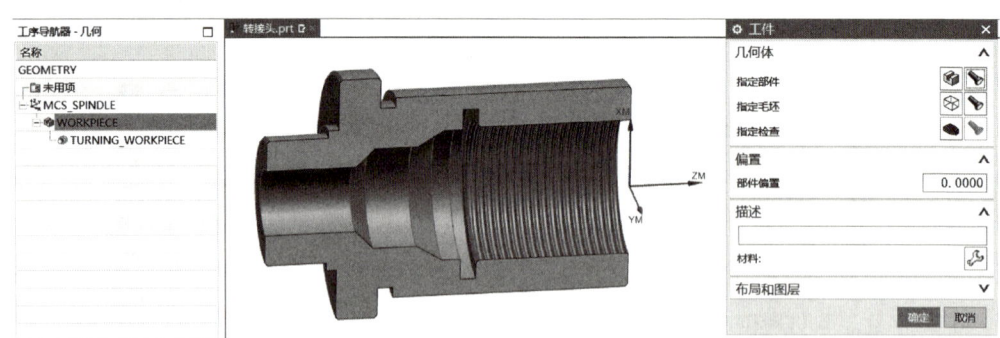

图 3-18　工件指定

(2) 点击"指定毛坯",选择"包容圆柱体"类型,在限制栏中,ZM＋设置为 0.2 mm,在半径栏设置偏置为 1 mm,点击"确定",完成加工几何体毛坯设置(图 3-19)。

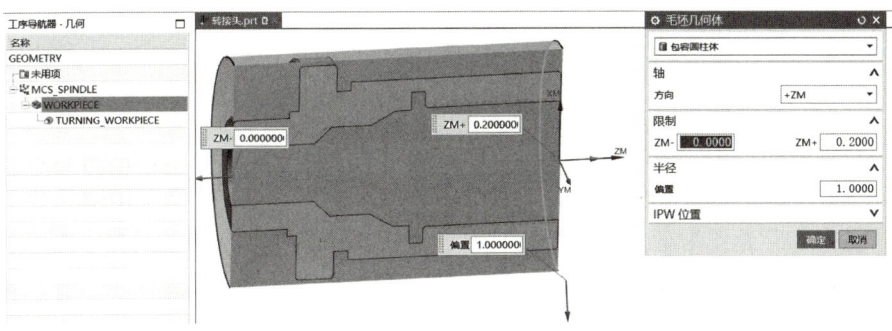

图 3-19 毛坯指定

学习活动 3.6 依照加工工艺,编制左端加工工序

点击选中"TURNING_WORKPIECE",单击"创建工序"图标,进入创建工序对话框。

微课视频——
转接头左端
加工工序 1

3.6.1 左端面加工工序

选择"面加工"工序,刀具选定为"外圆车刀 80",程序默认"NC_PROGRAM",名称修改为"左端面车削";"切削区域"使用轴向点限定在端面侧;刀轨设置"切削深度"最大值设置为 0.5 mm;切削参数中"粗加工余量"栏中"面"设置为 0 mm,"径向"设置为 0 mm;非切削移动设置中"逼近"选项,指定出发点坐标 X 为-50,Z 为-80,"运动到起点"中"运动类型"设置为"直接",指定点设置坐标 X 为-26,Z 为-2;"离开"选项,"运动到返回点/安全平面"中"运动类型"选项设置为"直接",指定点为"与起点相同";"运动到回零点"中的"运动类型"选项设置为"直接",指定点为"与起点相同"。

进给率和速度"输出模式"为 RPM,勾选主轴速度,指定转速为 700 r/min,"进给率"栏设置切削为 0.15,单位为"mmpr",产生刀具路径,如图 3-20 所示。

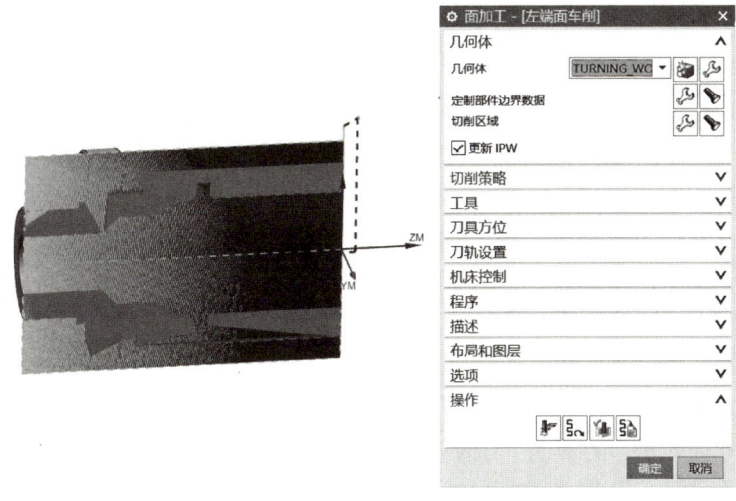

图 3-20 左端面加工刀轨

3.6.2 左端外径粗、精车工序

1) 外径粗车工序

工序选择"外圆粗车",刀具选定为"外圆车刀80",程序默认"NC_PROGRAM",名称修改为"左端外径粗车";切削区域使用轴向点限定φ48 mm圆柱面右侧倒角处;刀轨设置切削深度选择"恒定",最大值设置为0.8 mm,变换模式修改为"省略";切削参数中"粗加工余量"栏中"面"设置为0.1 mm,"径向"设置为0.3 mm;非切削移动设置中"逼近"选项,指定出发点坐标X为-50,Z为-80,"运动到起点"中的"运动类型"设置为"直接",指定点设置坐标X为-26,Z为-2;"离开"选项,指定"运动到返回点/安全平面"中的"点"选项栏为"与起点相同";"运动类型"选项,指定"运动到回零点"中"点"选项为"与起点相同",设置为"直接"。进给率和速度"输出模式"为RPM,勾选主轴速度,指定转速为700 r/min,"进给率"栏设置切削为0.2,单位为"mmpr",产生刀具路径,如图3-21所示。

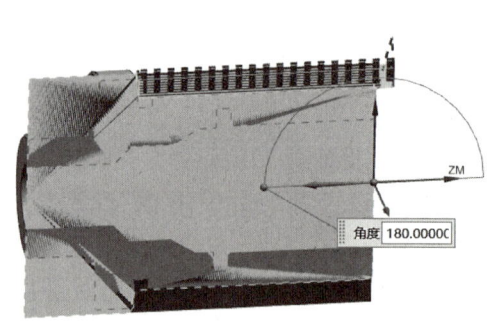

图3-21 外径粗车刀轨

2) 外径精车工序

工序选择"外圆精车",刀具选定为"外圆车刀80",程序默认"NC_PROGRAM",名称修改为"左端外径精车";切削区域使用轴向点限定φ48 mm圆柱面右侧倒角处;勾选"省略变换区";切削参数中"精加工余量"栏中"面"设置为0 mm,"径向"设置为0 mm;非切削移动设置中"逼近"选项,指定出发点坐标X为-50,Z为-80,"运动到起点"中的"运动类型"设置为"直接",指定点设置坐标X为-26,Z为-2;"离开"选项,指定"运动到返回点/安全平面"中的"点"选项栏为"与起点相同";运动类型选项,指定"运动到回零点"中"点"选项为"与起点相同",设置为"直接"。进给率和速度"输出模式"为RPM,勾选主轴速度,指定转速为900 r/min,"进给率"栏设置切削为0.1,单位为"mmpr",产生刀具路径,如图3-22所示。

3.6.3 退刀槽加工工序

工序选择"外径开槽",刀具为"切槽刀3",程序默认"NC_PROGRAM",名称修改为"左端退刀槽车削";程序默认"NC_PROGRAM",几何体选择"TURNING_WORKPIECE",方法默认"METHOD"。

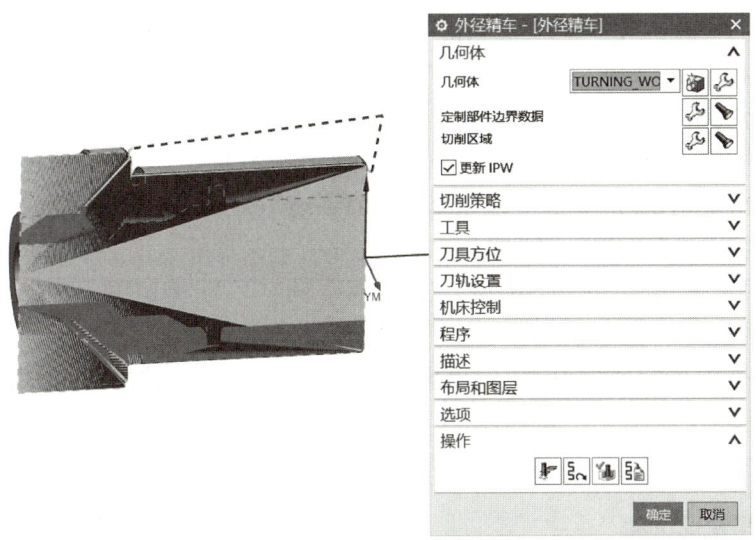

图 3-22 外径精车刀轨

切削区域使用"轴向修剪平面 1"和"轴向修剪平面 2"限制切削区域为退刀槽区域。切削参数"精加工余量"栏中"面"设置为 0 mm,"径向"设置为 0 mm;非切削移动中"逼近"指定出发点坐标 X 为 -50,Z 为 -80,"运动到起点"中的"运动类型"选项设置为"直接",指定点设置坐标 X 为 -26,Z 为 48,"离开"选项,指定"运动到返回点/安全平面"中的"点"选项栏为"与起点相同";运动类型选项设置为"直接",指定"运动到回零点"中"点"选项为"与起点相同"。

进给率和速度设置"输出模式"为 RPM,勾选主轴速度,指定转速为 600 r/min;在"进给率"栏中,设置切削为 0.04,单位为"mmpr",产生刀具路径,如图 3-23 所示。

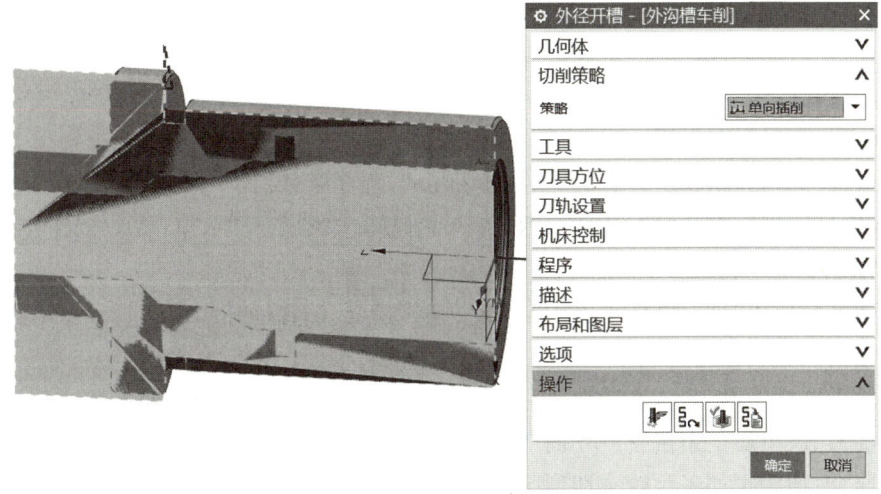

图 3-23 退刀槽加工刀轨

微课视频——
转接头左端
加工工序2

3.6.4 钻削 φ12 mm 通孔

工序选择"中心线啄钻",刀具为"麻花钻 12.6",程序默认"NC_PROGRAM",名称修改为"手动钻孔";程序默认"NC_PROGRAM",几何体选择"TURNING_WORKPIECE",方法默认"METHOD"。

循环类型栏中"进刀距离"设置为 10 mm;起点和深度栏中,"起始位置"设置为"指定",指定点坐标 X 为 0,Z 为 0;"深度选项"设置为"终点",指定点坐标 X 为 0,Z 为 70;"参考深度"设置为"刀尖",偏置设置为 2 mm。

非切削移动设置中"逼近"选项,指定出发点坐标 X 为 0,Z 为 -80,"离开"选项,"运动到回零点"中的"运动类型"选项设置为"直接",指定点为"与起点相同"。

刀轨设置中,进给率和速度设置"输出模式"为 RPM,勾选主轴速度,指定转速为 600 r/min;在"进给率"栏中,设置切削为 0.2,单位为"mmpr",产生刀具路径,如图 3-24 所示。

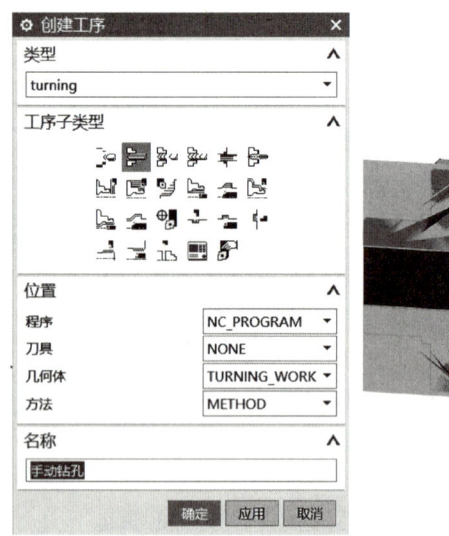
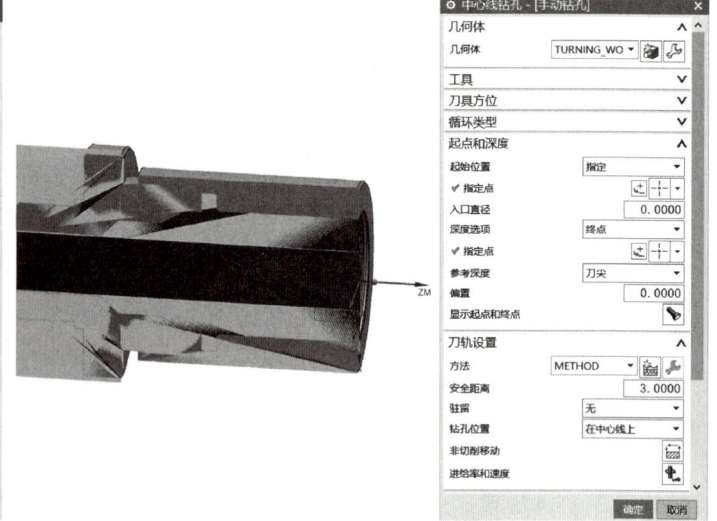

图 3-24 钻孔参数设置及刀轨

3.6.5 内径粗镗工序

工序选择"内径粗镗",刀具为"内孔镗刀 55",程序默认"NC_PROGRAM",名称修改为"内径粗镗";程序默认"NC_PROGRAM",几何体选择"TURNING_WORKPIECE",方法默认"METHOD"。

切削区域使用"轴向修剪平面1",限制选项为"点",捕捉如图 3-25 所示圆心点,限制切削区域到 φ13 mm 孔。

刀轨设置栏中,切削深度选择"恒定",最大距离设置为 0.6 mm,变换模式修改为"省略";切削参数"粗加工余量"栏中"面"设置为 0.1 mm,"径向"设置为 0.2 mm,轮廓加工选项中勾选"附加轮廓加工",轮廓切削区域设置为"与粗加工相同"。

非切削移动中"逼近"指定出发点坐标 X 为 -50,Z 为 -80,"运动到起点"中的"运动类型"选项设置为"直接",指定点设置坐标 X 为 -4,Z 为 -2,"离开"选项,指定"运动到返回

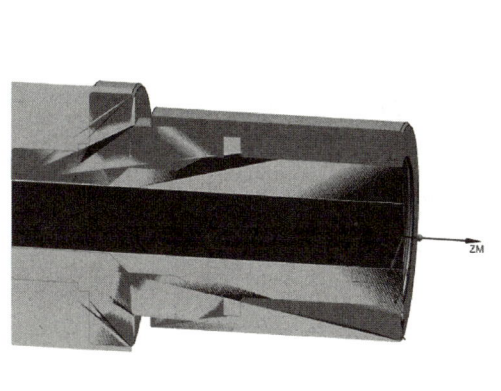
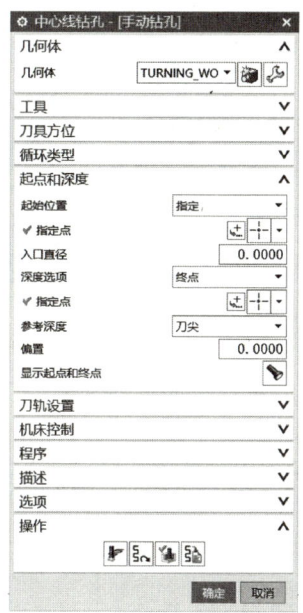

图 3-25 手动钻孔

点/安全平面"中的"点选项"为"与起点相同";"运动类型"选项设置为"直接",指定"运动到回零点"中"点选项"为"与起点相同"。

进给率和速度设置"输出模式"为 RPM,勾选主轴速度,指定转速为 700 r/min;在"进给率"栏中,设置切削为 0.1,单位为"mmpr",如图 3-26 所示。

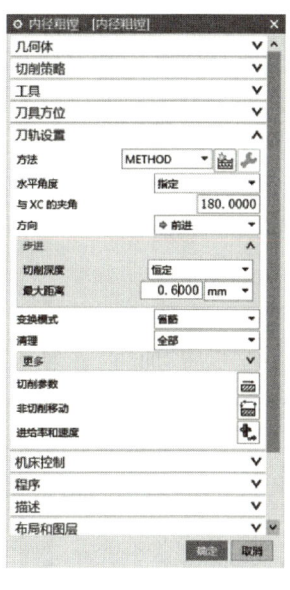

图 3-26 内径粗镗参数设置

点击"生成"按钮,产生刀具路径,如图 3-27 所示。

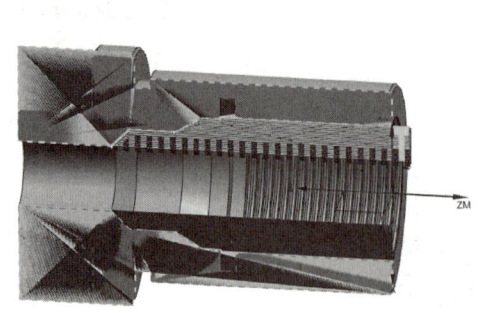

图 3-27　内径粗车刀轨

3.6.6　内径精镗工序

工序选择"内径精镗",刀具为"内孔镗刀 55",程序默认"NC_PROGRAM",名称修改为"内径精镗";程序默认"NC_PROGRAM",几何体选择"TURNING_WORKPIECE",方法默认"METHOD"。

切削区域使用"轴向修剪平面 1",限制选项为"点",捕捉如图 3-28 所示圆心点,限制切削区域到 $\phi 13$ mm 孔。

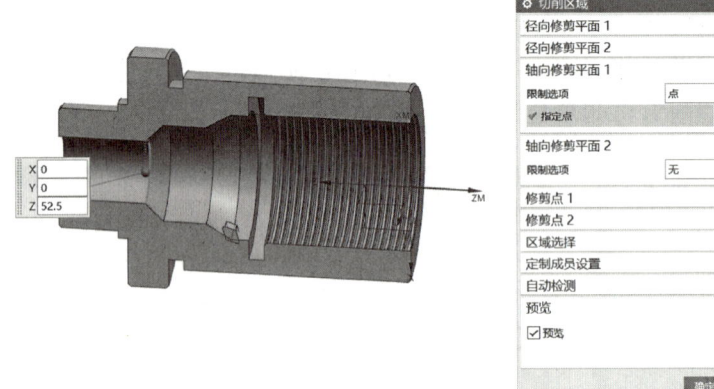

图 3-28　内径精镗加工区域设置

刀轨设置栏目中,勾选"省略变换区";切削参数"精加工余量"栏中"面"设置为 0,"径向"设置为 0。

非切削移动中"逼近"指定出发点坐标 X 为-50,Z 为-80,"运动到起点"中的"运动类型"选项设置为"直接",指定点设置坐标 X 为-4,Z 为-2;"离开"选项,"运动到返回点/安全平面"中的"运动类型"选项设置为"直接",指定"点选项"为"与起点相同";"运动到回零点"中的"运动类型"选项设置为"直接",指定"点选项"为"与起点相同"。

进给率和速度设置"输出模式"为 RPM,勾选主轴速度,指定转速为 900 r/min;在"进给率"栏中,设置切削为 0.1,单位为"mmpr",如图 3-29 所示。

点击"生成"按钮,产生刀具路径,如图 3-30 所示。

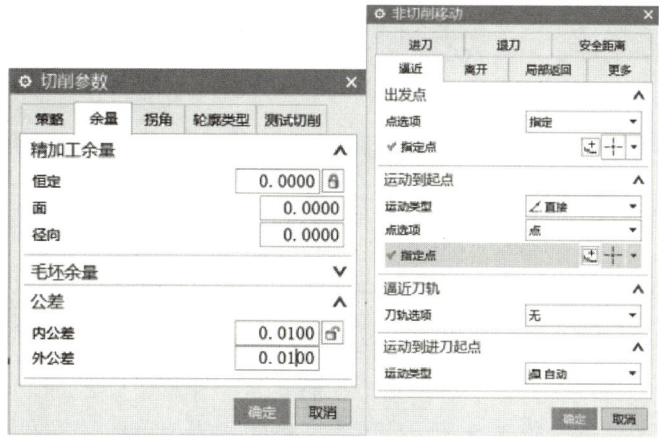

图 3-29 内径精镗加工参数设置

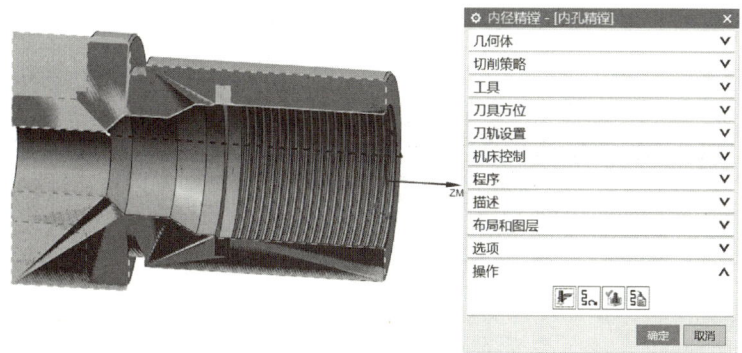

图 3-30 内径精镗刀轨

3.6.7 内沟槽车削工序

工序选择"内径开槽",刀具为"内沟槽 2",程序默认"NC_PROGRAM",名称修改为"内沟槽车削";程序默认"NC_PROGRAM",几何体选择"TURNING_WORKPIECE",方法默认"METHOD"。

切削区域使用"轴向修剪平面 1"和"轴向修剪平面 2"限制切削区域为退刀槽区域(含倒角)。

切削参数"精加工余量"栏中"面"设置为 0,"径向"设置为 0;非切削移动中"逼近"指定出发点坐标 X 为-50,Z 为-80,"运动到起点"中的"运动类型"选项设置为"径向→轴向",指定点设置坐标 X 为-6,Z 为 29;"离开"选项,"运动到返回点/安全平面"的"运动类型"选择"直接",指定点选项为"与起点相同";"运动到回零点"中的"运动类型"选项设置为"轴向→径向",指定点选项为"与起点相同",如图 3-31 所示。

进给率和速度设置"输出模式"为 RPM,勾选主轴速度,指定转速为 600 r/min;在"进给率"栏中,设置切削为 0.03,单位为"mmpr",点击"生成"按钮,产生刀具路径,如图 3-32 所示。

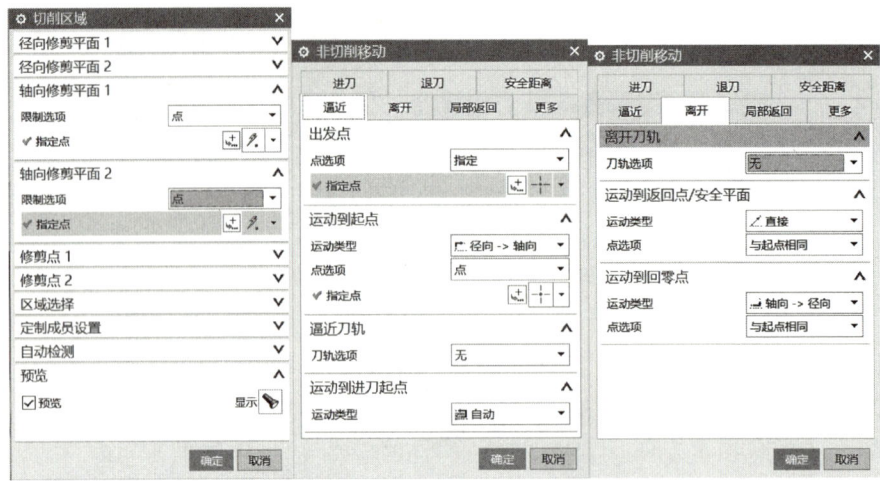

图 3-31 内沟槽车削参数设置

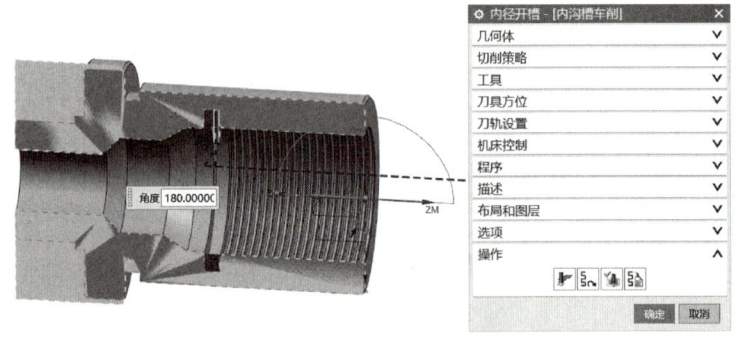

图 3-32 内沟槽车削刀轨

3.6.8 内螺纹加工工序

工序子类型选择"内径螺纹",程序默认"NC_PROGRAM",刀具选择"螺纹刀 60",几何体选择"TURNING_WORKPIECE",方法默认"METHOD",名称修改为"螺纹车削"点击"确认"按钮,进入内径螺纹加工参数设置对话框。

1)螺纹形状加工

通过"选择顶线"捕捉螺纹顶部直线,注意起点(Start)在右侧,结束点(End)在左侧;"终止线"捕捉螺纹结束竖直线;"根线"捕捉螺纹顶部直线;偏置栏中,"起始偏置"设置为 3 mm,"终止偏置"设置为 1.5 mm,"顶线偏置"设置为 0,"根偏置"设置为 0.649 5 mm,如图 3-33 所示。

2)参数设置

切削参数中"螺距变化"设置为"恒定",距离设置为 1.5 mm。

非切削参数中,非切削移动中"逼近"指定出发点坐标 X 为-50,Z 为-80,"运动到起点"中的"运动类型"选项设置为"直接",指定点设置坐标 X 为-12,Z 为-3;"离开"选项中,"运动到返回点/安全平面"中的"运动类型"的"点选项"设置为"直接",指定点"与起点相同","运动到回零点"中的"运动类型"的"点选项"设置为"直接",指定点选项为"与起点相同"。

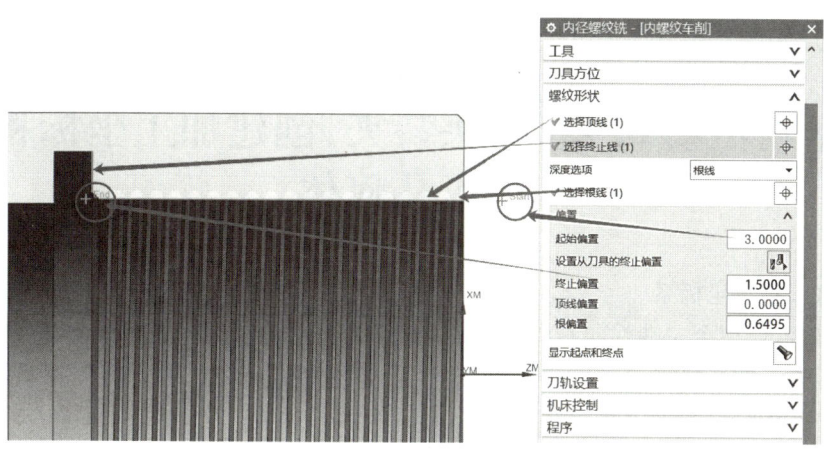

图 3-33 内螺纹形状设置

进给率和速度中,勾选主轴转速进给率和速度设置"输出模式"为 RPM,勾选主轴速度,指定转速为 500 r/min;在"进给率"栏中,设置切削为 1.5,单位为"mmpr",如图 3-34 所示。

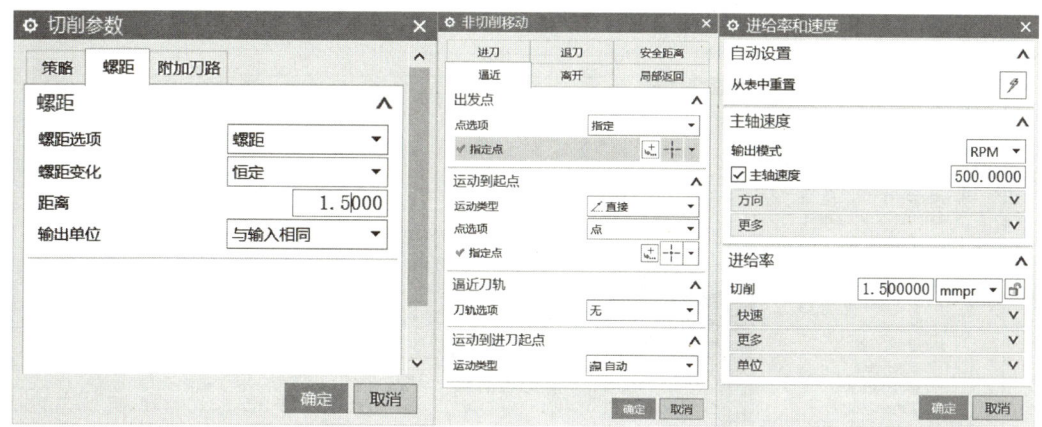

图 3-34 内螺纹车削参数设置

点击"生成"按钮,产生刀具路径,如图 3-35 所示。

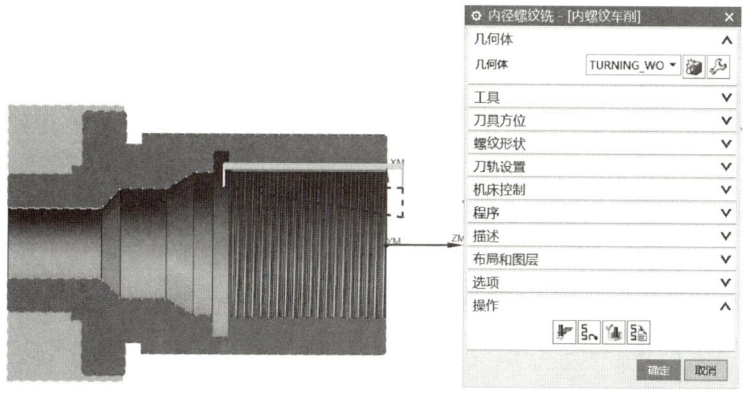

图 3-35 内螺纹车削刀轨

学习活动 3.7　调头装夹，创建加工坐标和加工几何体

3.7.1　新建坐标系

调整加工模型至左端朝向右侧，在加工视图菜单中，右键单击"GEOMETRY"，拓展菜单至"插入"，继续拓展菜单点击"几何体"，点击"确定"，创建"MCS_SPINDLE_1"工件坐标系；双击"MCS_SPINDLE_1"进入 MCS 设置对话框。指定 MCS 坐标系选择对象的坐标系，点击工件右侧端面，点击"确定"，此时 MCS 坐标系原点为零件端面中心，如图 3-36 所示。此时 MCS_SPINDLE_1 和原有坐标 MCS_SPINDLE 的 X 轴向指向同侧，如果相反，需要再次双击"MCS_SPINDLE_1"切换"动态"，双击 XM 轴的箭头，反向 XM 轴向。点击"确定"，完成工件坐标系设置。拖动模型调整工件姿态至 XM 轴向上，ZM 轴向右侧。在主功能菜单区先点击"视图"，然后点击"编辑截面"，再在剖切平面栏中点击"反向"，转换剖切平面。点击"确定"完成设置。

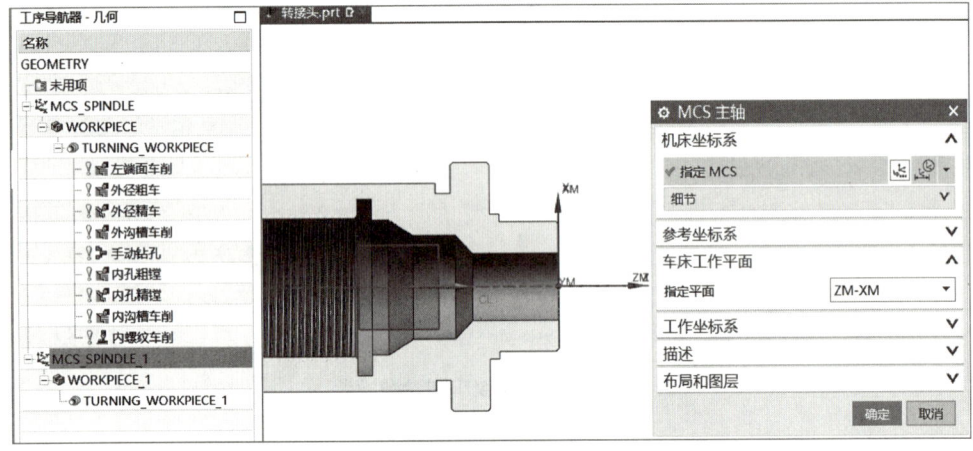

图 3-36　调头新建坐标系

3.7.2　设置几何体

在"几何"视图下，单击"MCS_SPINDLE_1"前面"＋"号，展开"WORKPIECE_1"图标，双击或右键编辑"TURNING_WORKPIECE_1"，进入"工件设置对话框"，先点击"指定部件"，然后点击"部件"，最后点击"确定"，完成工件指定，如图 3-37 所示。

双击或右键编辑"TURNING_WORKPIECE_1"，进入"毛坯边界"对话框，点击"指定毛坯边界"，点击"部件"，指定点捕捉 $\phi 48$ mm 圆柱面倒角处圆心，长度设置为 23 mm，直径设置为 50 mm；点击"确定"，完成毛坯指定，如图 3-38 所示。

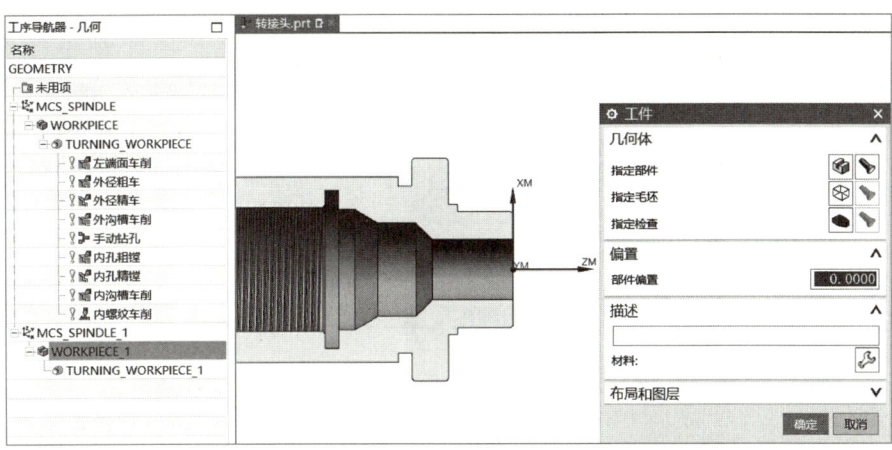

图 3-37 调头工件指定

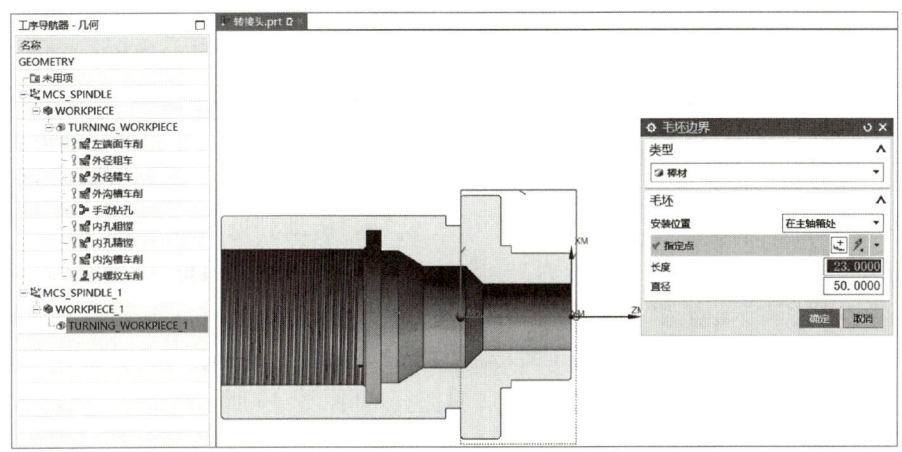

图 3-38 调头工件毛坯指定

学习活动 3.8 依照加工工艺,编制右端加工工序

微课视频——
转接头右端
加工工序

点击选中"TURNING_WORKPIECE",单击"创建工序"图标,进入创建工序对话框。

3.8.1 右端面加工工序

选择"面加工"工序,刀具选定为"外圆车刀 80",程序默认"NC_PROGRAM",名称修改为"右端面车削";切削区域使用轴向点限定在端面侧;刀轨设置"切削深度"最大值设置为 0.5 mm;切削参数中"粗加工余量"栏中"面"设置为 0 mm,"径向"设置为 0 mm;非切削移动设置中"逼近"选项,指定出发点坐标 X 为 -50,Z 为 140,"运动到起点"中的"运动类型"设置为"直接",指定点设置坐标 X 为 -26,Z 为 72;"离开"选项,"运动到返回点/安全平面"中的"运动类型"选项设置为"直接",指定点为"与起点相同";"运动到回零点"中的"运动类型"选项设置为"直接",指定点为"与起点相同"。

进给率和速度"输出模式"为 RPM,勾选主轴速度,指定转速为 700 r/min,"进给率"

栏设置切削为 0.15,单位为"mmpr",产生刀具路径,如图 3-39 所示。

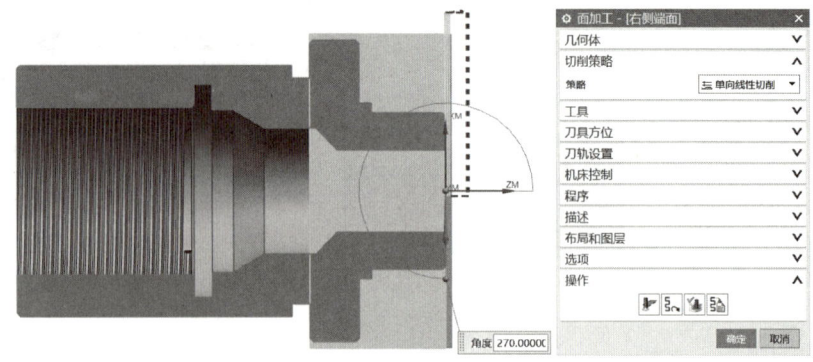

图 3-39　右端面加工刀轨

3.8.2　外径粗车工序

工序类型选择"外径粗车",刀具为"外圆车刀 80",程序默认"NC_PROGRAM",名称修改为"右端外径粗车";刀轨设置切削深度选择"恒定",最大值设置为 0.5 mm;切削参数中"粗加工余量"栏中"面"设置为 0.1 mm,"径向"设置为 0.3 mm;非切削移动设置中"逼近"选项,指定出发点坐标 X 为-50,Z 为 140,"运动到起点"中的"运动类型"设置为"直接",指定点设置坐标 X 为-26,Z 为 72;"离开"选项,"运动到返回点/安全平面"中的"运动类型"选项设置为"直接",指定点为"与起点相同";"运动到回零点"中的"运动类型"选项设置为"直接",指定点为"与起点相同"。

进给率和速度"输出模式"为 RPM,勾选主轴速度,指定转速为 700 r/min,"进给率"栏设置切削为 0.2,单位为"mmpr",产生刀具路径,如图 3-40 所示。

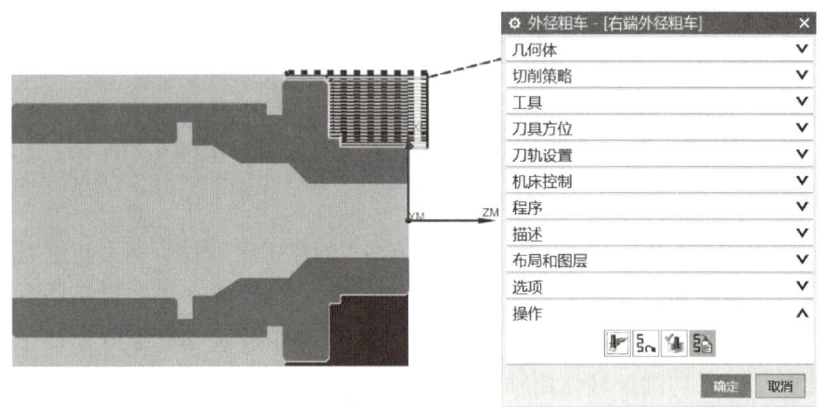

图 3-40　右端外径粗车刀轨

3.8.3　外径精车工序

工序子类型选择"外径精车",刀具为"外圆车刀 80",程序默认"NC_PROGRAM",名称修改为"右端外径精车";切削参数中"精加工余量"栏中"面"设置为 0 mm,"径向"设置为 0 mm,内、外公差为 0.01 mm;非切削移动设置中"逼近"选项,指定出发点坐标 X

为-50,Z 为 140,"运动到起点"中的"运动类型"设置为"直接",指定点设置坐标 X 为-26, Z 为 72;"离开"选项,"运动到返回点/安全平面"中的"运动类型"选项设置为"直接",指定点为"与起点相同";"运动到回零点"中的"运动类型"选项设置为"直接",指定点为"与起点相同"。

进给率和速度"输出模式"为 RPM,勾选主轴速度,指定转速为 900 r/min,"进给率"栏设置切削为 0.1,单位为"mmpr",产生刀具路径,如图 3-41 所示。

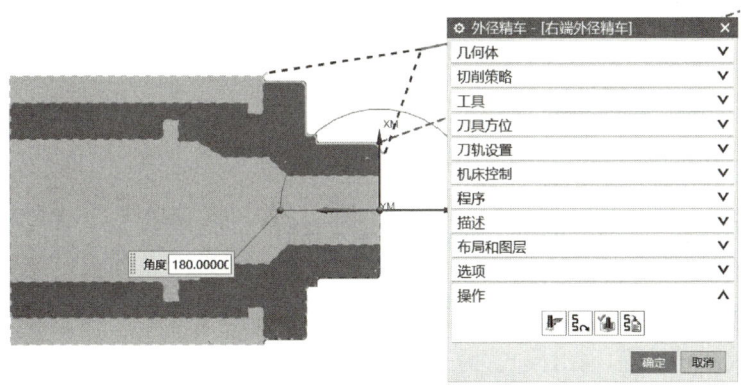

图 3-41 右端外径精车刀轨

3.8.4 铰孔工序

点击选中"TURNING_WORKPIECE_1",单击"创建工序"图标,工序子类型选择"中心线铰孔",刀具为"铰刀 13",程序默认"NC_PROGRAM",名称修改为"铰孔",如图 3-42 所示。

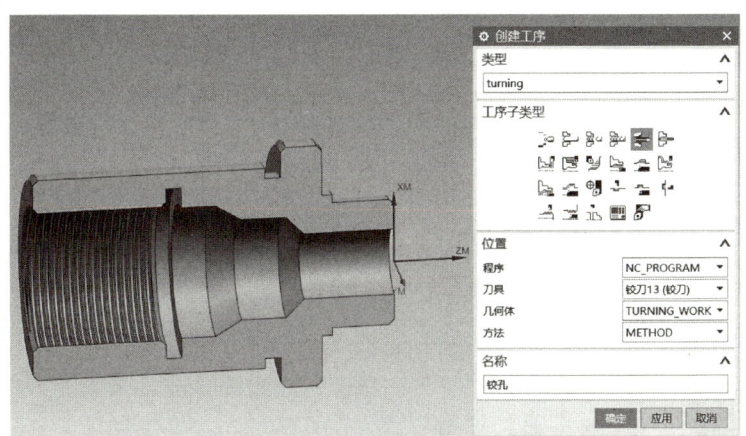

图 3-42 铰孔工序

起点和深度栏中"起始位置"设置为"指定",指定点坐标 X 为 0,Z 为 73;"深度选项"设置为"终点",指定点坐标 X 为 0,Z 为 48;"参考深度"设置为"刀肩","偏置"设置为 0,如图 3-43 所示。

非切削移动设置中"逼近"选项,指定出发点坐标 X 为 0,Z 为 140,"离开"选项,"运动

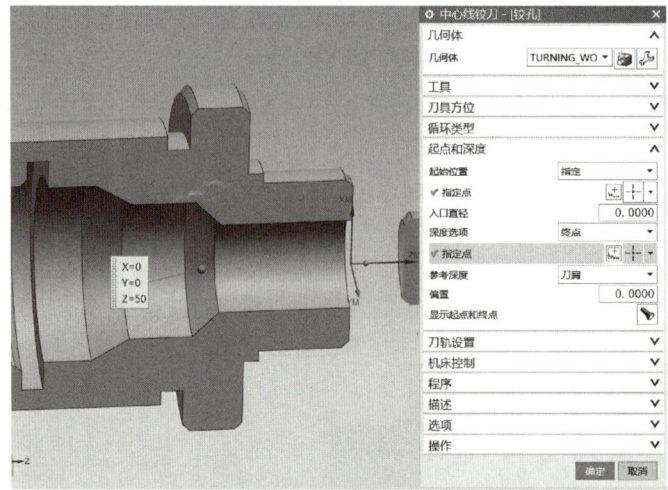

图 3-43 铰孔工序

到回零点"中的"运动类型"选项设置为"直接",指定点为"与起点相同",如图 3-44 所示。

进给率和速度设置"输出模式"为 RPM,勾选主轴速度,指定转速为 400 r/min;在"进给率"栏中,设置切削为 150,单位为"mmpm",产生刀具路径,如图 3-45 所示。

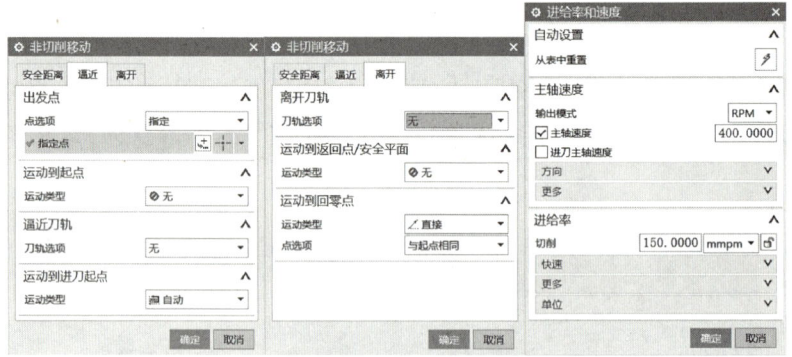

图 3-44 铰孔参数设置

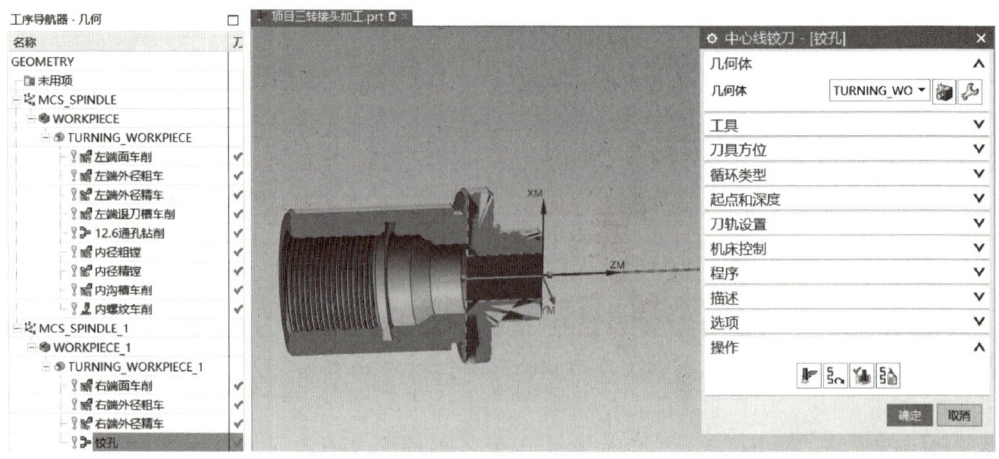

图 3-45 铰孔刀轨

学习活动 3.9　选择后置处理器，生成 G 代码

在"工序导航器-程序顺序"视图中，按"Ctrl"键选中右端车削工序和右端外径粗、精车工序，单击工序组中"后处理"，进入"后处理"操作界面，选择后处理器文件"lathe"，设置程序路径，程序名为"Z6.1-6.2"，设置文件扩展名为"nc"，单位为"公制/部件"，单击"确定"按钮，完成 G 代码生成（图 3-46）。重复操作，完成各加工工序 G 代码生成，如图 3-47 所示。

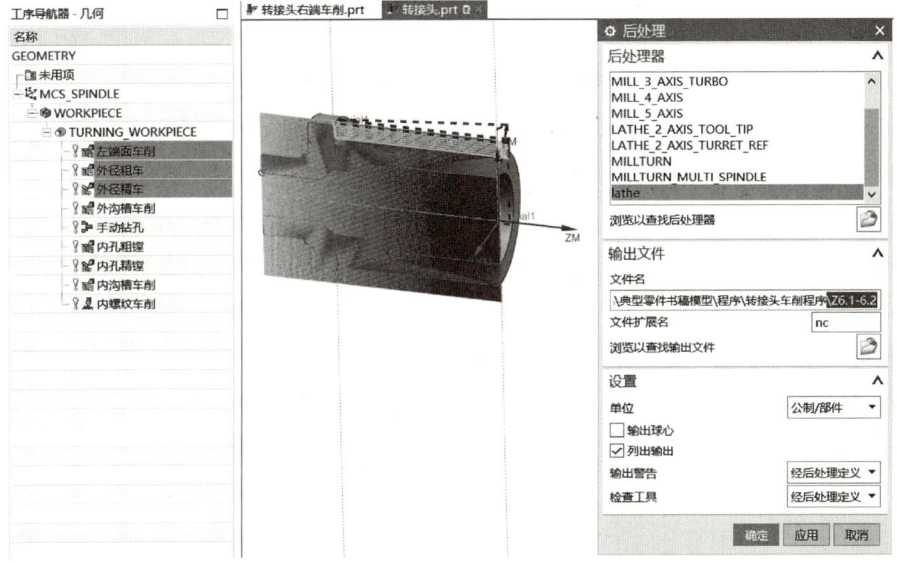

图 3-46　G 代码后处理

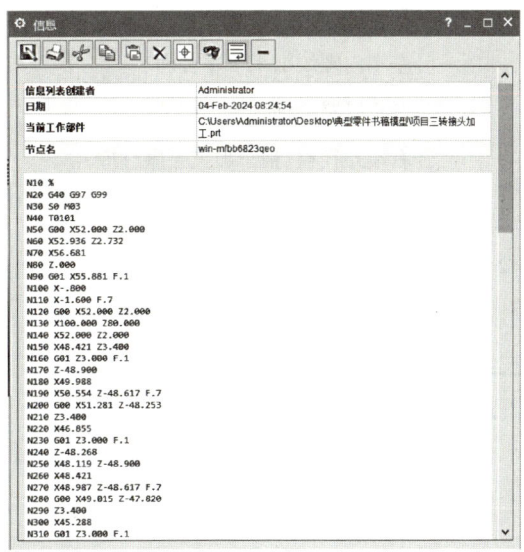

图 3-47　程序

任务评价

完成本任务实施以后,对上述所有活动进行评价,填写任务评价表(表3-4)。

表3-4 任务评价表

序号	项目(分值)	评价内容	配分	得分
1	零件建模(20分)	零件模型结构完整	8	
2		零件模型细节特征完整	4	
3		加工尺寸修正合理	4	
4		建模过程高效、合理	4	
5	分析工艺(15分)	加工方法描述正确、清晰	5	
6		装夹方式描述合理,具有可实施性	3	
7		加工策略、加工刀具选用合理	7	
8	设置加工几何体(5分)	工件坐标系MCS设置合理	2	
9		指定加工部件选择正确	2	
10		毛坯参数设置正确	1	
11	创建加工刀具(5分)	创建刀具齐全,命名清晰	3	
12		刀具参数设置正确	2	
13	编制加工工序(50分)	左端面加工工序合理	5	
14		左端外径粗、精加工工序合理	6	
15		左端退刀槽加工工序合理	4	
16		左端内轮廓粗加工工序合理	6	
17		左端内轮廓精加工工序合理	4	
18		左端内沟槽加工工序合理	5	
19		左端内螺纹加工工序合理	5	
20		调头设置合理	5	
21		右端外径粗、精车加工工序合理	5	
22		右端铰孔加工工序合理	5	
23	G代码后处理(5分)	程序组划分合理	3	
24		后处理G代码,命名格式合理	2	
		总计	100	

项目四

转接套的加工

任务目标

1. 正确识读转接套零件图的加工质量要求。
2. 使用 CAD/CAM 软件完成转接套零件的三维实体建模。
3. 分析转接套零件加工工艺,正确选择工艺工装与刀具。
4. 制定零件加工工序流程,合理规划各部位加工策略。
5. 使用 CAD/CAM 软件对转接套零件外轮廓粗、精车策略编制加工工序。
6. 使用 CAD/CAM 软件对转接套零件内轮廓粗、精车策略编制加工工序。
7. 使用 CAD/CAM 软件对调头车削进行设置,规划工序内容。
8. 完成 G 代码后处理。

确定任务

现有一批转接套零件生产任务(图 4-1),目前毛坯尺寸为 $\phi 75$ mm×28 mm,材料为 2A12。根据总体生产任务安排,现需要完成以下任务:

(1) 完成转接套零件三维建模;
(2) 正确选择工艺工装与刀具;
(3) 制定加工工序流程,规划各部位加工策略;
(4) 编制车削加工工序;
(5) 合理设置粗、精加工切削参数;
(6) 分工序完成 G 代码后处理。

机械 CAD/CAM 应用

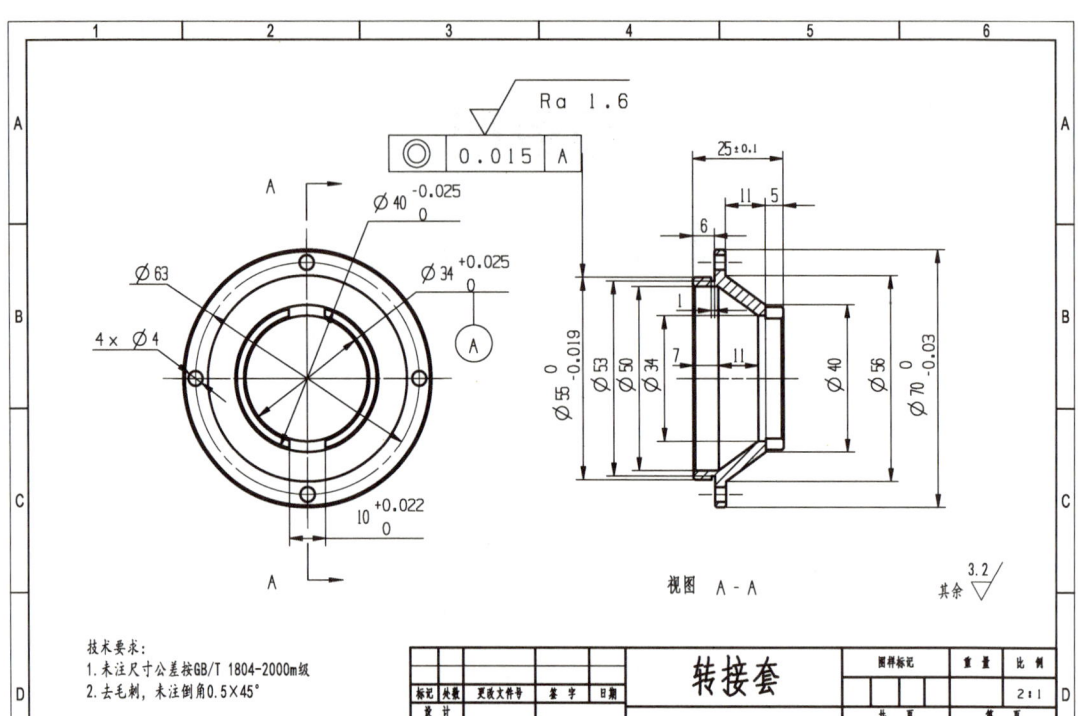

图 4-1 转接套零件图

📋 任务实施

学习活动 4.1 根据转接套图纸要求，确定零件建模思路

对转接套零件图纸进行实体分析，首先选择实体建模过程中所需要的主体特征，其次处理细节特征，最后修正加工尺寸。零件主体和细节建模步骤见表 4-1 及表 4-2。

表 4-1 零件主体建模步骤

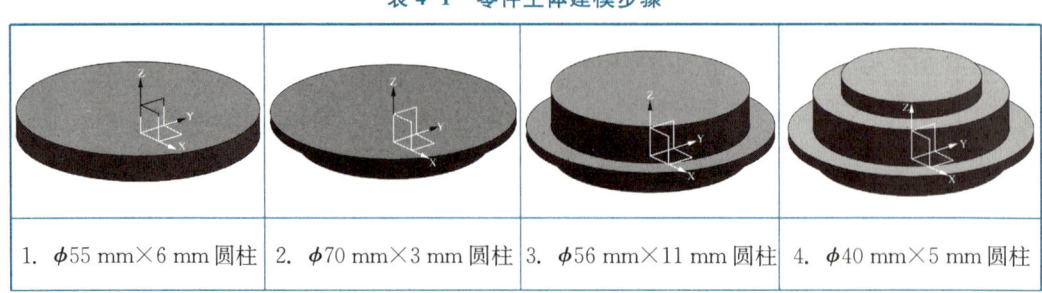

| 1. $\phi55$ mm×6 mm 圆柱 | 2. $\phi70$ mm×3 mm 圆柱 | 3. $\phi56$ mm×11 mm 圆柱 | 4. $\phi40$ mm×5 mm 圆柱 |

(续表)

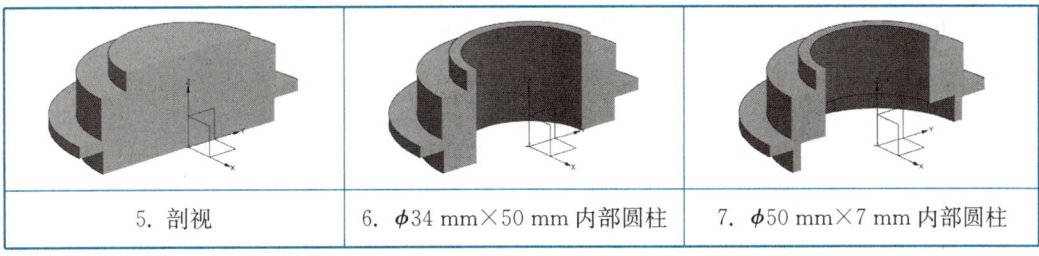

| 5. 剖视 | 6. φ34 mm×50 mm 内部圆柱 | 7. φ50 mm×7 mm 内部圆柱 |

表 4-2 细节建模步骤

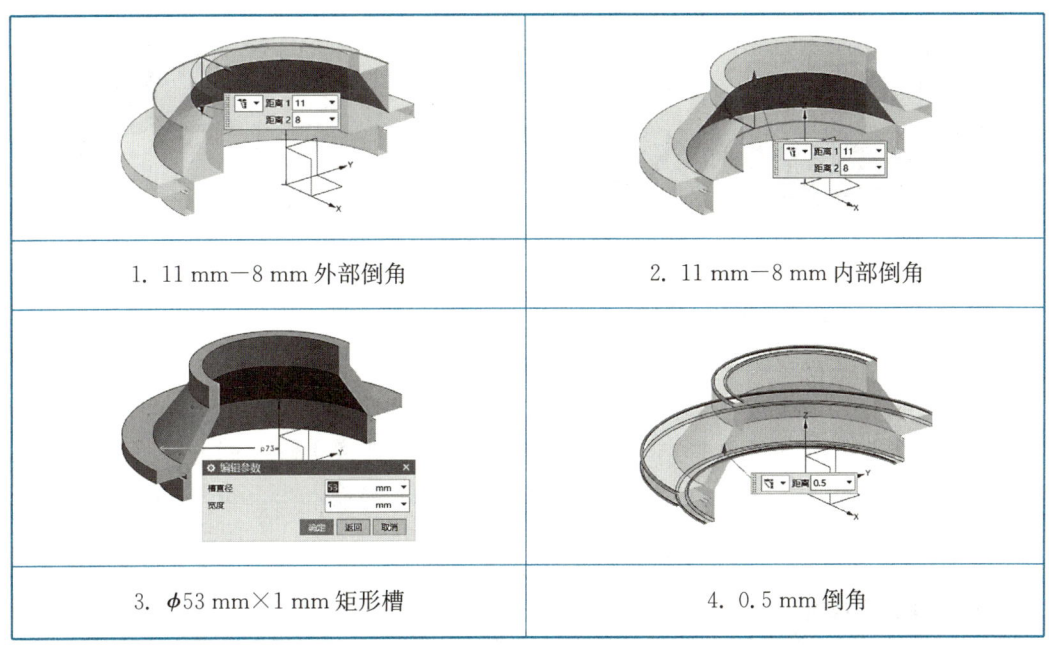

| 1. 11 mm—8 mm 外部倒角 | 2. 11 mm—8 mm 内部倒角 |
| 3. φ53 mm×1 mm 矩形槽 | 4. 0.5 mm 倒角 |

学习活动 4.2 根据转接套图纸要求，完成零件三维建模

4.2.1 新建文档

启动 NX 软件后，在主页选项卡下选择"新建"，在新建的对话框中选择模型、单位；文件名、文件夹的位置可以根据自己的习惯进行命名选择，方便查找；最后，点击"确定"，进入新建的文件中。

4.2.2 创建主体特征

选择"菜单"→"插入"→"设计特征"→"圆柱"，指定矢量为 Z 轴，输入直径为 55 mm，高度为 6 mm，点击"确定"，输入第一个圆柱体。

继续选择圆柱体指令，"指定点"选择圆柱上表面圆心，布尔选择"合并"，"选择体"为上一圆柱体表面中心,输入直径为 70 mm,高度为 3 mm,点击"确定"。

继续选择圆柱体指令,"指定点"选择圆柱上表面圆心,布尔选择"合并","选择体"为上一圆柱体表面中心,输入直径为 56 mm,高度为 11 mm,点击"确定"。

继续选择圆柱体指令,"指定点"选择圆柱上表面圆心,布尔选择"合并","选择体"为上一圆柱体表面中心,输入直径为 40 mm,高度为 5 mm,点击"确定"。

点击主菜单中"视图"功能,点击"编辑截面"按钮,进入"视图剖切"对话框;点击"指定平面",捕捉基准坐标系中 XZ 平面,点击"确定",主体建模沿着 XZ 平面剖视,完成剖视设置,如图 4-2 所示。

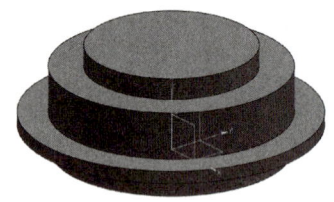 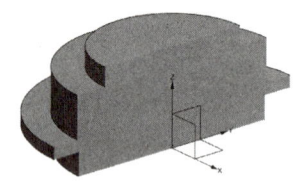 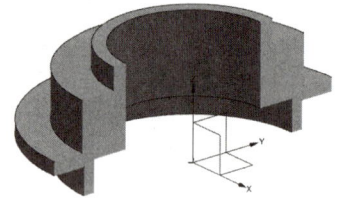

图 4-2 主体特征

4.2.3 创建细节特征

1) 倒角

微课视频——
转接套细节
建模

选择"倒斜角",横截面选择"非对称",捕捉外部交线,距离 1 输入 11 mm,距离 2 输入 8 mm;继续倒斜角,横截面选择"非对称",捕捉内部交线,距离 1 输入 11 mm,距离 2 输入 8 mm;继续倒斜角,横截面选择"对称",捕捉未注交线,距离输入 0.5 mm,如图 4-3 所示。

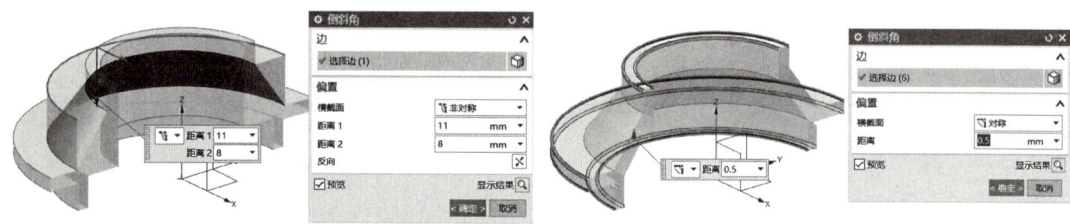

图 4-3 倒角细节

2) 矩形槽

选择"菜单"→"插入"→"设计特征"→"槽",选择矩形槽放置在 $\phi 55$ mm 圆柱面上,输入槽直径为 53 mm,宽度为 1 mm;定位槽输入距离为 0 mm(注意,尺寸基准选择 $\phi 70$ mm 圆柱下边界和刀片上边界);点击"确定",完成该矩形槽创建,如图 4-4 所示。

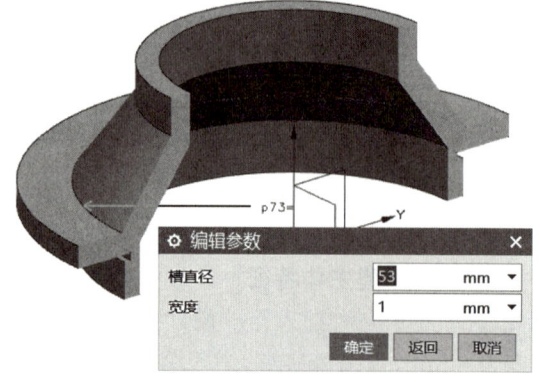

图 4-4 矩形槽细节创建

学习活动 4.3　分析加工方法,确定加工工艺

4.3.1　分析加工方法

本任务为转接套零件加工,根据加工任务可知,零件毛坯尺寸为 $\phi75$ mm×28 mm,需要切除两个端面保证工件长度,粗、精加工内、外轮廓保证尺寸精度和表面质量,加工对象为外轮廓、内轮廓、沟槽等特征。为保证形位精度和表面质量,左端外轮廓和内轮廓应该一次装夹完成车削,按照先轮廓粗加工、精加工,然后切槽加工的顺序进行。

毛坯为硬铝棒料,采用三爪自定心卡盘装夹。考虑工件定位及装夹因素,需要先夹持毛坯表面,完成左端内外轮廓;调头后夹持 $\phi55$ mm×6 mm 圆柱面,完成另一端的剩余部分切削加工。

4.3.2　规划加工策略

本转接头零件分两次装夹完成加工。首先加工左端,夹持毛坯面,钻 $\phi25$ mm 通孔, $\phi55$ mm 圆柱面和内部轮廓一次全部加工完成;然后调头第二次装夹,垫铜套夹持 $\phi55$ mm 圆柱面,完成右端 $\phi40$ mm 圆柱面及外部轮廓粗、精车。

加工原点设置为零件端面中心,加工策略规划如下。

(1) 左侧端面加工:采用端面加工策略,刀具为 80°外圆车刀,加工至平整。

(2) 外轮廓粗、精加工:采用外轮廓粗加工策略,刀具为 80°外圆车刀,径向加工余量为 0.2 mm,侧壁加工余量为 0.04 mm;左端加工至 $\phi70$ mm 圆柱面右侧;采用外轮廓精加工策略,刀具为 80°外圆车刀,加工余量为 0。

(3) 矩形槽加工:采用沟槽加工策略,刀具为 1 mm 切槽刀,加工余量为 0。

(4) 钻 $\phi25$ mm 底孔。

(5) 内轮廓粗加工:采用内轮廓粗加工策略,刀具为 55°内孔镗刀,径向加工余量为 0.12 mm,侧壁加工余量为 0.04 mm。

(6) 内轮廓精加工:采用内轮廓精加工策略,刀具为 55°内孔镗刀,径向加工余量为 0,侧壁加工余量为 0。

(7) 调头装夹:垫弹性薄壁套,夹持 $\phi55$ mm×6 mm 圆柱面。

(8) 右侧端面加工:采用端面加工策略,刀具为 80°外圆车刀,加工长度尺寸合格。

(9) 外轮廓粗、精加工:采用外轮廓粗加工策略,刀具为 80°外圆车刀,径向加工余量为 0.2 mm,侧壁加工余量为 0.04 mm;左端加工至 $\phi70$ mm 外圆处;采用外轮廓精加工策略,刀具为 80°外圆车刀,加工余量为 0。

学习活动 4.4　创建加工刀具,设置刀具参数

创建加工所需刀具,刀具参数和名称参考表 4-3。

表 4-3 刀具参数表

刀号	刀具子类型	名称	尖角/mm	刀片长度/mm	刀片宽度/mm	编号
1	OD_80_L	外圆车刀80	0.4(半径)	10	—	1
2	OD_GROOVE_L	切槽刀1	—	10	1	2
3	STD_DRILL	麻花钻25	25(直径)	100	—	3
4	ID_55_L	内孔镗刀55	0.2	3	—	4

学习活动 4.5　创建加工坐标和加工几何体

单击加工快捷键图标,CAM 会话配置选择"cam_general",要创建的 CAM 组装选择"turning",点击"确定",进入加工环境。

4.5.1　创建左端工件坐标系

微课视频——
转接套加工
基本设置

在"加工视图"菜单中,单击"几何"视图,双击或右键编辑"MCS_SPINDLE"工件坐标系,进入 MCS 设置对话框。指定 MCS 坐标系选择对象的坐标系,点击工件右侧端面,点击"确定",此时 MCS 坐标系原点为零件端面中心。调整工件姿态,XM 轴竖直向上,ZM 轴指向右侧,完成工件坐标系设置,如图 4-5 所示。

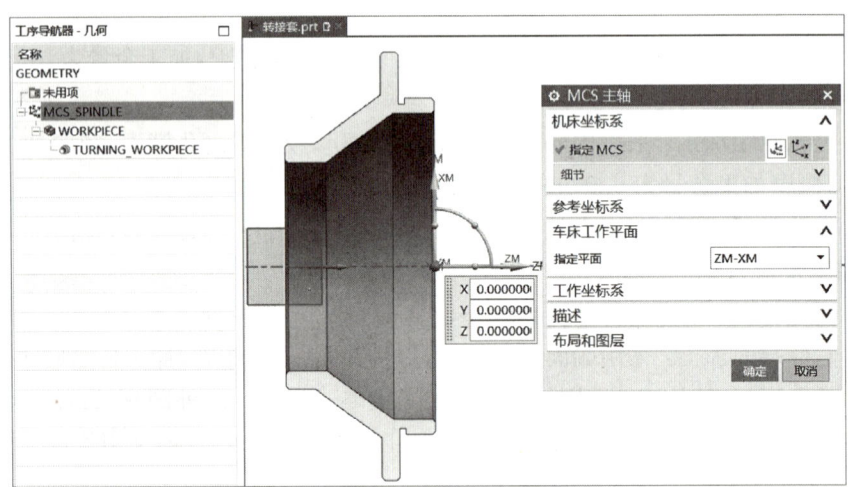

图 4-5　工件坐标系设置

4.5.2　创建左端车削加工几何体

(1) 在"几何"视图下,单击"MCS_SPINDLE"前面"＋"号,展开"WORKPIECE"图标,双击或右键编辑"WORKPIECE",进入"工件"设置对话框,首先点击"指定部件",然后点击"部件",最后点击"确定",完成工件指定,如图 4-6 所示。

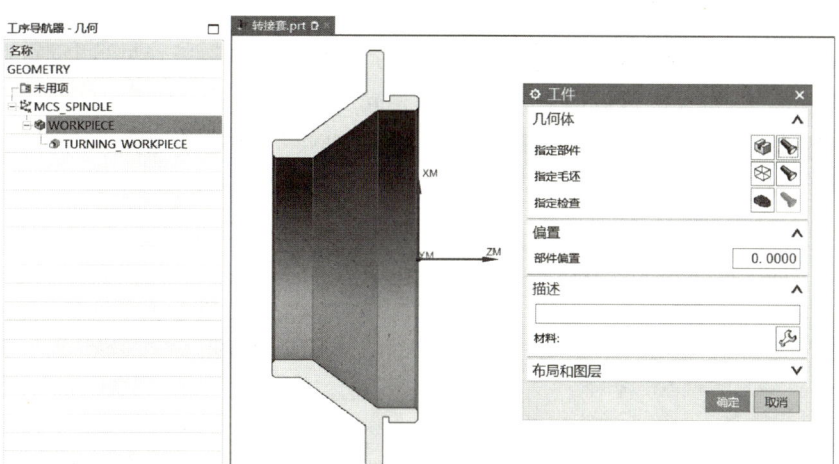

图 4-6　工件指定

（2）点击"指定毛坯"，选择"包容圆柱体"类型，在限制栏中，ZM+设置为 1 mm，在半径栏设置"偏置"为 2.5 mm，点击"确定"，完成加工几何体设置(图 4-7)。

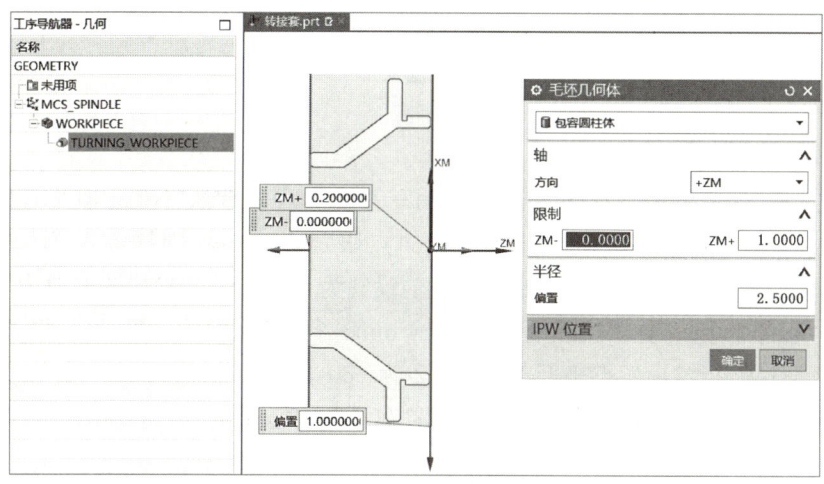

图 4-7　毛坯指定

学习活动 4.6　依照加工工艺，编制加工工序

4.6.1　左端面加工工序

选择"面加工"工序，刀具选定为"外圆车刀 80"，程序默认"NC_PROGRAM"，名称修改为"左端面车削"；切削区域使用轴向点限定在端面侧；刀轨设置"切削深度"最大值设置为 0.5 mm；切削参数中"粗加工余量"栏中"面"设置为 0 mm，"径向"设置为 0 mm；非切削移动设置中"逼近"选项，指定出发点坐标 X 为 50，Z 为-80，"运动到起点"中的"运动类

微课视频——
转接套左端
加工工序1

型"设置为"直接",指定点设置坐标 X 为 39,Z 为 -2;"离开"选项,"运动到返回点/安全平面"中的"运动类型"选项设置为"直接",指定点为"与起点相同";"运动到回零点"中的"运动类型"选项设置为"直接",指定点为"与起点相同"。

进给率和速度"输出模式"为 RPM,勾选"主轴速度",指定转速为 700 r/min,"进给率"栏设置切削为 0.15,单位为"mmpr",产生刀具路径,如图 4-8 所示。

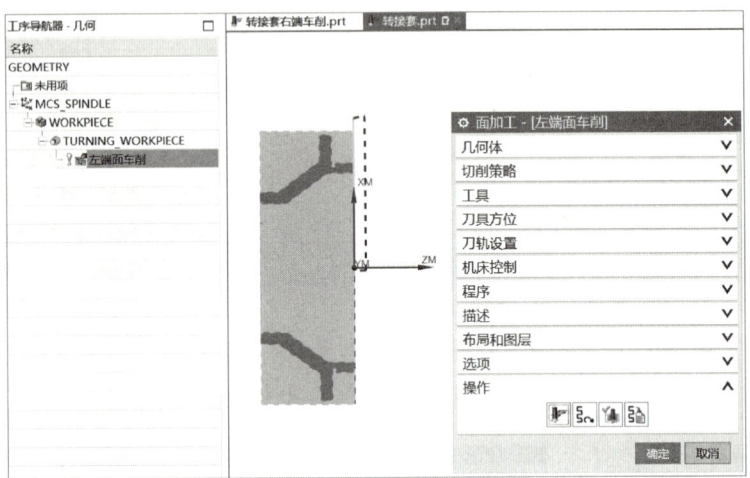

图 4-8　左端面加工工序设置

4.6.2　外径粗车工序

工序选择"外径粗车",刀具选定为"外圆车刀 80",程序默认"NC_PROGRAM",名称修改为"左端外径粗车";切削区域使用轴向点限定 φ70 mm 圆柱面左侧倒角处右侧 1 mm;刀轨设置切削深度选择"恒定",最大值设置为 0.8 mm,变换模式修改为"省略";切削参数中"粗加工余量"栏中"面"设置为 0.04 mm,"径向"设置为 0.2 mm;非切削移动设置中"逼近"选项,指定出发点坐标 X 为 50,Z 为 -80,"运动到起点"中的"运动类型"设置为"直接",指定点设置坐标 X 为 39,Z 为 -2;"离开"选项,指定"运动到返回点/安全平面"中的"点选项"为"与起点相同";运动类型选项指定"运动到回零点"中"点选项"为"与起点相同",设置为"直接"。

进给率和速度"输出模式"为 RPM,勾选"主轴速度",指定转速为 700 r/min,"进给率"栏设置切削为 0.2,单位为"mmpr",产生刀具路径,如图 4-9 所示。

4.6.3　外径精车工序

工序选择"外径精车",刀具选定为"外圆车刀 80",程序默认"NC_PROGRAM",名称修改为"左端外径精车";切削区域使用轴向点限定 φ70 mm 圆柱面右侧倒角处;勾选"省略变换区";切削参数中"精加工余量"栏中"面"设置为 0 mm,"径向"设置为 0 mm;非切削移动设置中"逼近"选项,指定出发点坐标 X 为 50,Z 为 -80,"运动到起点"中的"运动类型"设置为"直接",指定点设置坐标 X 为 39,Z 为 -2;"离开"选项,指定"运动到返回点/安全平面"中的"点选项"为"与起点相同";运动类型选项指定"运动到回零点"中"点选项"为"与起点相同",设置为"直接"。

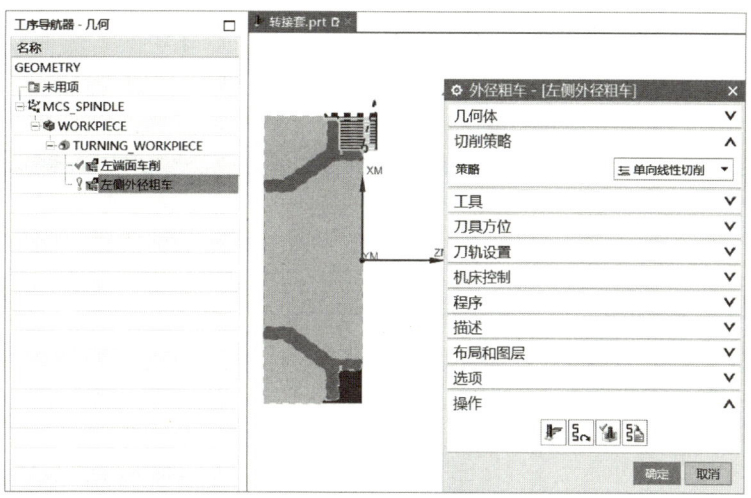

图 4-9　左端外径粗车加工工序设置

进给率和速度"输出模式"为 RPM，勾选"主轴速度"，指定转速为 900 r/min，"进给率"栏设置切削为 0.1，单位为"mmpr"，产生刀具路径，如图 4-10 所示。

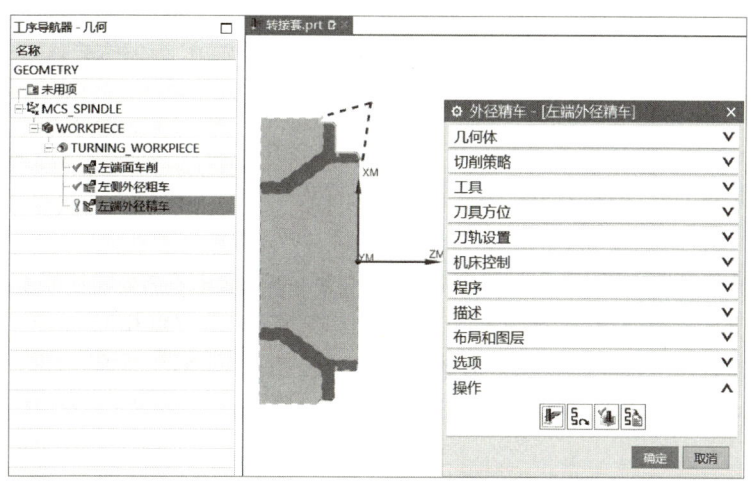

图 4-10　左端外径精车刀轨设置

4.6.4　矩形槽车削工序

工序选择"外径开槽"，刀具为"切槽刀 1"，程序默认"NC_PROGRAM"，名称修改为"左端退刀槽车削"；程序默认"NC_PROGRAM"，几何体选择"TURNING_WORKPIECE"，方法默认"METHOD"。

切削区域使用"轴向修剪平面 1"和"轴向修剪平面 2"限制切削区域为退刀槽区域。切削参数"粗加工余量"栏中"面"设置为 0 mm，"径向"设置为 0 mm；非切削移动中"逼近"指定出发点坐标 X 为 50，Z 为 -80，"运动到起点"中的"运动类型"选项设置为"直接"，指定点设置坐标 X 为 39，Z 为 6，"离开"选项，指定"运动到返回点/安全平面"中的"点选项"为"与起点相同"；运动类型选项设置为"直接"，指定"运动到回零点"中"点选项"为"与起点相同"。

进给率和速度设置"输出模式"为 RPM,勾选"主轴速度",指定转速为 600 rpm;在"进给率"栏中,设置切削为 0.04,单位为"mmpr",产生刀具路径,如图 4-11 所示。

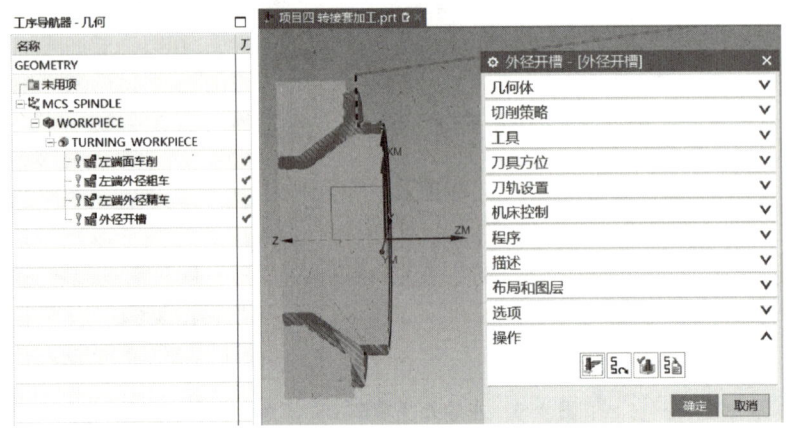

图 4-11 矩形槽车削工序设置

4.6.5 通孔啄钻工序

微课视频——
转接套左端
加工工序 2

工序选择"中心线啄钻",刀具为"麻花钻 25",程序默认"NC_PROGRAM",名称修改为"25 通孔钻削";程序默认"NC_PROGRAM",几何体选择"TURNING_WORKPIECE",方法默认"METHOD"。

循环类型栏中"进刀距离"设置为 10 mm;起点和深度栏中,"起始位置"设置为"指定",指定点坐标 X 为 0,Z 为 0;"深度选项"设置为"终点",指定点坐标 X 为 0,Z 为 25;"参考深度"设置为"刀肩","偏置"设置为 2 mm。

非切削移动设置中"逼近"选项,指定出发点坐标 X 为 0,Z 为-80;"离开"选项,"运动到回零点"中的"运动类型"选项设置为"直接",指定点为"与起点相同"。

刀轨设置中,进给率和速度设置"输出模式"为 RPM,勾选"主轴速度",指定转速为 300 r/min;在"进给率"栏中,设置切削为 0.2,单位为"mmpr",产生刀具路径,如图 4-12 所示。

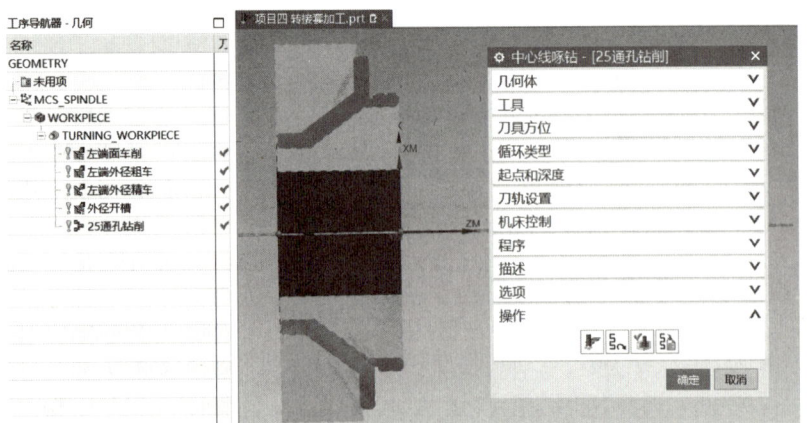

图 4-12 底孔加工工序设置

4.6.6 内径粗镗工序

工序选择"内径粗镗",刀具为"内孔镗刀55",程序默认"NC_PROGRAM",名称修改为"内径粗镗";程序默认"NC_PROGRAM",几何体选择"TURNING_WORKPIECE",方法默认"METHOD"。

刀轨设置栏中,切削深度选择"恒定",最大值设置为0.6 mm,变换模式修改为"省略";切削参数"粗加工余量"栏中"面"设置为0.04 mm,"径向"设置为0.12 mm,轮廓加工选项中勾选"附加轮廓加工",轮廓切削区域设置为"与粗加工相同"。

非切削移动中"逼近"指定出发点坐标X为50,Z为-80,"运动到起点"中的"运动类型"选项设置为"直接",指定点设置坐标X为12,Z为-2,"离开"选项,指定"运动到返回点/安全平面"中的"点选项"设置为"与起点相同";"运动类型"选项设置为"直接",指定"运动到回零点"中"点选项"为"与起点相同"。

进给率和速度设置"输出模式"为RPM,勾选"主轴速度",指定转速为700 r/min;在"进给率"栏中,设置切削为0.1,单位为"mmpr",产生刀具路径,如图4-13所示。

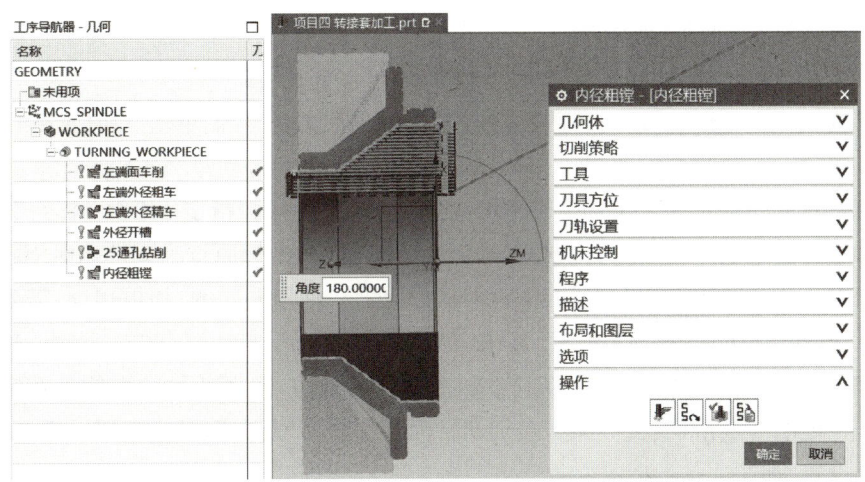

图4-13 内径粗镗工序设置

4.6.7 内径精镗工序

工序选择"内径精镗",刀具为"内孔镗刀55",程序默认"NC_PROGRAM",名称修改为"内径精镗";程序默认"NC_PROGRAM",几何体选择"TURNING_WORKPIECE",方法默认"METHOD"。

切削参数"粗加工余量"栏中"面"设置为0 mm,"径向"设置为0 mm。

非切削移动中"逼近"指定出发点坐标X为50,Z为-80,"运动到起点"中的"运动类型"选项设置为"直接",指定点设置坐标X为16,Z为-2;"离开"选项,"运动到返回点/安全平面"中的"运动类型"选项设置为"直接",指定"点选项"为"与起点相同";"运动到回零点"中的"运动类型"选项设置为"直接",指定"点选项"为"与起点相同"。

进给率和速度设置"输出模式"为RPM,勾选"主轴速度",指定转速为900 r/min;在"进给率"栏中,设置切削为0.1,单位为"mmpr",产生刀具路径,如图4-14所示。

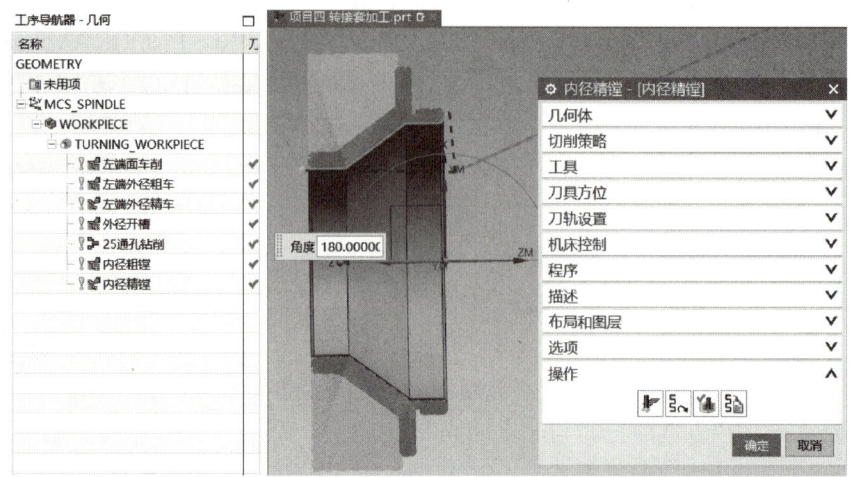

图 4-14　内径精镗工序设置

4.6.8　调头装夹几何体设置

微课视频——
转接套右端
加工工序

1）创建"MCS_SPINDLE_1"工件坐标系

调整加工模型至左端朝向右侧，在"加工"视图菜单中，右键单击"GEOMETRY"，拓展菜单至"插入"，继续拓展菜单点击"几何体"，点击"确定"，创建"MCS_SPINDLE_1"工件坐标系；双击"MCS_SPINDLE_1"进入 MCS 设置对话框。指定 MCS 坐标系为选择对象的坐标系，点击工件右侧端面，点击"确定"，此时 MCS 坐标原点为零件端面中心。此时 MCS_SPINDLE_1 和原有坐标 MCS_SPINDLE 的 X 轴指向同侧，如果相反，需要再次双击"MCS_SPINDLE_1"切换"动态"，双击 XM 轴的箭头，反向 XM 轴向。点击"确定"，完成工件坐标系设置。拖动模型调整工件姿态至 XM 轴向上，ZM 轴向右侧。在主功能菜单区点击"视图"，点击"编辑截面"，在剖切平面栏中点击"反向"，转换剖切平面。点击"确定"完成设置，如图 4-15 所示。

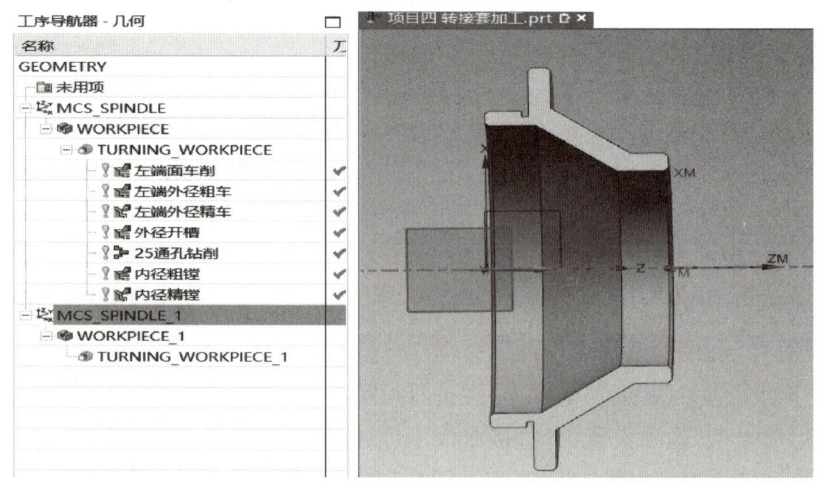

图 4-15　调头新建坐标系

2）设置几何体

在"几何"视图下，单击"MCS_SPINDLE_1"前面"＋"号，展开"WORKPIECE_1"图标，双击或右键编辑"WORKPIECE_1"，进入"工件设置对话框"，先点击"指定部件"，然后点击"部件"，最后点击"确定"，完成工件指定，如图 4-16 所示。

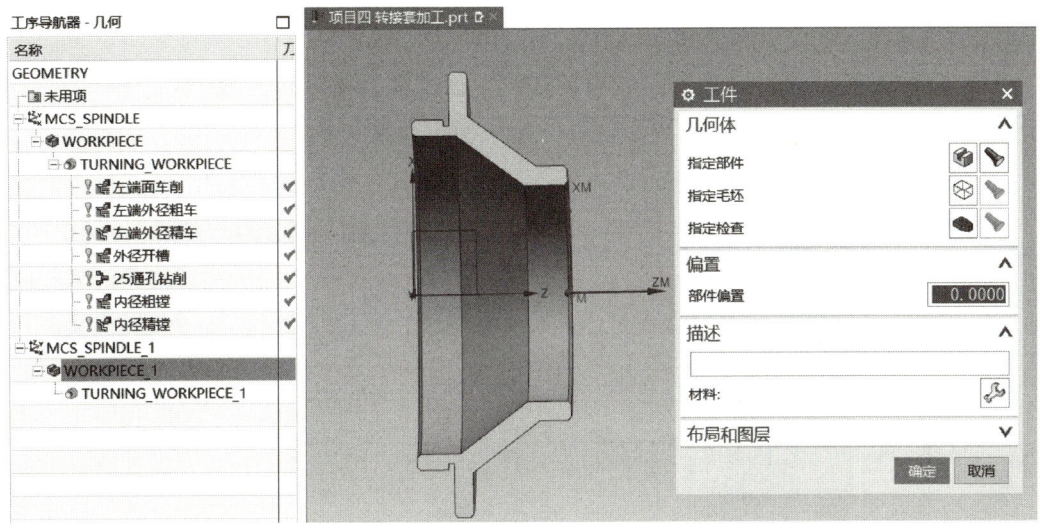

图 4-16　调头工件设置

双击或右键编辑"TURNING_WORKPIECE_1"，进入"车削工件"对话框，点击指定毛坯边界，点击部件，指定点捕捉ϕ70 mm 圆柱面倒角处圆心，长度设置为 18.5 mm，直径设置为 75 mm；点击"确定"，完成毛坯指定，如图 4-17 所示。

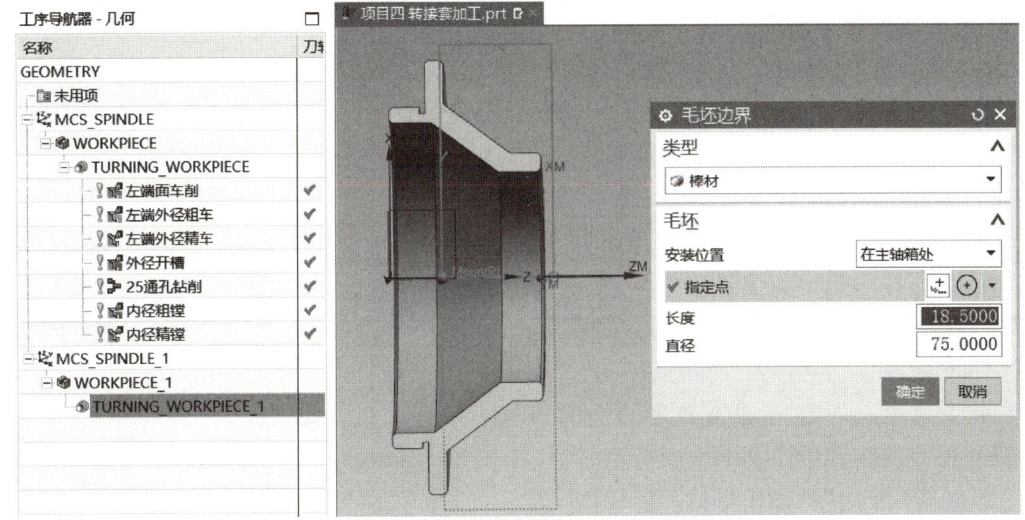

图 4-17　调头毛坯设置

4.6.9　右端面加工工序

选择"面加工"工序，刀具选定为"外圆车刀 80"，程序默认"NC_PROGRAM"，名称修改为"右端面车削";切削区域使用轴向点限定在端面侧;刀轨设置"切削深度"最大值设置为 0.5 mm;切削参数中"粗加工余量"栏中"面"设置为 0 mm,"径向"设置为 0 mm;非切削移动设置中"逼近"选项,指定出发点坐标 X 为 50,Z 为 80,"运动到起点"中的"运动类型"设置为"直接",指定点设置坐标 X 为 39,Z 为 29;"离开"选项,"运动到返回点/安全平面"中的"运动类型"选项设置为"直接",指定点为"与起点相同";"运动到回零点"中的"运动类型"选项设置为"直接",指定点为"与起点相同"。

进给率和速度"输出模式"为 RPM,勾选"主轴速度",指定转速为 700 r/min,"进给率"栏设置切削为 0.15,单位为"mmpr",产生刀具路径,如图 4-18 所示。

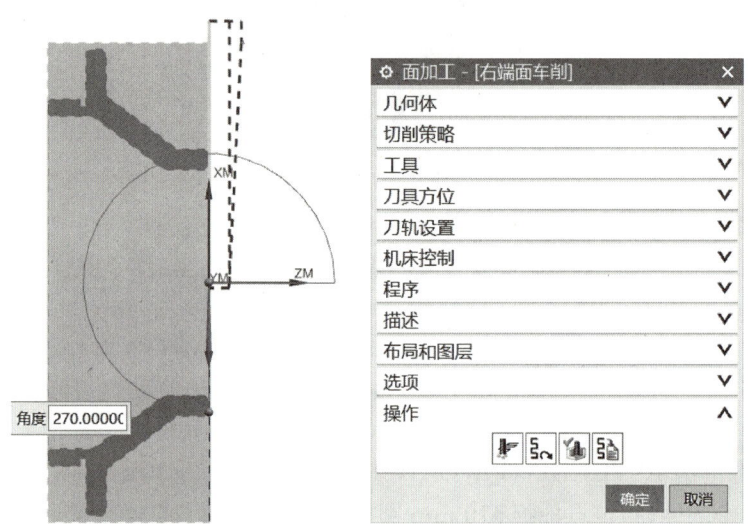

图 4-18 右端面加工工序设置

4.6.10 外径粗车工序

工序选择"外径粗车",刀具选定为"外圆车刀 80",程序默认"NC_PROGRAM",名称修改为"右端外径粗车";切削区域使用轴向点限定 ϕ70 mm 圆柱面右侧倒角处;刀轨设置切削深度选择"恒定",最大值设置为 0.8 mm,切削参数中"粗加工余量"栏中"面"设置为 0.04 mm,"径向"设置为 0.2 mm;非切削移动设置中"逼近"选项,指定出发点坐标 X 为 50,Z 为 80,"运动到起点"中的"运动类型"设置为"直接",指定点设置坐标 X 为 39,Z 为 27;"离开"选项,指定"运动到返回点/安全平面"中的"点选项"为"与起点相同";"运动类型"选项及指定"运动到回零点"中"点选项"为"与起点相同",均设置为"直接"。

进给率和速度"输出模式"为 RPM,勾选"主轴速度",指定转速为 700 r/min,"进给率"栏设置切削为 0.2,单位为"mmpr",产生刀具路径,如图 4-19 所示。

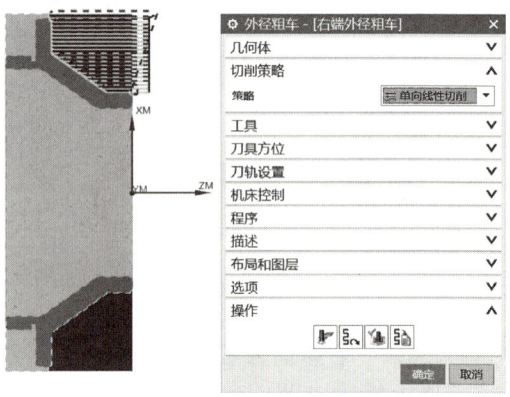

图 4-19 右端外径粗车工序设置

4.6.11 右端外径精车工序

工序选择"外径精车",刀具选定为"外圆车刀 80",程序默认"NC_PROGRAM",名称修改为"右端外径精车";切削区域使用轴向点限定 $\phi70$ mm 圆柱面右侧倒角处;刀轨设置切削深度选择"恒定",最大值设置为 0.8 mm,变换模式修改为"省略";切削参数中"精加工余量"栏中"面"设置为 0.1 mm,"径向"设置为 0.3 mm;非切削移动设置中"逼近"选项,指定出发点坐标 X 为 50,Z 为 80,"运动到起点"中的"运动类型"设置为"直接",指定点设置坐标 X 为 39,Z 为 27;"离开"选项,指定"运动到返回点/安全平面"中的"点选项"为"与起点相同";运动类型选项及指定"运动到回零点"中"点选项"为"与起点相同"均设置为"直接"。

进给率和速度"输出模式"为 RPM,勾选"主轴速度",指定转速为 900 rpm,

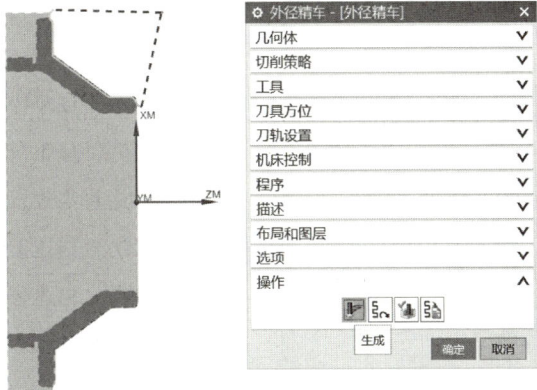

图 4-20 右端外径精车工序设置

"进给率"栏设置切削为 0.1,单位为"mmpr",产生刀具路径,如图 4-20 所示。

学习活动 4.7 选择后置处理器,生成 G 代码

在"工序导航器-程序顺序"视图中,按"Ctrl"键选中左端面车削工序和左端外径粗车工序,单击工序组中的"后处理",进入"后处理"操作界面(图 4-21),选择后处理器文件"lathe",设置程序路径,程序名为"Z6.1-6.2",设置文件拓展名为"nc",单位为"公制/部件",单击"确定"按钮,完成 G 代码生成。重复操作完成各加工工序 G 代码生成。

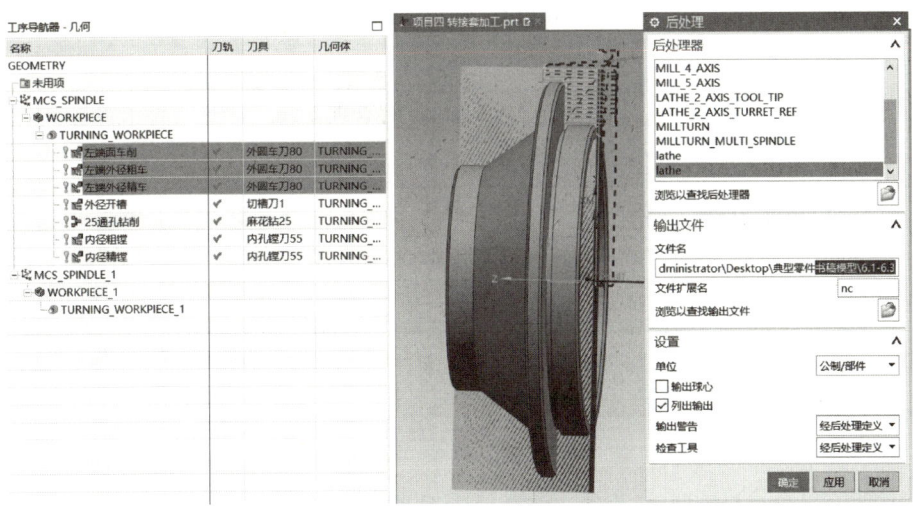

图 4-21 后处理

任务评价

完成本任务实施以后,对上述所有活动进行评价,填写任务评价表(表 4-4)。

表 4-4 任务评价表

序号	项目(分值)	评价内容	配分	得分
1	零件建模 (20 分)	零件模型结构完整	8	
2		零件模型细节特征完整	4	
3		加工尺寸修正合理	4	
4		建模过程高效、合理	4	
5	分析工艺 (15 分)	加工方法描述正确、清晰	5	
6		装夹方式描述合理,具有可实施性	3	
7		加工策略、加工刀具选用合理	7	
8	设置加工几何体(5 分)	工件坐标系 MCS 设置合理	2	
9		指定加工部件选择正确	2	
10		毛坯参数设置正确	1	
11	创建加工刀具 (5 分)	创建刀具齐全,命名清晰	3	
12		刀具参数设置正确	2	
13	编制加工工序(50 分)	左端面加工工序合理	5	
14		左端外径粗、精车加工工序合理	6	
15		左端退刀槽加工工序合理	4	
16		通孔啄钻工序合理	5	
17		左端内轮廓粗加工工序合理	6	
18		左端内轮廓精加工工序合理	4	
19		调头设置合理	5	
20		右端面加工工序合理	5	
21		右端外径粗车加工工序合理	6	
22		右端外径精车加工工序合理	4	
23	G 代码后处理 (5 分)	程序组划分合理	3	
24		后处理 G 代码,命名格式合理	2	
		总计	100	

数控铣削模块

项目五

机器底座的加工

任务目标

1. 正确识读机器底座零件图的加工质量要求。
2. 使用 CAD/CAM 软件完成机器底座零件的三维实体建模。
3. 分析机器底座零件加工工艺,正确选择工艺工装与刀具。
4. 制定零件加工工序流程,合理规划各部位加工策略。
5. 使用 CAD/CAM 软件底壁铣加工策略编制平面加工工序。
6. 使用 CAD/CAM 软件底壁铣加工策略编制直角凸台与岛屿加工工序。
7. 使用 CAD/CAM 软件底壁铣加工策略编制 U 型槽加工工序。
8. 使用 CAD/CAM 软件底壁铣加工策略编制各区域底面精加工工序。
9. 使用 CAD/CAM 软件底壁铣加工策略编制各区域侧壁精加工工序。
10. 可视化仿真验证加工刀路及加工误差。
11. 合理设置粗、精加工切削参数。
12. 完成 G 代码后处理。

确定任务

现有一批机器底座零件生产任务(图 5-1),毛坯已经完成半精加工,尺寸为 100 mm×80 mm×22 mm,材料为 2A12L。根据总体生产任务安排,现需要完成以下任务:

(1) 完成机器底座零件三维建模;
(2) 正确选择工艺工装与刀具;
(3) 制定加工工序流程,规划各部位加工策略;
(4) 编制各区域加工工序;
(5) 可视化仿真验证加工刀路及加工误差;
(6) 合理设置粗、精加工切削参数;
(7) 分工序完成 G 代码后处理。

机械 CAD/CAM 应用

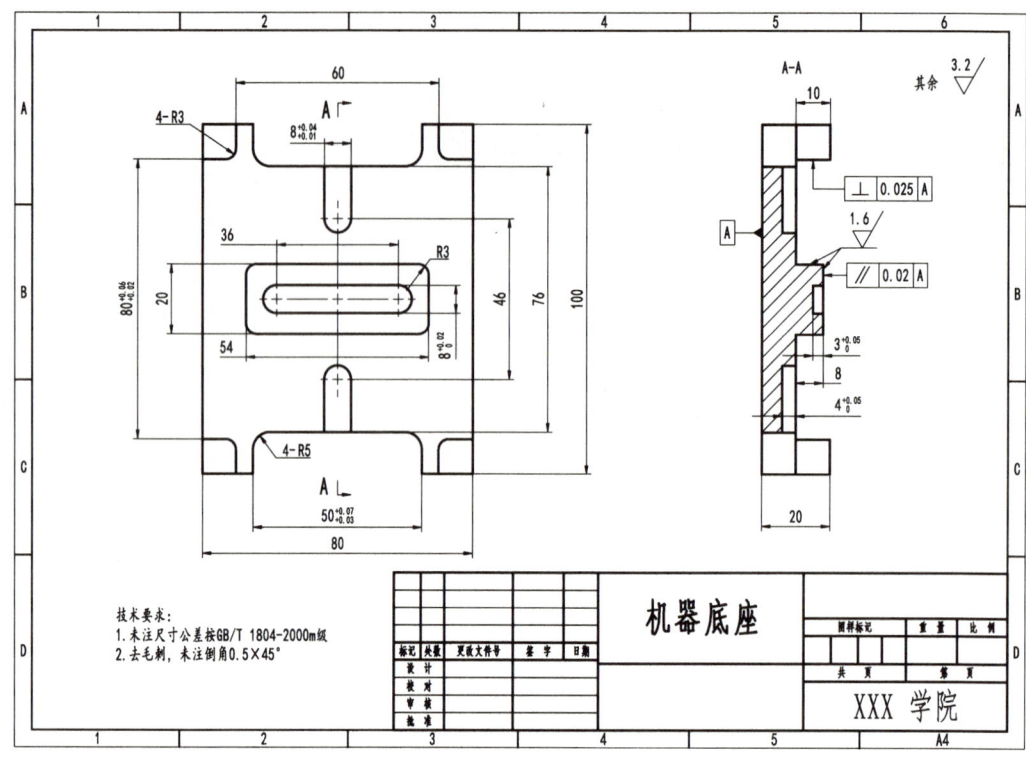

图 5-1 机器底座零件图

📋 任务实施

学习活动 5.1 根据机器底座图纸要求，确定零件建模思路

对机器底座图纸进行实体分析，依次绘制底板轮廓草图、矩形凸台轮廓草图、直角凸台与 U 型槽轮廓草图，然后进行镜像直角凸台与 U 型槽特征及轮廓棱边倒角。零件主体建模步骤见表 5-1。

表 5-1 零件主体建模步骤

1. 底板轮廓	2. 矩形凸台与直线槽	3. 直角凸台与 U 型槽	4. 镜像特征与棱边倒角

学习活动 5.2 根据机器底座图纸要求，完成零件三维建模

5.2.1 创建底板轮廓特征

(1) 在建模环境下，单击"在任务环境中绘制草图"，进入创建草图对话框，如图 5-2 所示。

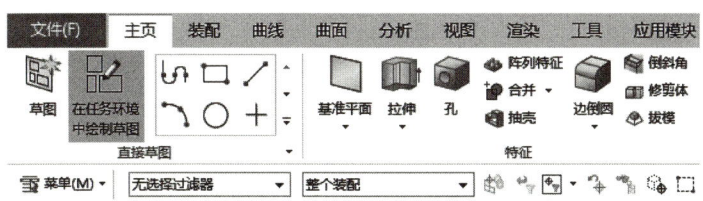

图 5-2 "在任务环境中绘制草图"界面

(2) 在创建草图对话框（图 5-3）中，设置草图类型为"在平面上"，设置平面方法为"自动判断"，参考为"水平"，原点方法设置为"使用工作部件原点"，选择 XY 平面，单击"确定"，进入草图绘制平面。

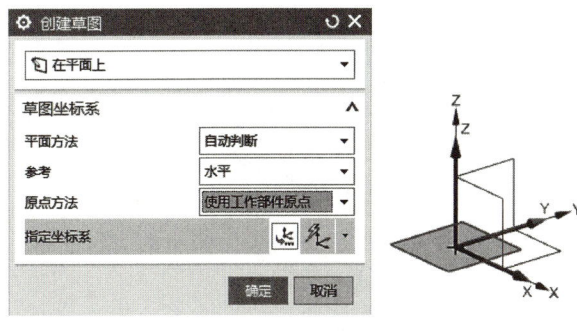

图 5-3 创建草图对话框

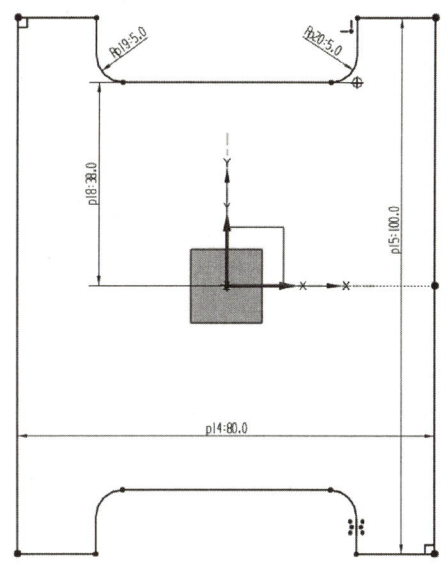

图 5-4 100 mm×80 mm 底板轮廓草图

(3) 通过矩形、快速修剪、圆角、镜像等命令绘制 100 mm×80 mm 底板轮廓草图（图 5-4），完成后单击"完成草图"命令。

(4) 单击"拉伸"，截面线选择 100 mm×80 mm 底板轮廓草图，指定矢量为 Z 轴，输入开始距离为 0 mm，结束距离为 10 mm，单击"确定"按钮，完成底板轮廓特征绘制（图 5-5）。

5.2.2 创建矩形凸台与直线槽特征

(1) 在创建草图对话框中，设置草图类型为"在平面上"，设置平面方法为"新平面"，参考为"水平"，指定矢量为 X 轴，原点方式设置为"使用工作部件原点"，单击"确定"，进入草图绘制平面，如图 5-6 所示。

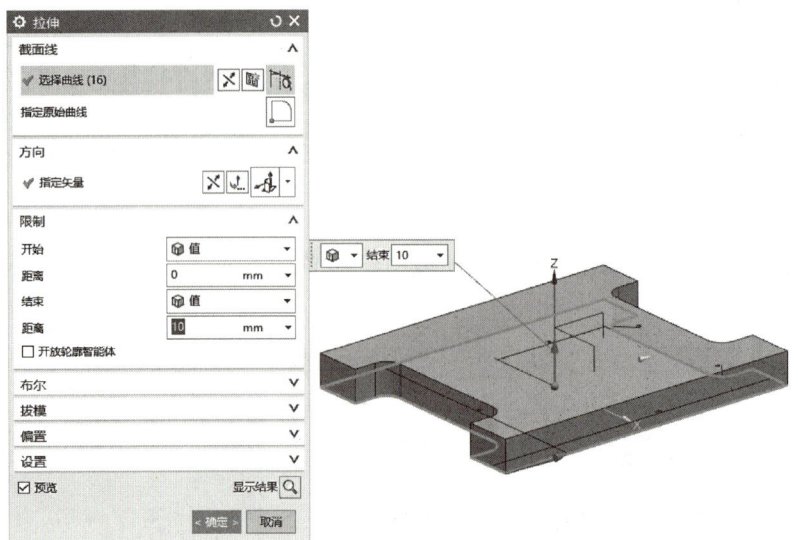

图 5-5 底板轮廓特征

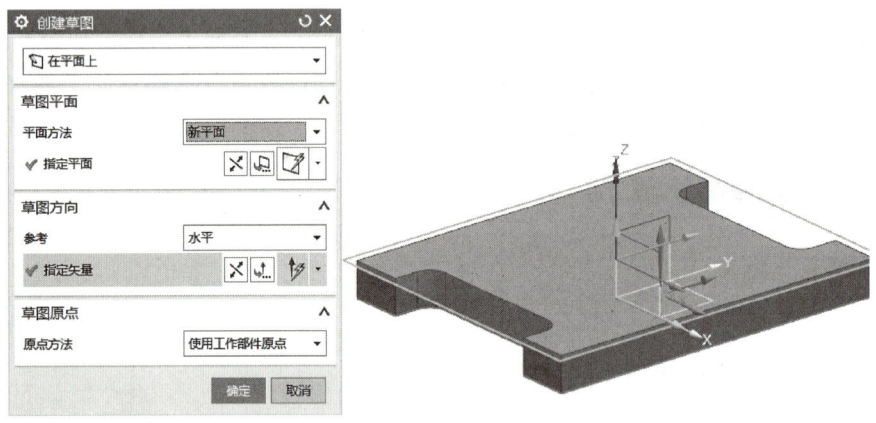

图 5-6 创建矩形凸台与直线槽特征草图对话框

(2) 通过矩形、圆、直线、快速修剪、圆角等命令绘制矩形凸台与直线槽轮廓草图(图 5-7),完成后单击"完成草图"命令。

(3) 单击"拉伸"命令图标,曲线规则为相切曲线,截面线选择 54 mm×20 mm 矩形轮廓草图,指定矢量为 Z 轴,输入开始距离为 0 mm,结束距离为 8 mm,布尔选择"合并",单击"确定"按钮,完成矩形实体特征绘制(图 5-8)。

(4) 单击"拉伸"命令图标,单击"视图"菜单,选择"全部通透显示",曲线规则为相切曲线,截面线选择直线槽轮廓草图,指定矢量为 Z 轴,输入开始距离为 5 mm,结束距离为 8 mm,布尔选择"减去",单击"确定"按钮,完成直线槽实体特征绘制(图 5-9)。

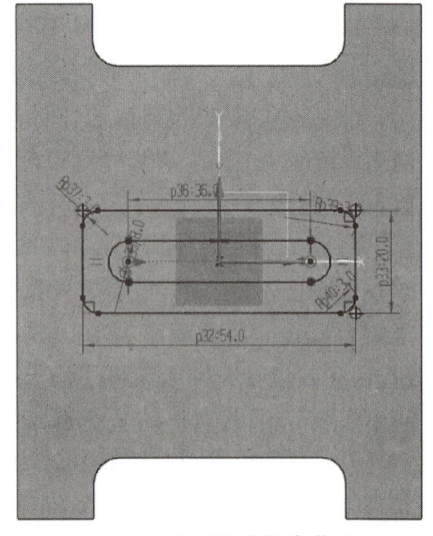

图 5-7 矩形凸台轮廓草图

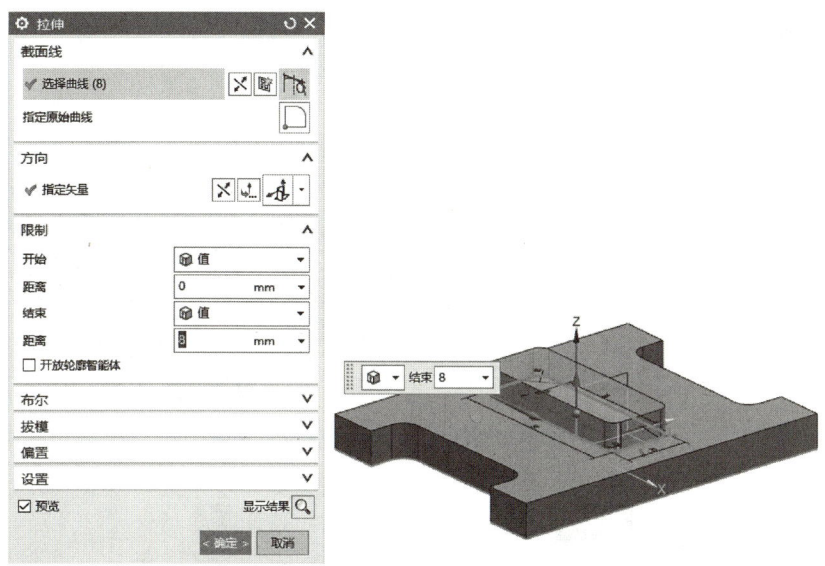

图 5-8　矩形实体特征

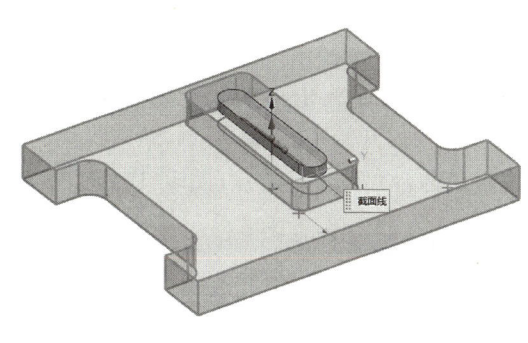

图 5-9　直线槽实体特征

5.2.3　创建直角凸台与 U 型槽特征

（1）在创建草图对话框中，设置草图类型为"在平面上"，设置平面方法为"新平面"，参考为"水平"，指定矢量为 X 轴，原点方式设置为"使用工作部件原点"，单击"确定"，进入草图绘制平面，如图 5-10 所示。

（2）通过矩形、圆、直线、快速修剪、圆角等命令绘制直角凸台、U 型开口槽轮廓草图（图 5-11），完成后单击"完成草图"命令。

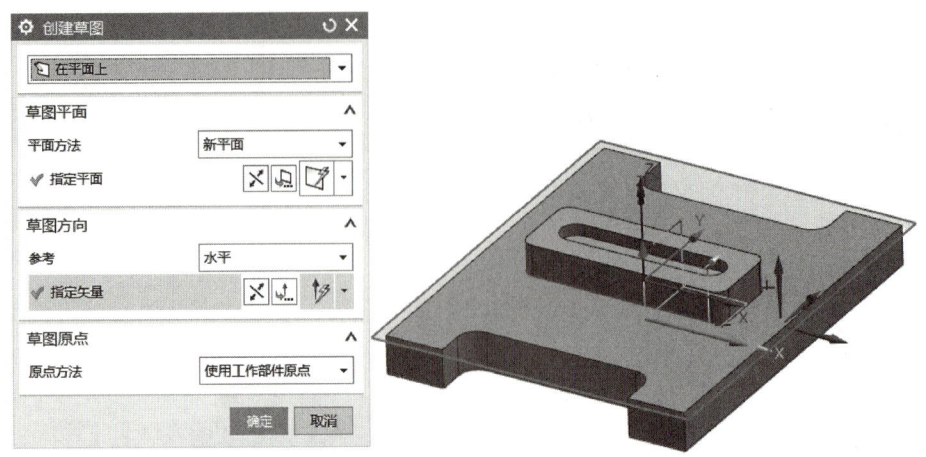

图 5-10　创建直角凸台与 U 型槽特征草图对话框

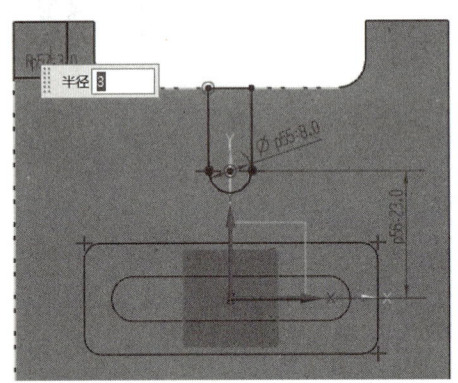

图 5-11　直角凸台、U 型开口槽轮廓草图

（3）单击"拉伸"命令图标，曲线规则为相连曲线，截面线选择直角凸台轮廓草图，指定矢量为 Z 轴，输入开始距离为 0 mm，结束距离为 10 mm，布尔选择"合并"，单击"确定"按钮，完成直角凸台实体特征绘制（图 5-12）。

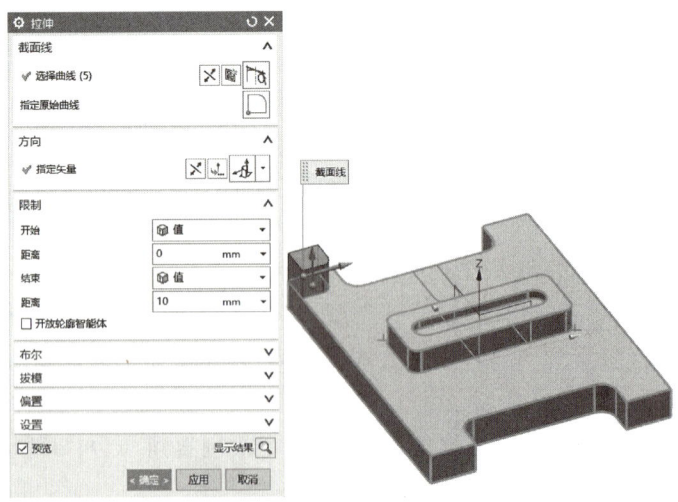

图 5-12　直角凸台实体特征

(4) 单击"拉伸"命令图标,曲线规则为相连曲线,截面线选择 U 型开口槽轮廓草图,指定矢量为 $-Z$ 轴,输入开始距离为 0 mm,结束距离为 4 mm,布尔选择"减去",单击"确定"按钮,完成 U 型开口槽实体特征绘制(图 5-13)。

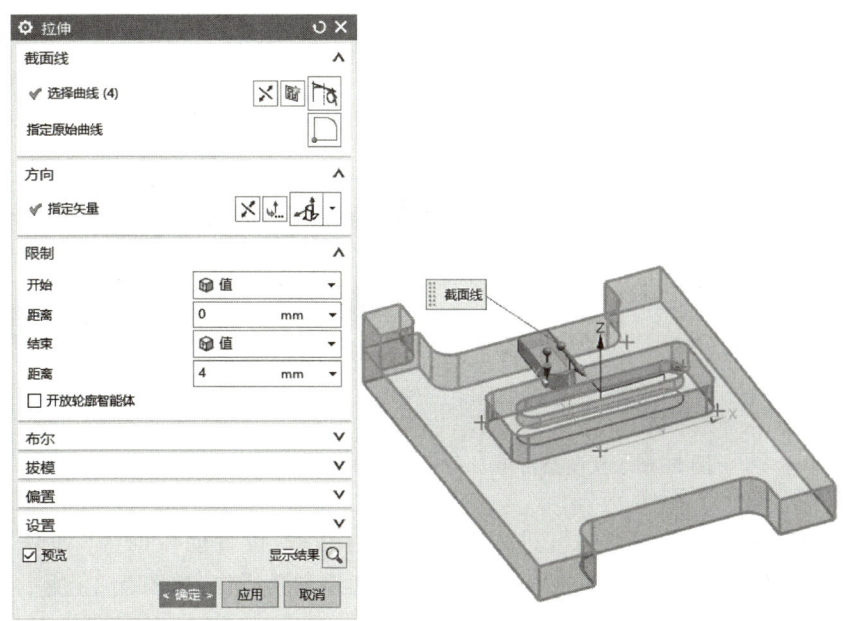

图 5-13　U 型开口槽实体特征

5.2.4　创建镜像特征与棱边倒角

(1) 在特征组菜单中单击"更多",选择"镜像特征",进入"镜像特征"对话框,镜像特征选择直角凸台,镜像平面选择"现有平面",即 YZ 平面,单击"确定",完成直角凸台实体特征 Y 轴镜像(图 5-14)。

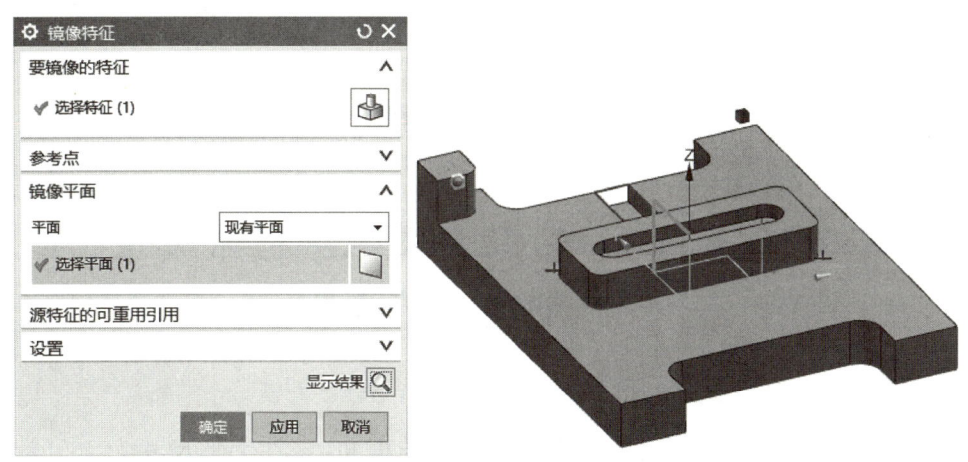

图 5-14　直角凸台实体特征 Y 轴镜像创建

(2) 在特征组中单击"更多",选择"镜像特征",进入"镜像特征"对话框,镜像特征选择直角凸台 2 处,选择 U 型开口槽 1 处,镜像平面选择"现有平面",即 XZ 平面,单击"确定",完成直角凸台与 U 型开口槽所有实体特征镜像创建,如图 5-15 所示。

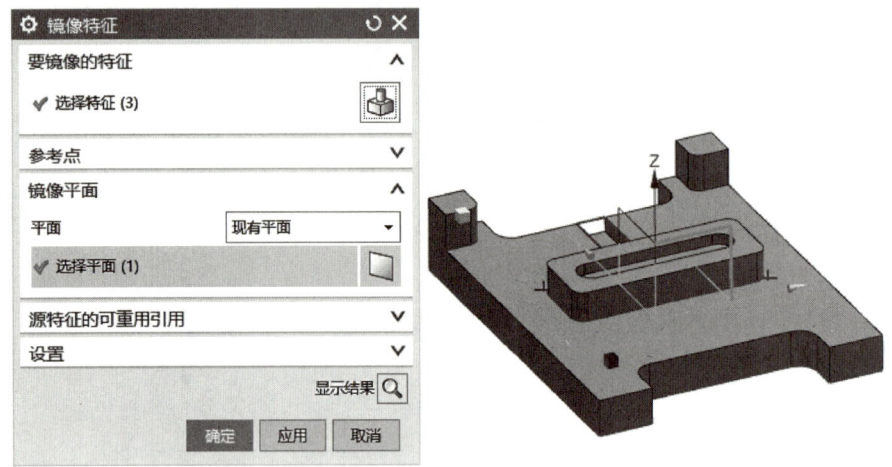

图 5-15　直角凸台与 U 型开口槽所有实体特征镜像创建

(3) 在特征组单击"倒斜角",进入"倒斜角"对话框,设置横截面为"对称",距离为 0.5 mm,选择模型加工棱边,单击"确定",完成棱边倒斜角操作,如图 5-16 所示。

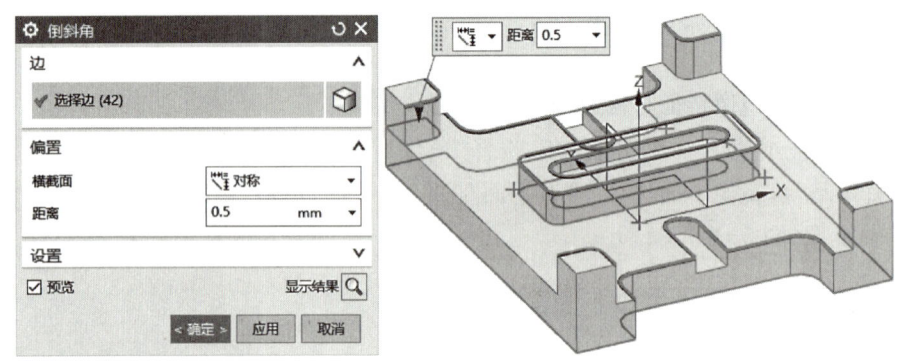

图 5-16　倒斜角设置

学习活动 5.3　根据零件图纸技术要求,制定工艺内容

5.3.1　分析加工方法

本任务为机器底座零件加工,根据加工任务可知,零件毛坯尺寸为 100 mm × 80 mm × 22 mm,需要加工除底面和尺寸 100 mm × 80 mm 外的其他部位,加工对象为表面、凸台、键槽、开放轮廓、倒角等特征。为保证加工精度和表面质量,按照首先所有加工面粗加工,其次底面精加工、侧壁精加工,最后棱边倒角加工的顺序进行。

毛坯为方料，采用平口钳一次装夹完成所有加工，50 mm 宽开口槽深度为通槽，安装时应放置固定钳和活动钳口之间。其余加工最深高度为 10 mm，建议毛坯夹紧深度为 8 mm。

5.3.2 规划加工策略

本零件为二维轮廓特征，工件坐标系原点设置为零件顶面中心，采用底壁铣加工策略编制加工工序，各区域加工策略规划如下。

(1) 顶面粗加工：采用底壁铣加工策略，刀具为 D63 面铣刀，加工余量为 0.2 mm。

(2) 直角凸台与矩形凸台粗加工：采用底壁铣加工策略，刀具为 D20 立铣刀，底面加工余量为 0.2 mm，侧壁加工余量为 0.1 mm。

(3) U 型 50 mm 开口槽粗加工：采用底壁铣加工策略，刀具为 D10 立铣刀，侧壁加工余量为 0.1 mm。

(4) U 型 8 mm 封闭槽粗加工：采用底壁铣加工策略，刀具为 D6 立铣刀，底面加工余量为 0.2 mm，侧壁加工余量为 0.1 mm。

(5) U 型 8 mm 开口槽粗加工：采用底壁铣加工策略，刀具为 D6 立铣刀，底面加工余量为 0.2 mm，侧壁加工余量为 0.1 mm。

(6) 直角凸台与矩形凸台上表面精加工：采用底壁铣加工策略，刀具为 D20 立铣刀，底面加工余量为 0。

(7) 直角凸台与矩形凸台底面精加工：采用底壁铣加工策略，刀具为 D20 立铣刀，底面加工余量为 0，侧壁加工余量为 0.1 mm。

(8) 直角凸台、矩形凸台及 U 型 50 mm 开口槽侧壁精加工：采用底壁铣加工策略，刀具为 D10 立铣刀，底面加工余量为 0.03 mm，侧壁加工余量为 0。

(9) U 型 8 mm 封闭槽、开口槽侧壁精加工：采用底壁铣加工策略，刀具为 D6 立铣刀，底面加工余量为 0.03 mm，侧壁加工余量为 0。

(10) 轮廓棱边倒斜角加工：采用底壁铣加工策略，刀具为 D8-90°倒角刀，加工余量为 0。

学习活动 5.4 创建工件坐标系和加工几何体

微课视频——
机器底座加
工基本设置

5.4.1 创建工件坐标系

(1) 单击"应用模块"菜单(图 5-17)，单击"加工"快捷键图标，或使用快捷键"Ctrl+Alt+M"，进入加工环境对话框，CAM 会话配置选择"cam_general"，要创建的 CAM 组装选择"mill_planar"，进入加工环境(图 5-18)。

图 5-17 "应用模块"菜单

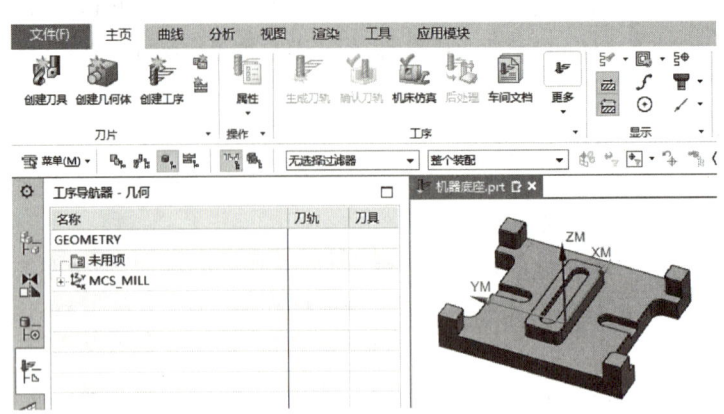

图 5-18 加工环境对话框

（2）在"加工"视图菜单中，单击"几何"视图，双击或右键编辑"MCS_MILL"工件坐标系，进入 MCS 铣削对话框。指定 MCS 坐标系选择"动态"，输入坐标系 Z 轴偏置距离为 20 mm，旋转坐标系调整 X 轴为零件尺寸 100 方向，单击"确定"，或指定 MCS 坐标系选择"自动判断"，选择矩形凸台上表面，切换 MCS 坐标系选择"动态"，输入坐标系 Z 轴偏置距离为 2 mm，旋转坐标系调整 X 轴为零件尺寸 100 方向，单击"确定"，此时 MCS 坐标系为零件顶面中心（图 5-19）。安全设置选项选择"平面"，"指定平面"选择零件最高面，设置偏置距离为 20 mm（图 5-20），单击"确定"，完成工件坐标系设置。

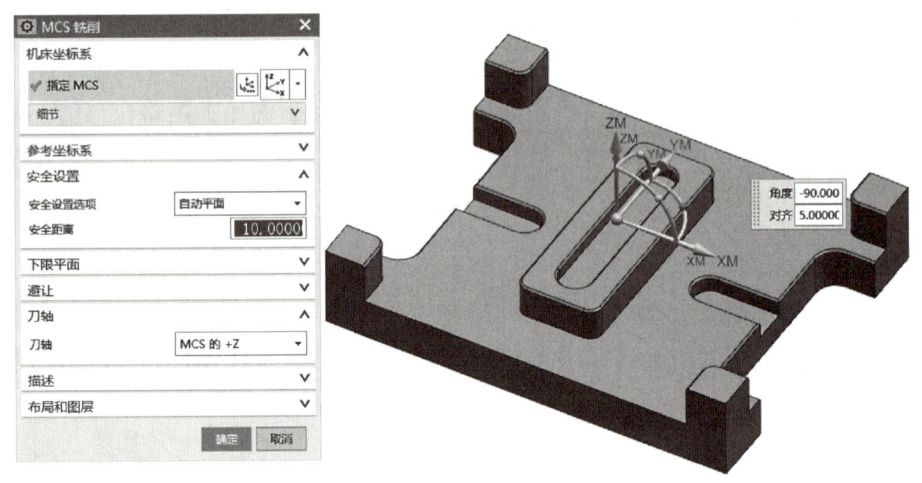

图 5-19 MCS 坐标系设置

5.4.2 创建加工几何体

在"几何"视图下，单击"MCS_MILL"前面"+"号，展开"WORKPIECE"图标，双击或右键编辑"WORKPIECE"，进入"工件"设置对话框，指定部件选择零件模型，指定毛坯选择包容块类型，在限制栏设置 ZM+偏置为 2 mm，单击"确定"，完成加工几何体设置（图 5-21）。

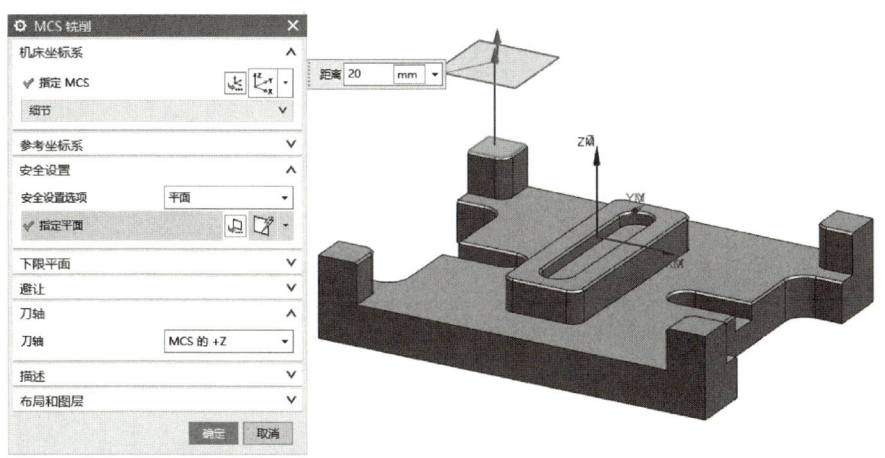

图 5-20 安全平面设置

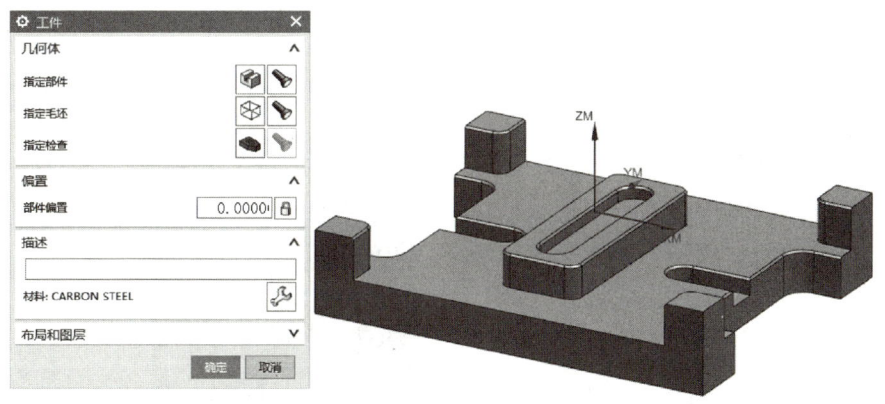

图 5-21 加工几何体设置

学习活动 5.5 根据加工工序内容，创建加工刀具

在加工视图菜单中，选择"机床视图"，单击"创建刀具"图标，进入创建刀具对话框。

选择刀具子类型为 MILL，名称修改为 T01D63 面铣刀（图 5-22），单击"确定"，进入铣刀参数设置对话框（图 5-23），设置直径为 63 mm，长度为 50 mm，刀刃长度为 2 mm，刀具号、补偿寄存器、刀具补偿寄存器统一设置为"1"，单击"确定"，完成 D63 面铣刀设置。

根据刀具参数表（表 5-2），按照创建 D63 面铣刀参数设置方法，完成所有刀具创建（图 5-24）。

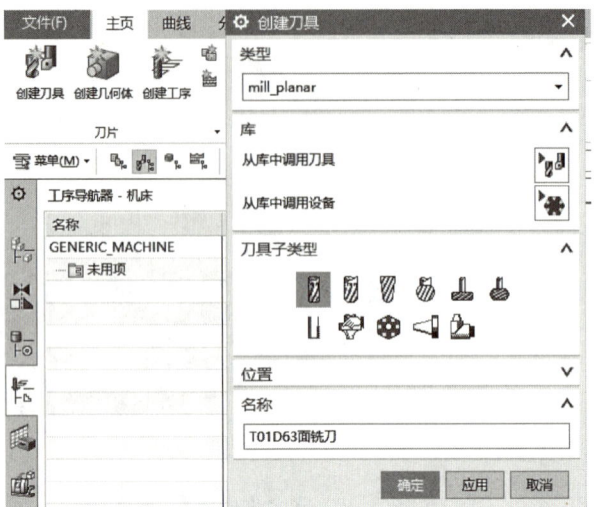

图 5-22 "创建刀具"对话框

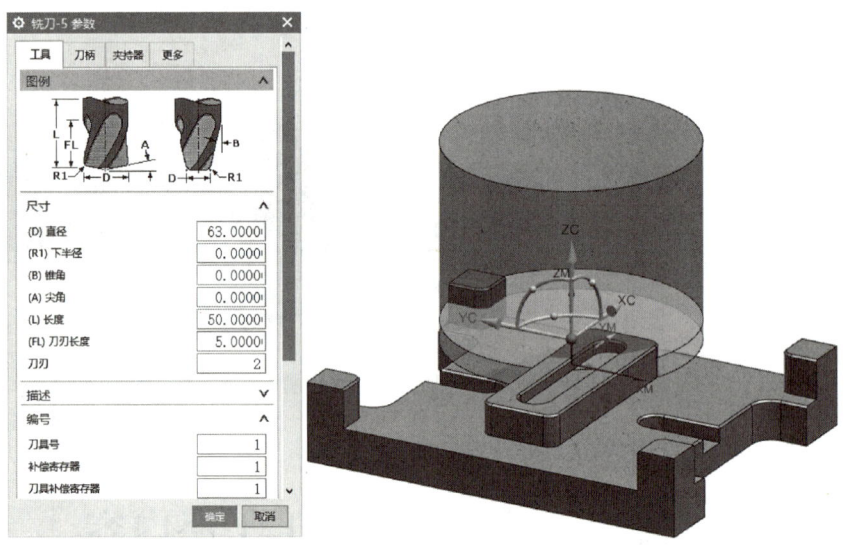

图 5-23 铣刀参数设置

表 5-2 创建刀具参数

刀号	刀具子类型	名称	直径/mm	锥角	尖角/mm	长度/mm	刀刃长度/mm	编号
T01	MILL	T01D63 面铣刀	63	—	—	50	5	1
T02	MILL	T02D20 立铣刀	20	—	—	55	50	2
T03	MILL	T03D10 立铣刀	10	—	—	30	25	3
T04	MILL	T04D6 立铣刀	6	—	—	20	15	4
T05	MILL	T05D8-90 倒角铣刀	8	—	45(半径)	30	4	5

项目五 机器底座的加工

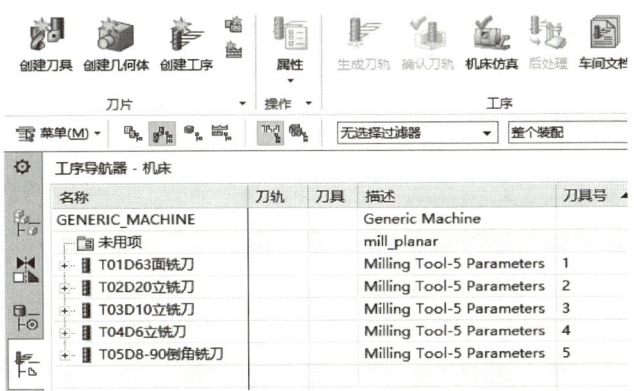

图 5-24 创建所有刀具

学习活动 5.6 根据加工工序内容,编制加工程序

5.6.1 顶面粗加工

(1)在主菜单中单击"创建工序"图标,进入"创建工序"对话框,类型选择为"mill_planar",工序子类型选择底壁铣,程序默认"NC_PROGRAM",刀具选择"T01D63 面铣刀",几何体选择"WORKPIECE",方法默认"METHOD",名称修改为"6.1 顶面粗加工"(图 5-25),单击"确定"按钮,进入底壁加工参数设置对话框。

(2)在底壁铣 6.1 顶面粗加工对话框中,指定切削区底面选择凸台顶面,切削模式选择"往复",步距为"恒定",最大距离设置为 70%,底面毛坯厚度设置为 2 mm,每刀切削深度设置为 0 mm(图 5-26)。

微课视频——机器底座顶面粗加工

图 5-25 顶面粗加工"创建工序"对话框

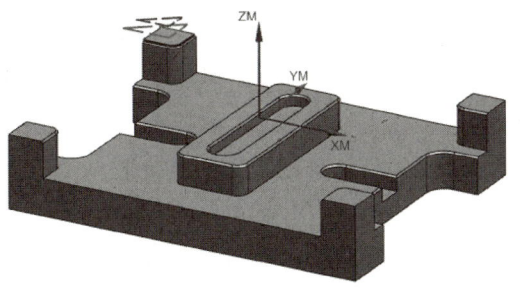

图 5-26 底壁铣加工参数设置 1

113

(3) 单击"切削参数"图标,进入切削参数对话框,单击"空间范围",底面延伸修改为"部件轮廓",简化形状选择"最小包围盒",第一刀路延展量设置为0%(图5-27)。单击"余量",最终底面余量设置为0.2 mm(图5-28)。单击"拐角",光顺选择为"所有刀路",半径默认为50%(图5-29),单击"确定"按钮。

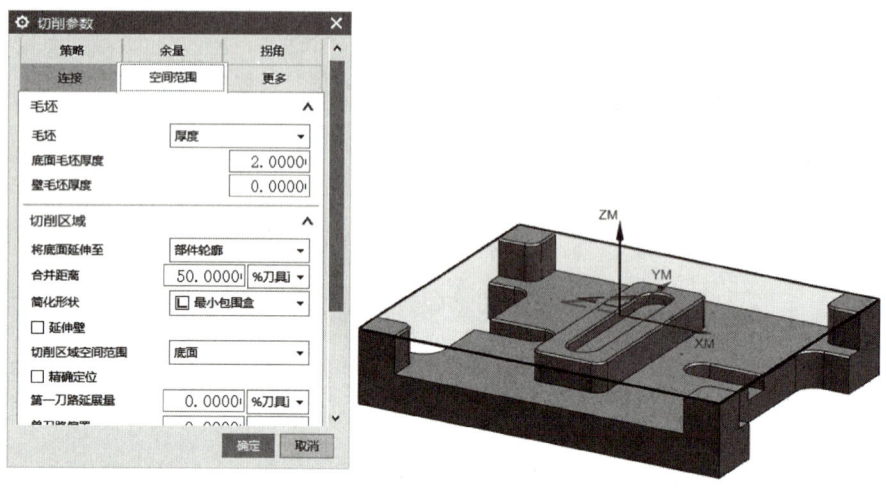

图 5-27 空间范围设置 1

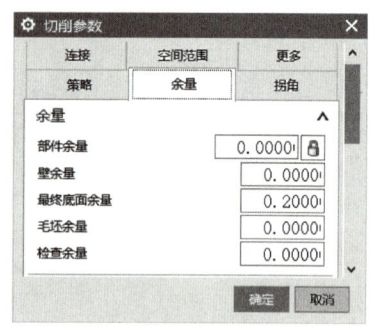

图 5-28 余量设置 1

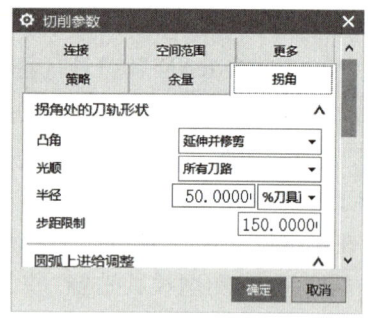

图 5-29 拐角设置 1

(4) 单击"非切削移动"图标,进入非切削移动对话框,设置开放区域进刀方式,进刀类型选择"线性",长度设置为30%,高度设置为3 mm,最小安全距离选择"仅延伸",距离设置为10 mm(图5-30),单击"确定"按钮。

(5) 在底壁铣6.1顶面粗加工对话框中,查找"操作"窗口,单击生成图标,得到顶面粗加工工序刀具路径(图5-31)。

5.6.2 直角凸台与矩形凸台粗加工

(1) 在主菜单中单击"创建工序"图标,进入"创建工序"对话框,类型选择为"mill_planar",工序子类型选择底壁铣,程序默认"NC_PROGRAM",刀具选择"T02D20立铣刀",几何体选择"WORKPIECE",方法默

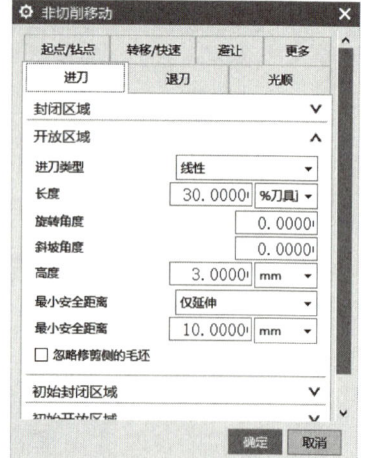

图 5-30 非切削移动设置 1

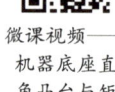

微课视频——机器底座直角凸台与矩形凸台粗加工

认为"METHOD",名称修改为"6.2直角凸台与矩形凸台粗加工"(图5-32),单击"确定"按钮,进入底壁加工参数设置对话框。

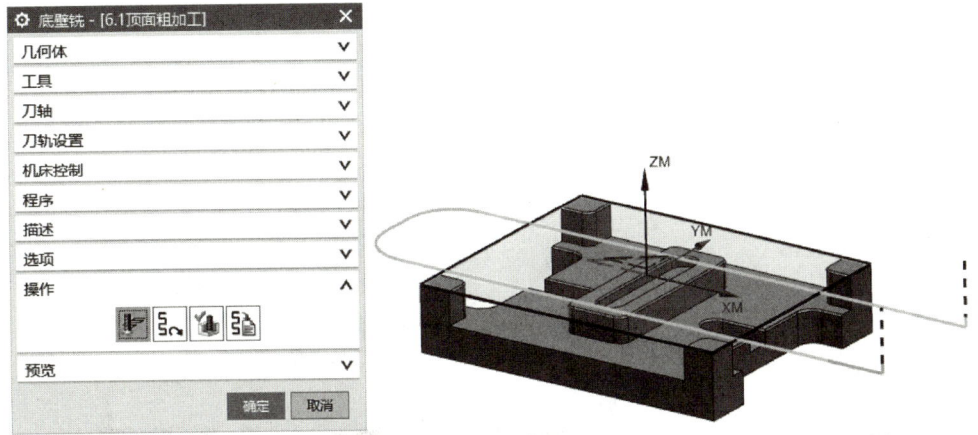

图 5-31　顶面粗加工工序刀轨

图 5-32　直角凸台与矩形凸台粗加工"创建工序"对话框

(2)在底壁铣6.2直角凸台与矩形凸台粗加工对话框中,指定切削区底面选择凸台底面,切削模式选择"跟随部件",步距为"恒定",最大距离设置为70%,底面毛坯厚度设置为10 mm,每刀切削深度设置为2 mm(图5-33)。

(3)单击"切削参数"图标,进入切削参数对话框,单击"空间范围",将底面延伸至修改为"部件轮廓",简化形状选择"最小包围盒",刀具延展量设置为100%(图5-34)。单击"余量",部件余量设置为0.1 mm,最终底面余量设置为0.2 mm(图5-35)。单击"拐角",光顺选择为"所有刀路",半径设置为10%(图5-36)。单击"连接",开放刀路选择为"变换切削方向"(图5-37),单击"确定"按钮。

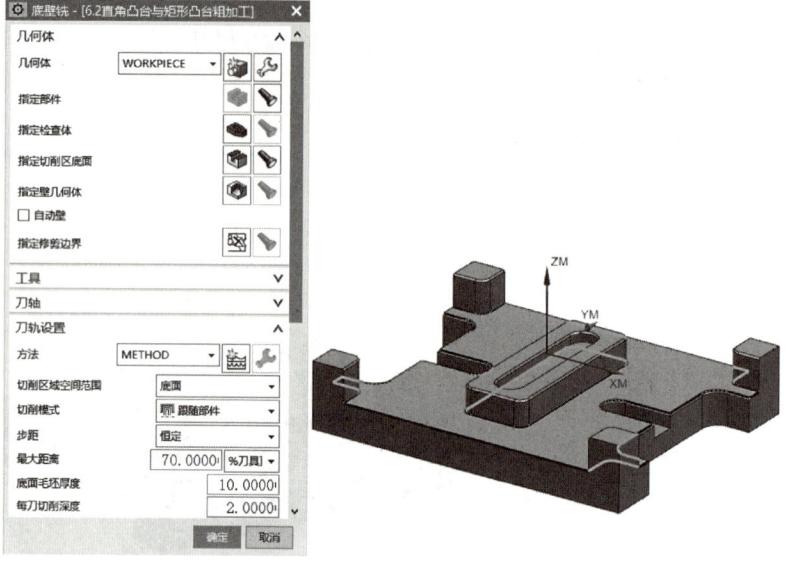

图 5-33　底壁铣参数设置 2

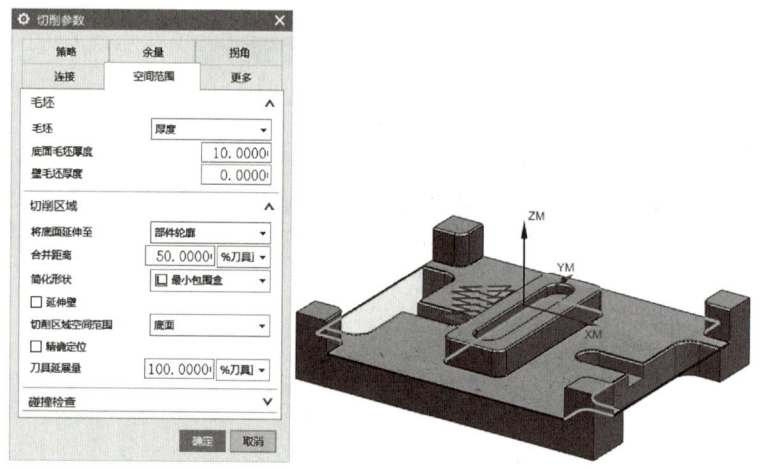

图 5-34　空间范围设置 2

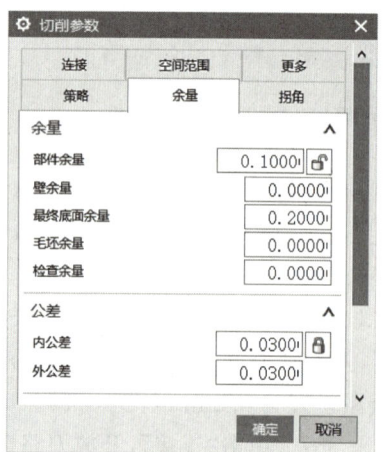

图 5-35　余量设置 2

图 5-36　拐角设置 2

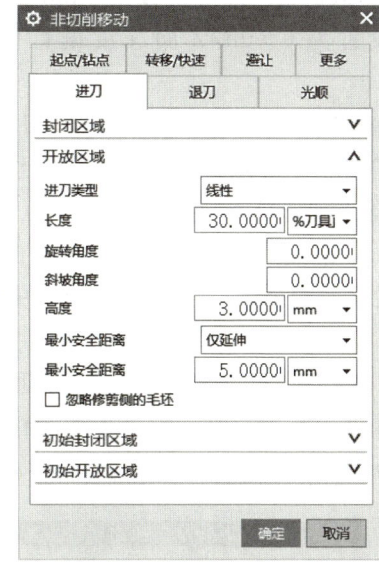

图 5-37　连接设置　　　　图 5-38　非切削移动设置 2

（4）单击"非切削移动"图标，进入非切削移动对话框，设置开放区域进刀方式，进刀类型选择"线性"，长度设置为 30%，高度设置为 3 mm，最小安全距离选择"仅延伸"，距离设置为 5 mm（图 5-38），单击"确定"按钮。

（5）在底壁铣 6.2 直角凸台与矩形凸台粗加工对话框中，查找"操作"窗口，单击生成图标，得到直角凸台与矩形凸台粗加工工序刀具路径（图 5-39）。

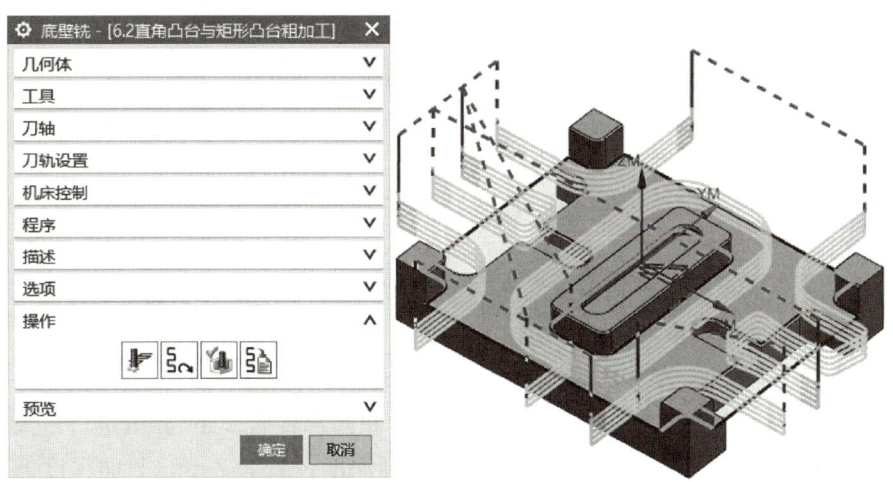

图 5-39　直角凸台与矩形凸台粗加工工序刀轨

（6）在工序导航器中，选择"6.2 直角凸台与矩形凸台粗加工"，复制该文件，右键重名为"6.2 矩形凸台顶面粗加工"（图 5-40）。双击打开"6.2 矩形凸台顶面粗加工"底壁铣对话框，指定切削区域选择矩形凸台顶面，切削模式选择"往复"，步距为"恒定"，最大距离设置为70%，底面毛坯厚度设置为2 mm，每刀切削深度设置为0 mm，Z向深度偏置设置为0 mm。

（7）单击"切削参数"图标，进入切削参数对话框，单击"空间范围"，将底面延伸至选择为"无"，简化形状选择为"轮廓"，第一刀延展量设置为0%。单击"余量"，部件余量设置为0 mm，最终底面余量设置为0.2 mm，单击"确定"按钮。

（8）在底壁铣6.2矩形凸台顶面粗加工对话框中，查找"操作"窗口，单击生成图标，得到矩形凸台顶面粗加工工序刀具路径（图5-41）。

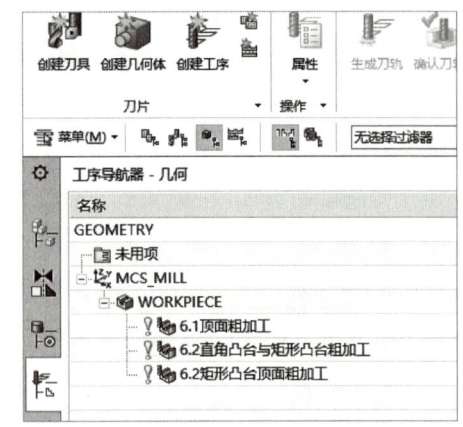

图5-40 工序导航器中生成新文件

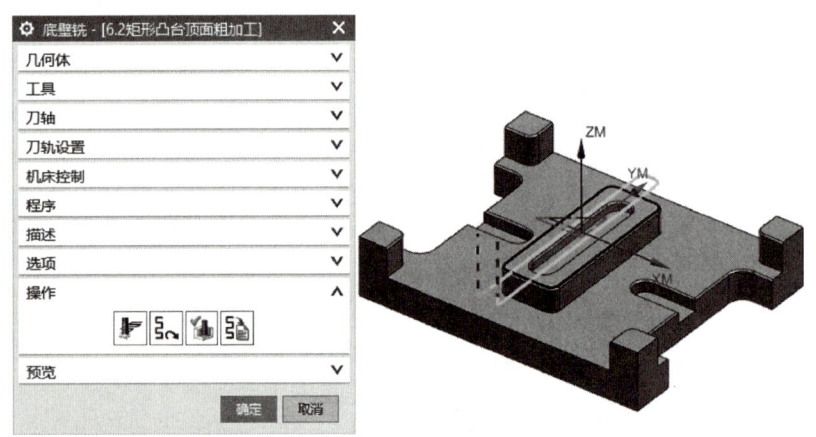

图5-41 矩形凸台顶面粗加工工序刀轨

5.6.3 U型50MM开口槽粗加工

微课视频——
U型50MM开
口槽粗加工

（1）在主菜单中单击"创建工序"图标，进入"创建工序"对话框，类型选择为"mill_planar"，工序子类型选择"底壁铣"，程序默认为"NC_PROGRAM"，刀具选择"T03D10立铣刀"，几何体选择"WORKPIECE"，方法默认为"METHOD"，名称修改为"6.3U型50MM开口槽粗加工"，单击"确定"按钮，进入底壁加工参数设置对话框。

（2）在底壁铣6.3U型50MM开口槽粗加工对话框中，指定壁几何体选择50 mm开口槽侧壁，刀轴选择为"+ZM轴"，切削模式选择"跟随部件"，步距为"恒定"，最大距离设置为70%，底面毛坯厚度设置为10 mm，每刀切削深度设置为2 mm，Z向深度偏置设置为1 mm（图5-42）。

（3）单击"切削参数"图标，进入切削参数对话框，单击"空间范围"，刀具延展量设置为100%。单击"余量"，壁余量设置为0.1 mm。单击"拐角"，光顺选择为"所有刀路"，半径设置为10%，单击"确定"按钮。

（4）单击"非切削移动"图标，进入非切削移动对话框，设置开放区域进刀方式，进刀

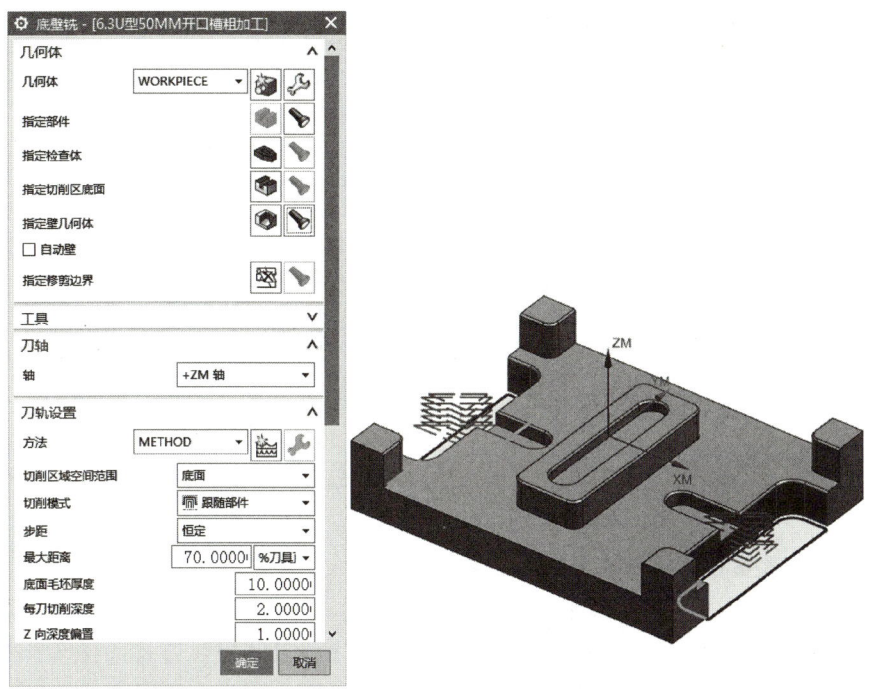

图 5-42 底壁铣参数设置 3

类型选择"线性",长度设置为 30%,高度设置为 3 mm,最小安全距离选择"仅延伸",距离设置为 3 mm。单击"转移/快速",区域内转移方式选择"进刀/退刀",转移类型选择"前一平面",安全距离设置设置为 1 mm(图 5-43),单击"确定"按钮。

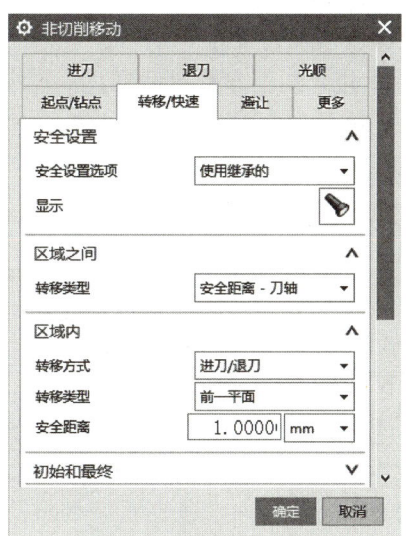

图 5-43 转移/快速设置

（5）在底壁铣 6.3U 型 50MM 开口槽粗加工对话框中,查找"操作"窗口,单击生成图标,得到 U 型 50MM 开口槽粗加工工序刀具路径(图 5-44)。

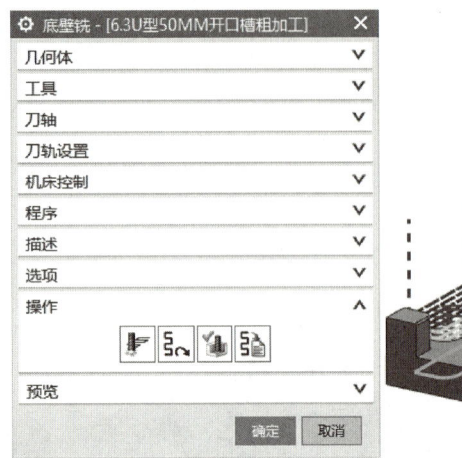
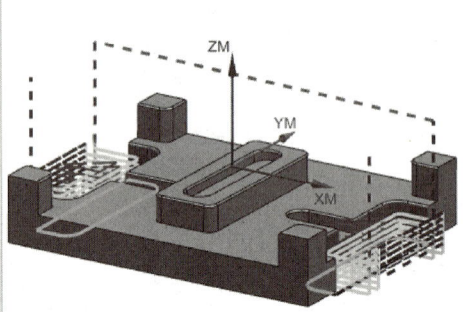

图 5-44　U 型 50MM 开口槽粗加工工序刀轨

5.6.4　U 型 8MM 封闭槽粗加工

微课视频——
U 型 8MM 封闭槽粗加工

（1）在主菜单中单击"创建工序"图标,进入"创建工序"对话框,类型选择为"mill_planar",工序子类型选择"底壁铣",程序默认"NC_PROGRAM",刀具选择"T04D6 立铣刀",几何体选择"WORKPIECE",方法默认为"METHOD",名称修改为"6.4U 型 8MM 封闭槽粗加工",单击"确定"按钮,进入底壁加工参数设置对话框。

（2）在底壁铣 6.4U 型 8MM 封闭槽粗加工对话框中,指定切削区域选择封闭槽底面,切削模式选择"轮廓",切削深度选择"按深度倾斜",步距为"恒定",最大距离设置为 50%,底面毛坯厚度设置为 3.5 mm,每刀切削深度设置为 0.5 mm,Z 向深度偏置设置为 0 mm。

（3）单击"切削参数"图标,进入切削参数对话框,单击"空间范围",将底面延伸至选择为"无",简化形状选择为"轮廓",刀具延展量设置为 100%。单击"余量",部件余量设置为 0.1 mm,最终底面余量设置为 0.2 mm,单击"确定"按钮。

（4）单击"非切削移动"图标,进入非切削移动对话框,设置封闭区域进刀方式,进刀类型选择"插削",高度设置为 3 mm,高度起点选择"前一层"。设置开放区域进刀方式,进刀类型选择"圆弧",半径设置为 30%,圆弧角度设置为 50°,最小安全距离选择"仅延伸",距离设置为 1 mm(图 5-45),单击"确定"按钮。

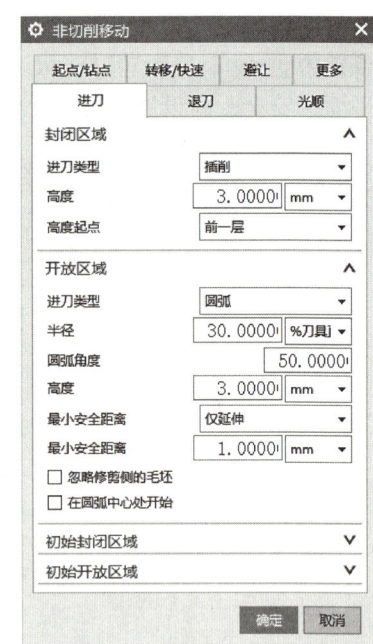

图 5-45　非切削移动设置 3

（5）在底壁铣 U 型 8MM 封闭槽粗加工对话框中,查找"操作"窗口,单击生成图标,得到 U 型 8MM 封闭槽粗加工工序刀具路径(图 5-46)。

5.6.5　U 型 8MM 开口槽粗加工

微课视频——
U 型 8MM 开口槽粗加工

（1）在主菜单中单击"创建工序"图标,进入"创建工序"对话框,类型选择为"mill_

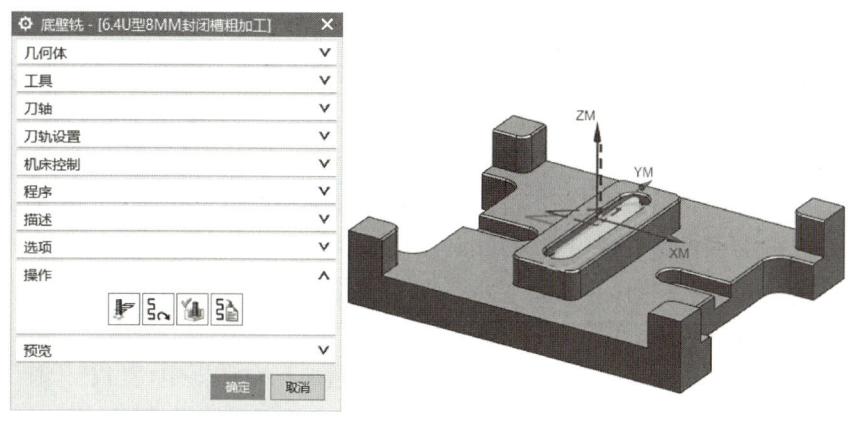

图 5-46　U 型 8MM 封闭槽粗加工工序刀轨

planar",工序子类型选择"底壁铣",程序默认"NC_PROGRAM",刀具选择"T04D6 立铣刀",几何体选择"WORKPIECE",方法默认为"METHOD",名称修改为"6.5U 型 8MM 开口槽粗加工",单击"确定"按钮,进入底壁加工参数设置对话框。

(2) 在底壁铣 6.5U 型 8MM 开口槽粗加工对话框中,指定切削区域选择开口槽底面,切削模式选择"跟随部件",步距为"恒定",最大距离设置为 50%,底面毛坯厚度设置为 4 mm,每刀切削深度设置为 1 mm,Z 向深度偏置设置为 0 mm。

(3) 单击"切削参数"图标,进入切削参数对话框,单击"空间范围",将底面延伸至选择为"无",简化形状选择为"轮廓",刀具延展量设置为 100%。单击"余量",部件余量设置为 0.1 mm,最终底面余量设置为 0.2 mm,单击"确定"按钮。

(4) 单击"非切削移动"图标,进入非切削移动对话框,设置开放区域进刀方式,进刀类型选择"线性",长度设置为 50%,圆弧角度设置为 50°,最小安全距离选择"仅延伸",距离设置为 3 mm,单击"确定"按钮。单击"转移/快速",区域内转移方式选择"进刀/退刀",转移类型选择"前一平面",安全距离设置设置为 1 mm,单击"确定"按钮。

(5) 在底壁铣 6.5U 型 8MM 开口槽粗加工对话框中,查找"操作"窗口,单击生成图标,得到 U 型 8MM 开口槽粗加工工序刀具路径(图 5-47)。

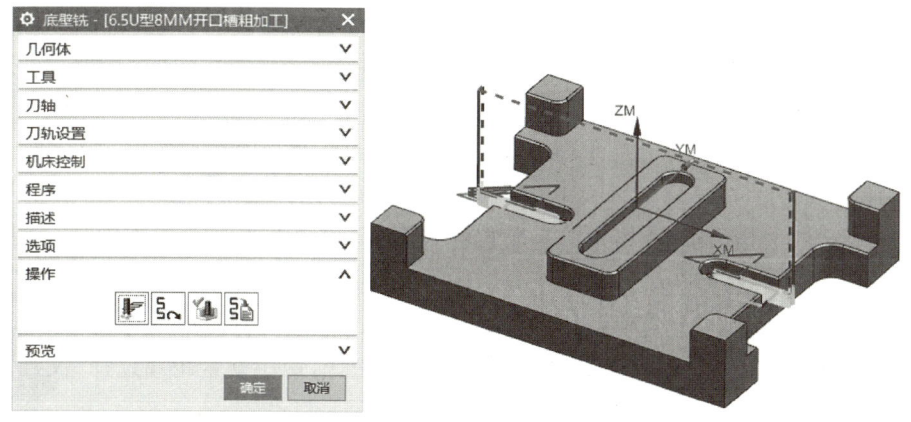

图 5-47　U 型 8MM 开口槽粗加工工序刀轨

5.6.6 直角凸台与矩形凸台上表面精加工

（1）在工序导航器中，选择"6.2 直角凸台与矩形凸台粗加工"，复制该文件，右键重命名为"6.6 直角凸台与矩形凸台上表面精加工"。双击打开"6.6 直角凸台与矩形凸台上表面精加工"底壁铣对话框，指定切削区域选择直角凸台顶面与矩形凸台顶面，切削模式选择"往复"，步距为"恒定"，最大距离设置为 70%，底面毛坯厚度设置为 1 mm，每刀切削深度设置为 0 mm，Z 向深度偏置设置为 0 mm。

（2）单击"切削参数"图标，单击"余量"，部件余量设置为 0 mm，最终底面余量设置为 0 mm，内外公差设置为 0.003 mm，单击"确定"按钮。

（3）在底壁铣 6.6 直角凸台与矩形凸台上表面精加工对话框中，查找"操作"窗口，单击生成图标，得到直角凸台与矩形凸台上表面精加工工序刀具路径（图 5-48）。

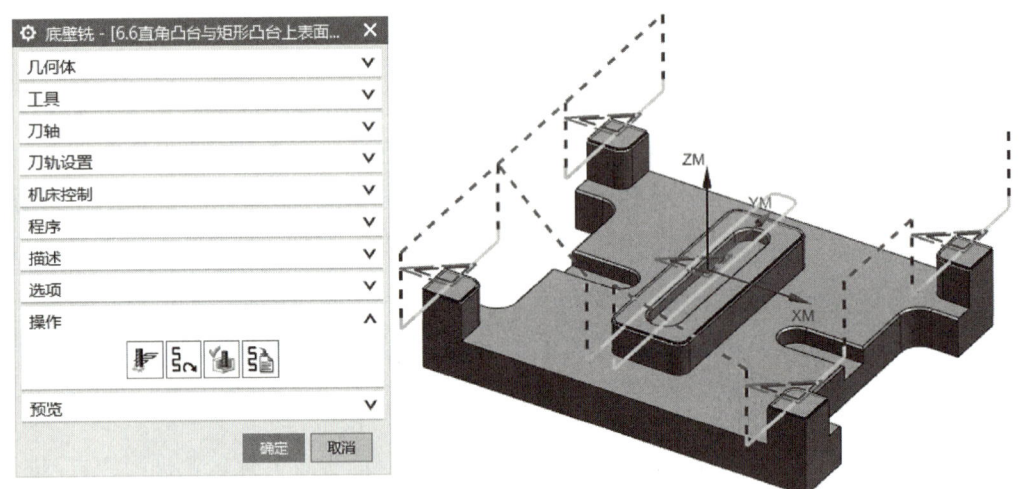

图 5-48　直角凸台与矩形凸台上表面精加工工序刀轨

5.6.7 直角凸台与矩形凸台底面精加工

（1）在工序导航器中，选择"6.6 直角凸台与矩形凸台上表面精加工"，复制该文件，右键重命名为"6.7 直角凸台与矩形凸台底面精加工"。双击打开"6.7 直角凸台与矩形凸台底面精加工"底壁铣对话框，指定切削区域选择直角凸台与矩形凸台底面，切削模式选择"跟随部件"，步距为"恒定"，最大距离设置为 70%，底面毛坯厚度设置为 1 mm，每刀切削深度设置为 0 mm，Z 向深度偏置设置为 0 mm。

（2）单击"切削参数"，单击"空间范围"，底面延伸修改为"部件轮廓"，简化形状选择"最小包围盒"，刀具延展量设置为 100%。单击"余量"，部件余量设置为 0.1 mm，最终底面余量设置为 0 mm。单击"拐角"，光顺选择为"所有刀路"，半径设置为 10%，部件余量设置为 0 mm，最终底面余量设置为 0 mm，内外公差设置为 0.003 mm，单击"确定"按钮。

（3）单击"非切削移动"图标，进入非切削移动对话框，设置开放区域进刀方式，进刀类型选择"圆弧"，半径设置为 30%，圆弧角度设置为 50°，最小安全距离选择"仅延伸"，距离设置为 5 mm，单击"确定"按钮。

（4）在底壁铣 6.7 直角凸台与矩形凸台底面精加工对话框中，查找"操作"窗口，单击生成图标,得到直角凸台与矩形凸台底面精加工工序刀具路径(图 5-49)。

图 5-49 直角凸台与矩形凸台底面精加工工序刀轨

5.6.8 直角凸台、矩形凸台及 U 型 50MM 开口槽侧壁精加工

(1) 在主菜单中单击"创建工序"图标,进入"创建工序"对话框,类型选择为"mill_planar",工序子类型选择"底壁铣",程序默认"NC_PROGRAM",刀具选择"T03D10 立铣刀",几何体选择"WORKPIECE",方法默认为"METHOD",名称修改为"6.8 直角凸台_矩形凸台_U 型 50MM 开口槽侧壁精加工",单击"确定"按钮,进入底壁加工参数设置对话框。

微课视频——
直角凸台、
矩形凸台及
U 型 50MM
开口槽侧壁
精加工

(2) 在底壁铣 6.8 直角凸台_矩形凸台_U 型 50MM 开口槽侧壁精加工对话框中,指定切削区域底面,选择凸台底面,指定壁几何体,面规则选择相切面,依次选择开口槽侧壁(图 5-50),单击"确定"按钮。刀轴选择为"+ZM 轴","切削模式选择"轮廓",步距为"恒定",最大距离设置为 50%,底面毛坯厚度设置为 1 mm,每刀切削深度设置为 0 mm,Z 向深度偏置设置为 1 mm。

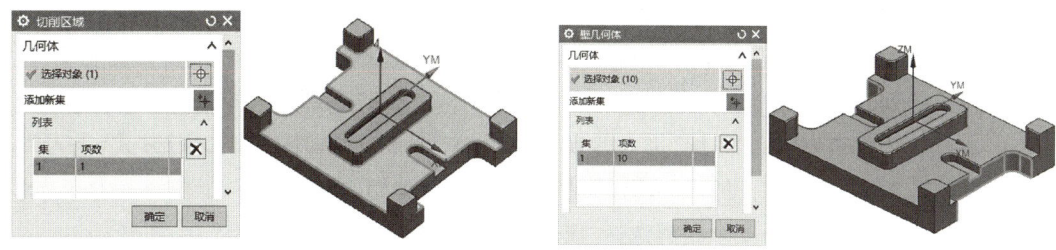

图 5-50 选择切削区域

(3) 单击"切削参数",单击"空间范围",底面延伸修改为"无",简化形状选择"轮廓",刀具延展量设置为 100%。单击"余量",部件余量设置为 0 mm,最终底面余量设置为 0.03 mm,内外公差设置为 0.003 mm,单击"策略",选择"只切削壁",单击"确定"按钮。

(4) 单击"非切削移动"图标,进入非切削移动对话框,设置开放区域进刀方式,进刀类型选择"圆弧",半径设置为 30%,圆弧角度设置为 50°,最小安全距离选择"仅延伸",距

离设置为 3 mm,单击"确定"按钮。

(5) 在底壁铣 6.8 直角凸台_矩形凸台_U 型 50MM 开口槽侧壁精加工对话框中,查找"操作"窗口,单击生成图标,得到直角凸台、矩形凸台及 U 型 50MM 开口槽侧壁精加工工序刀具路径(图 5-51)。

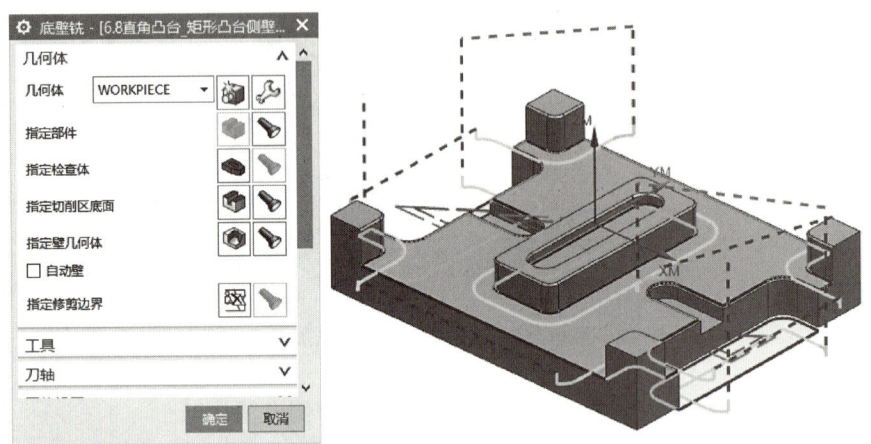

图 5-51　直角凸台、矩形凸台及 U 型 50MM 开口槽侧壁精加工工序刀轨

5.6.9　U 型 8MM 封闭槽、开口槽侧壁精加工

(1) 在主菜单中单击"创建工序"图标,进入"创建工序"对话框,类型选择为"mill_planar",工序子类型选择"底壁铣",程序默认为"NC_PROGRAM",刀具选择"T04D6 立铣刀",几何体选择"WORKPIECE",方法默认为"METHOD",名称修改为"6.9U 型 8MM 封闭槽_开口槽侧壁精加工",单击"确定"按钮,进入底壁加工参数设置对话框。

(2) 在底壁铣 6.9U 型 8MM 封闭槽_开口槽侧壁精加工对话框中,指定切削区域底面依次选择 U 型 8MM 封闭槽_开口槽底面。切削模式选择"轮廓",步距为"恒定",最大距离设置为 50%,底面毛坯厚度设置为 1 mm,每刀切削深度设置为 0 mm。

(3) 单击"切削参数",单击"空间范围",底面延伸修改为"无",简化形状选择"轮廓",刀具延展量设置为 100%。单击"余量",部件余量设置为 0 mm,最终底面余量设置为 0.03 mm,内外公差设置为 0.003 mm,单击"策略",选择"只切削壁",单击"确定"按钮。

(4) 单击"非切削移动"图标,进入非切削移动对话框,设置封闭区域进刀方式,进刀类型选择"与开放区域相同";设置开放区域进刀方式,进刀类型选择"圆弧",半径设置为 30%,圆弧角度设置为 50°,最小安全距离选择"仅延伸",距离设置为 1 mm,单击"确定"按钮。

(5) 在底壁铣 6.9U 型 8MM 封闭槽_开口槽侧壁精加工对话框中,找到"操作"窗口,单击生成图标,得到 U 型 8MM 封闭槽_开口槽侧壁精加工工序刀具路径(图 5-52)。

5.6.10　轮廓棱边倒角加工

(1) 在主菜单中单击"创建工序"图标,进入"创建工序"对话框,类型选择为"mill_planar",工序子类型选择"底壁铣",程序默认为"NC_PROGRAM",刀具选择"T05D8-90 倒角铣刀",几何体选择"WORKPIECE",方法默认为"METHOD",名称修改为"6.10 轮廓棱边倒角加工",单击"确定"按钮,进入底壁加工参数设置对话框。

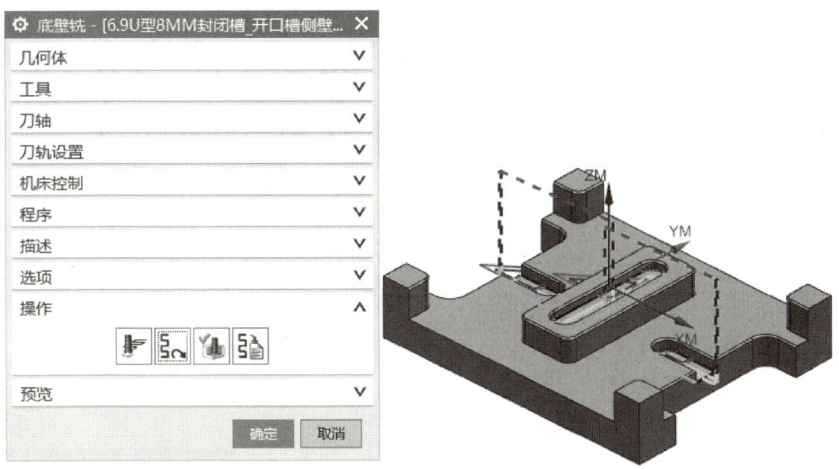

图 5-52　U 型 8MM 封闭槽、开口槽侧壁精加工工序刀轨

（2）在底壁铣 6.10 轮廓棱边倒角加工对话框中，指定壁几何体，依次选择各轮廓倒角斜面，每一处相连面单击一次"添加新集"，刀轴选择"+ZM 轴"，切削模式选择"轮廓"，步距为"恒定"，最大距离设置为 50%，底面毛坯厚度设置为 2 mm，每刀切削深度设置为 0 mm，Z 向深度偏置设置为 1 mm。

（3）单击"切削参数"，单击"空间范围"，底面延伸修改为"无"，简化形状选择"轮廓"，刀具延展量设置为 100%，勾选"精确定位"功能。单击"余量"，所有余量设置为 0 mm，内外公差设置为 0.003 mm，单击"策略"，选择"只切削壁"，单击"确定"按钮。

（4）单击"非切削移动"图标，进入非切削移动对话框，设置封闭区域进刀方式，进刀类型选择"与开放区域相同"；设置开放区域进刀方式，进刀类型选择"圆弧"，半径设置为 30%，圆弧角度设置为 50°，最小安全距离选择"仅延伸"，距离设置为 1 mm，单击"确定"按钮。

（5）在底壁铣 6.10 轮廓棱边倒角加工对话框中，找到"操作"窗口，单击生成图标，得到轮廓棱边倒角加工工序刀具路径（图 5-53）。

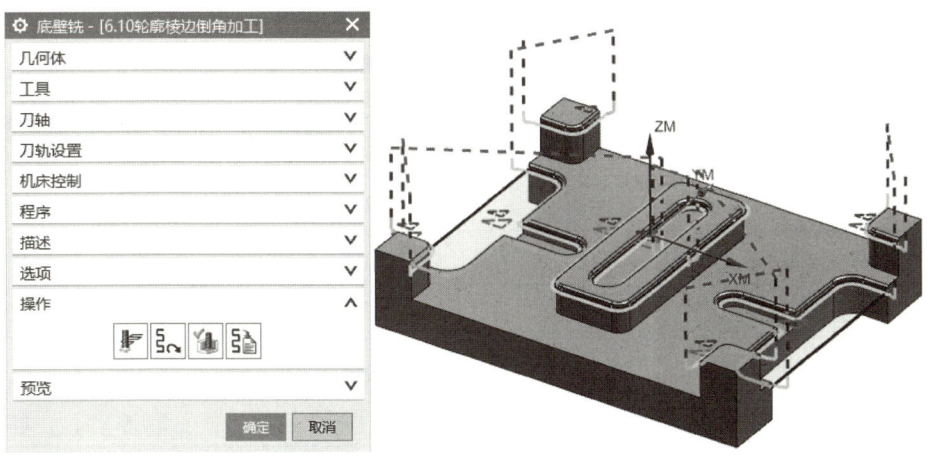

图 5-53　轮廓棱边倒角加工工序刀轨

学习活动 5.7　根据加工工序内容，设置进给率和速度

在"几何视图"工序导航器栏，选择"6.1 顶面粗加工"，在"工序"组中打开"更多"，单击"进给率"（图 5-54），进入"进给率和速度"对话框，勾选"主轴速度"，设置转速为 2 000 r/min，按下回车键，进给率设置为 1 000 mm/min，按下回车键单击计算图标，完成表面速度和每齿进给量计算（图 5-55），单击"确定"按钮，完成顶面粗加工刀路进给率和速度设置。

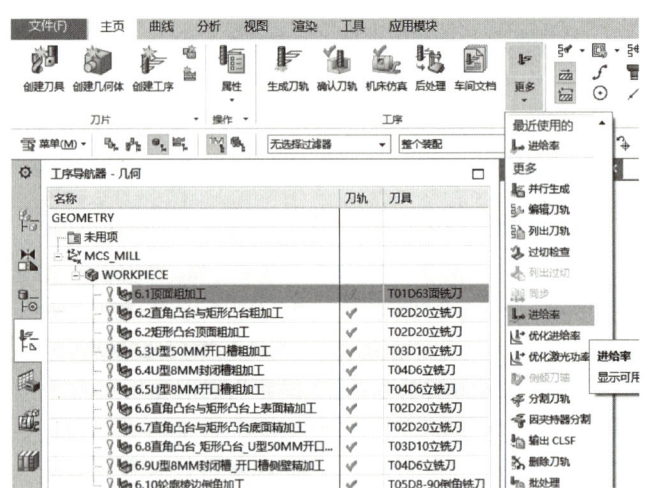

图 5-54　工序组进给率查找　　　　图 5-55　进给率和速度设置

根据各工序切削参数参考值（表 5-3），按照上文进给率和速度设置方法，完成各工序加工刀路进给率和速度设置。

表 5-3　切削参数参考值

工序名称	刀具	主轴速度/(r/min)	进给率/(mm/min)
6.1 顶面粗加工	T01D63 面铣刀	2 000	1 000
6.2 直角凸台与矩形凸台粗加工	T02D20 立铣刀	3 000	2 000
6.2 矩形凸台顶面粗加工	T02D20 立铣刀	3 000	2 000
6.3 U 型 50MM 开口槽粗加工	T03D10 立铣刀	4 000	2 000
6.4 U 型 8MM 封闭槽粗加工	T04D6 立铣刀	5 000	1 000
6.5 U 型 8MM 开口槽粗加工	T04D6 立铣刀	5 000	1 000

(续表)

工序名称	刀具	主轴速度/(r/min)	进给率/(mm/min)
6.6 直角凸台与矩形凸台上表面精加工	T02D20 立铣刀	2 000	500
6.7 直角凸台与矩形凸台底面精加工	T02D20 立铣刀	2 000	500
6.8 直角凸台_矩形凸台_U 型 50MM 开口槽侧壁精加工	T03D10 立铣刀	4 000	500
6.9 U 型 8MM 封闭槽_开口槽侧壁精加工	T04D6 立铣刀	5 000	500
6.10 轮廓棱边倒角加工	T05D8-90 倒角铣刀	5 000	1 000

学习活动 5.8　刀轨可视验证，G 代码后处理

在"工序导航器-程序顺序"视图中（图 5-56），单击选中"NC_PROGRAM"，单击工序组中的"确认刀轨"，进入"刀轨可视化"仿真界面，选择"3D 动态"，动画速度调整为 5，单击"播放"按钮，完成可视化仿真验证（图 5-57），如有干涉碰撞或未切削到位现象，修改加工工序刀具路径直至合格。

图 5-56　程序顺序视图

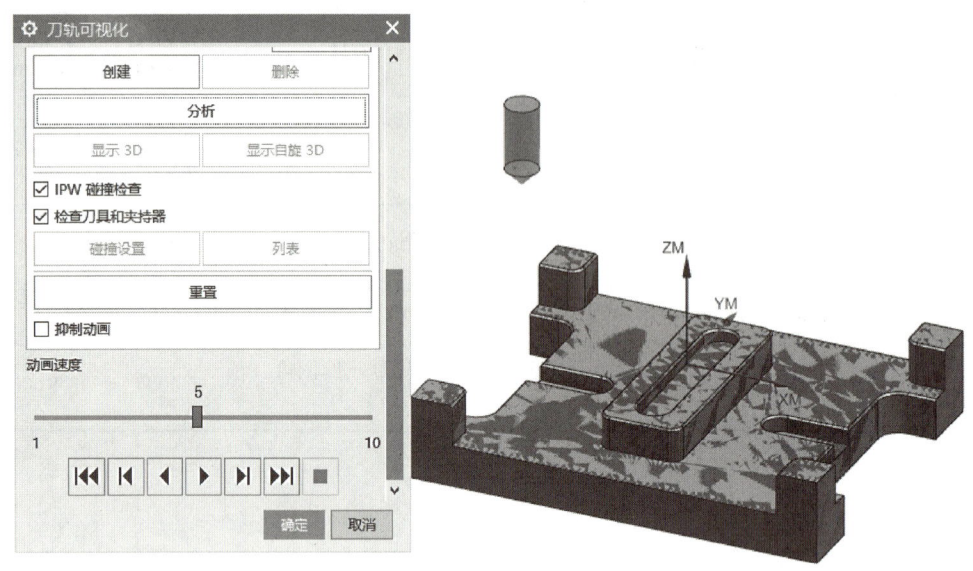

图 5-57 刀轨可视化仿真验证

在"工序导航器-程序顺序"视图中,单击选中"6.1 顶面粗加工"工序,单击工序组中"后处理",进入"后处理"操作界面(图 5-58),选择后处理器文件,单击"确定"按钮,完成 G 代码生成(图 5-59)。重复操作完成各加工工序 G 代码生成。

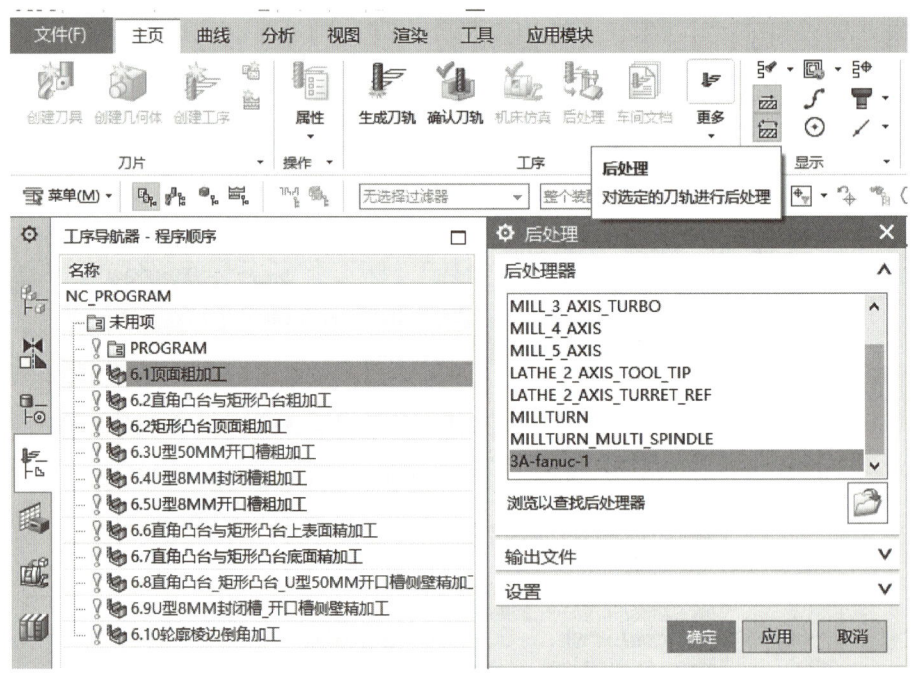

图 5-58 "后处理"界面

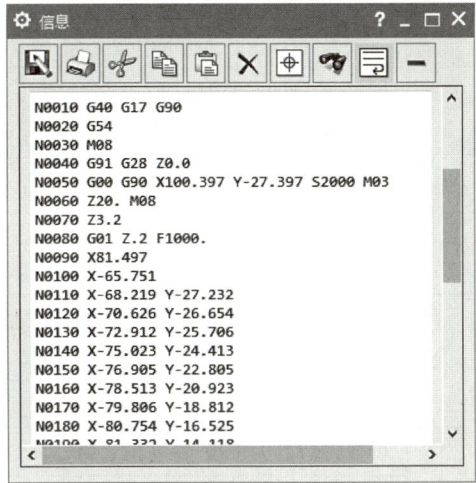

图 5-59 G 代码生成

任务评价

完成本任务以后,对上述所有活动进行评价,填写任务评价表(表 5-4)。

表 5-4 任务评价表

序号	项目(分值)	评价内容	配分	得分
1	零件建模 (20 分)	零件模型结构完整	8	
2		零件模型局部圆角、倒角处理合理	4	
3		零件模型体积检测误差	4	
4		建模过程高效、合理	4	
5	分析工艺 (15 分)	加工方法描述正确、清晰	5	
6		装夹方式描述合理,具有可实施性	3	
7		加工策略、加工刀具选用合理	7	
8	设置加工几何体(5 分)	工件坐标系 MCS 设置合理	2	
9		指定加工部件选择正确	2	
10		毛坯参数设置正确	1	
11	创建加工刀具 (5 分)	创建刀具齐全,命名清晰	3	
12		刀具参数设置正确	2	
13	编制加工工序(50 分)	顶面粗加工工序合理	5	
14		直角凸台与矩形凸台粗加工工序合理	5	
15		U 型 50MM 开口槽粗加工工序合理	5	
16		U 型 8MM 封闭槽粗加工工序合理	5	

(续表)

序号	项目(分值)	评价内容	配分	得分
17	编制加工工序(50分)	U型8MM开口槽粗加工工序合理	5	
18		直角凸台与矩形凸台上表面精加工工序合理	5	
19		直角凸台与矩形凸台底面精加工工序合理	5	
20		直角凸台、矩形凸台及U型50MM开口槽侧壁精加工工序合理	5	
21		U型8MM封闭槽、开口槽侧壁精加工工序合理	5	
22		轮廓棱边倒角加工工序合理	5	
23	G代码后处理(5分)	可视化仿真无干涉,误差值合格	3	
24		后处理G代码,命名格式合理	2	
	总计		100	

项目六

推料导向架的加工

任务目标

1. 正确识读推料导向架零件图的加工质量要求。
2. 使用 CAD/CAM 软件完成推料导向架零件的三维实体建模。
3. 分析推料导向架零件加工工艺,正确选择工艺工装与刀具。
4. 制定零件加工工序流程,合理规划各部位加工策略。
5. 使用 CAD/CAM 软件平面铣加工策略编制平面加工工序。
6. 使用 CAD/CAM 软件平面铣加工策略编制角度凸台加工工序。
7. 使用 CAD/CAM 软件平面铣加工策略编制封闭型腔加工工序。
8. 使用 CAD/CAM 软件平面铣加工策略编制 L 型台阶面加工工序。
9. 使用 CAD/CAM 软件平面铣加工策略编制直线封闭槽加工工序。
10. 使用 CAD/CAM 软件平面轮廓铣加工策略编制封闭、开放轮廓精加工工序。
11. 使用 CAD/CAM 软件平面轮廓铣加工策略编制无倒角面棱边倒角加工工序。
12. 可视化仿真验证加工刀路,优化加工路线。

确定任务

现有一批推料导向架零件生产任务(图 6-1),毛坯已经完成半精加工,尺寸为 260 mm×180 mm×52 mm,材料为 2A12L。根据总体生产任务安排,现需要完成以下任务:

(1) 完成推料导向架零件三维建模;
(2) 正确选择工艺工装与刀具;
(3) 制定加工工序流程,规划各部位加工策略;
(4) 编制各区域粗加工及底面精加工工序;
(5) 编制各区域轮廓精加工及无倒角面棱边倒角工序;
(6) 可视化仿真验证加工刀路及优化刀具路径;
(7) 合理设置粗、精加工切削参数;
(8) 分工序完成 G 代码后处理。

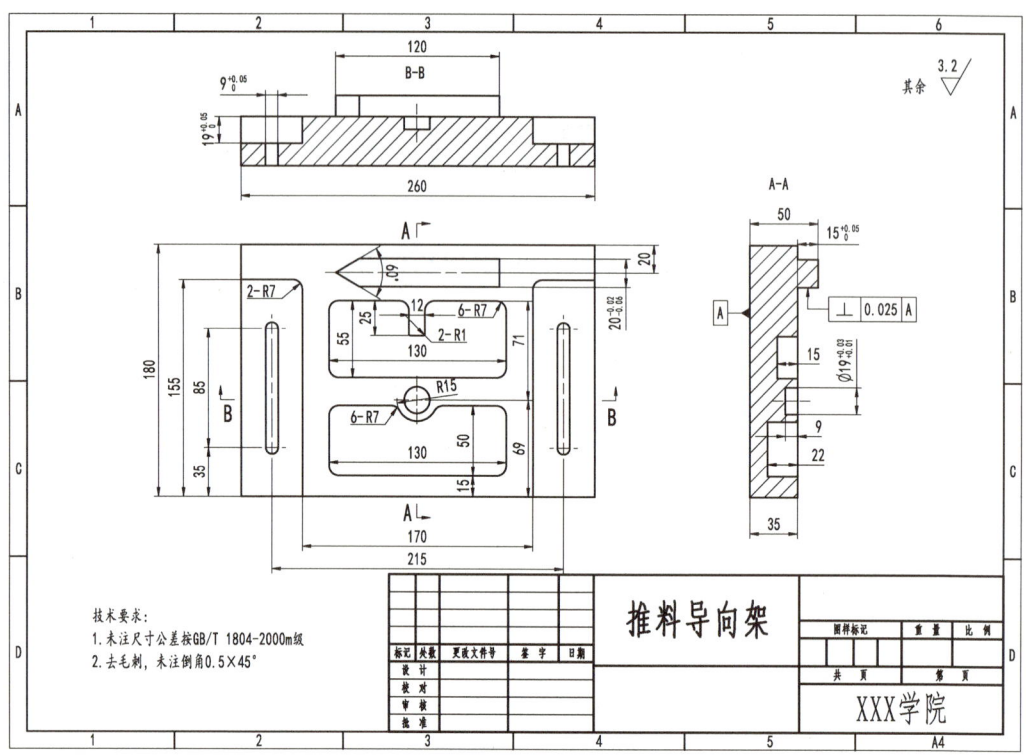

图 6-1 推料导向架零件图

任务实施

学习活动 6.1 根据推料导向架图纸要求，确定零件建模思路

对推料导向架图纸进行实体分析，依次绘制推料导向架底板轮廓草图，角度凸台、封闭型腔、L 型台阶轮廓草图，直线封闭槽轮廓草图，然后创建镜像 L 型台阶与直线封闭槽特征。零件建模步骤见表 6-1。

表 6-1 零件建模步骤

1. 底板轮廓	2. 角度凸台、封闭型腔、L 型台阶	3. 直线封闭槽	4. 镜像 L 型台阶、直线封闭槽

学习活动 6.2　根据推料导向架图纸要求，完成零件三维建模

6.2.1　创建底板轮廓特征

(1) 在主菜单中，单击"在任务环境中绘制草图"图标，进入创建草图对话框(图 6-2)，设置草图类型为"在平面上"，设置平面方法为"自动判断"，参考为"水平"，原点方式设置为"使用工作部件原点"，选择 XY 平面，单击"确定"，进入草图绘制平面。

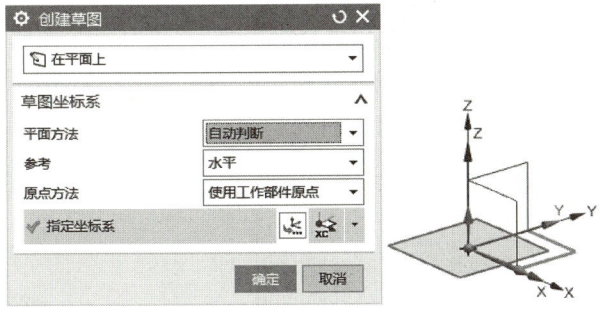

图 6-2　"创建草图"对话框

(2) 通过矩形命令绘制 260 mm×180 mm 底板轮廓草图，矩形中心位于坐标系原点，完成后单击"完成草图"命令。单击"拉伸"命令图标，截面线选择底板轮廓草图，指定矢量为 Z 轴，输入开始距离为 0 mm，结束距离为 35 mm(图 6-3)，单击"确定"按钮，完成底板轮廓特征绘制。

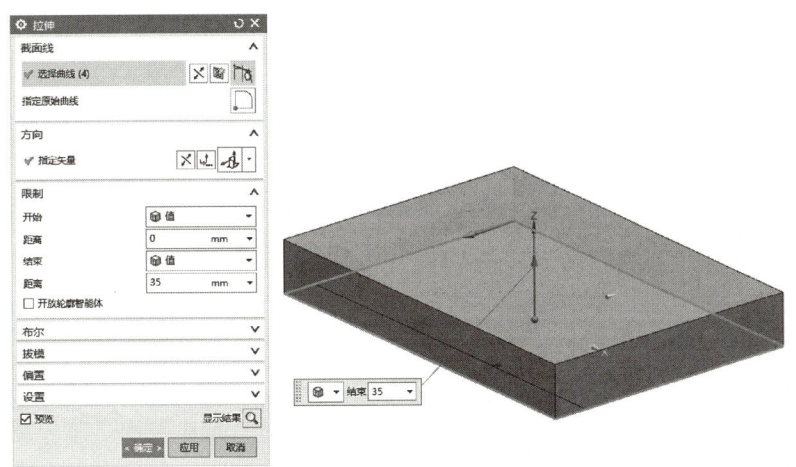

图 6-3　底板轮廓特征

6.2.2　创建角度凸台、封闭型腔、L 型台阶特征

(1) 创建草图，设置草图类型为"在平面上"，设置平面方法为"新平面"，指定新平面

为底板表面,参考为"水平",指定矢量为 X 轴,原点方式设置为"使用工作部件原点",单击"确定",进入草图绘制平面。

(2) 通过矩形、圆、直线、快速修剪、圆角等命令绘制轮廓草图(图 6-4),完成后单击"完成草图"命令。

(3) 单击"拉伸"命令图标,曲线规则为相连曲线,截面线选择"60°角度凸台"轮廓草图,指定矢量为 Z 轴,输入开始距离为 0 mm,结束距离为 15 mm,布尔选择"合并",单击"应用"按钮。截面线选择"130×55 型腔"轮廓草图,指定矢量为 −Z 轴,输入开始距离为 0 mm,结束距离为 15 mm,布尔选择"减去",单击"应用"按钮。截面线选择"130×50 型腔"轮廓草图,指定矢量为 −Z 轴,输入开始距离为 0 mm,结束距离为 22 mm,布尔选择"减去",单击"应用"按钮。截面线选择"ϕ19 盲孔"轮廓草图,指定矢量为 −Z 轴,输入开始距离为 0 mm,结束距离为 9 mm,布尔选择"减去",单击"应用"按钮。截面线选择"L 型台阶"轮廓草图,指定矢量为 −Z 轴,输入开始距离为 0 mm,结束距离为 19 mm,布尔选择"减去",单击"确定"按钮,完成角度凸台、封闭型腔、L 型台阶特征绘制(图 6-5)。

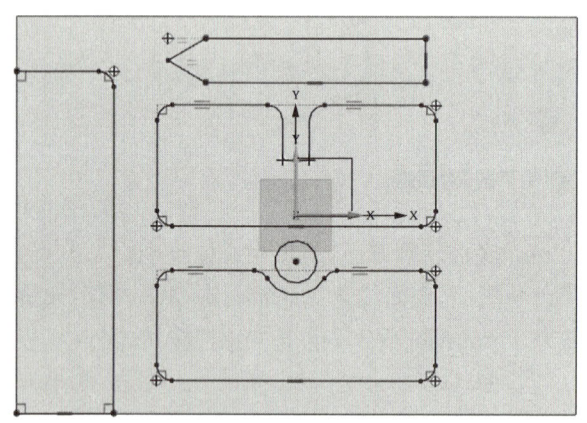

图 6-4 角度凸台、封闭型腔、L 型台阶轮廓草图

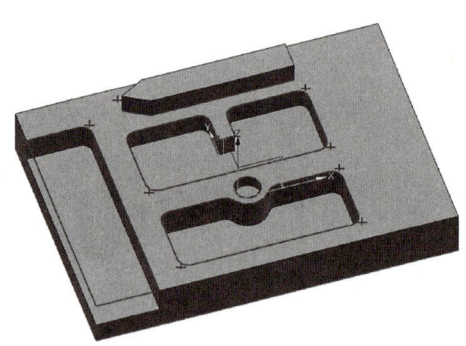

图 6-5 角度凸台、封闭型腔、L 型台阶特征

6.2.3 创建直线封闭槽特征

(1) 创建草图,设置草图类型为"在平面上",设置平面方法为"自动判断",参考为"水平",原点方式设置为"使用工作部件原点",选择 XY 平面,单击"确定",进入草图绘制平面。

(2) 通过圆、矩形、快速修剪等命令绘制轮廓草图(图 6-6),完成后单击"完成草图"命令。

(3) 单击"拉伸"命令图标,曲线规则为相连曲线,截面线选择"直线封闭槽"轮

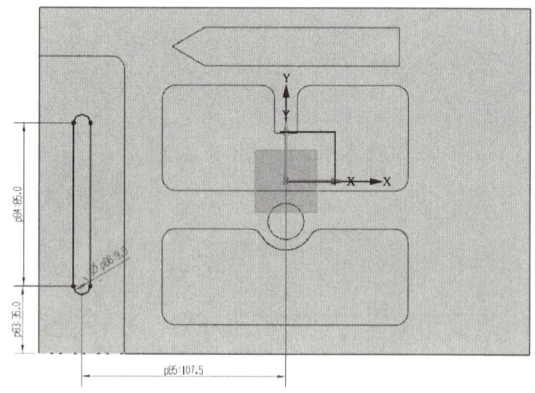

图 6-6 直线封闭槽轮廓草图

廓草图,指定矢量为 Z 轴,输入开始距离为 0 mm,结束距离为 16 mm,布尔选择"减去",单击"确定"按钮,完成直线封闭槽特征绘制(图 6-7)。

6.2.4 镜像 L 型台阶、直线封闭槽

在特征组菜单中单击"更多",选择"镜像特征",进入"镜像特征"对话框,镜像特征选择 L 型台阶、直线封闭槽,镜像平面选择 YZ 平面,单击"确定",完成镜像特征操作(图 6-8)。

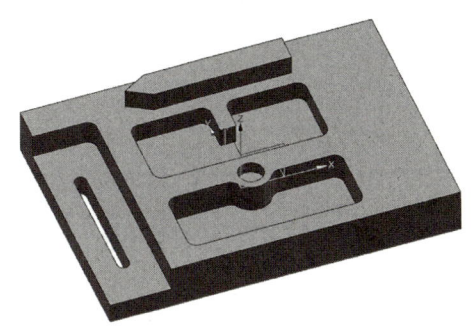

图 6-7　直线封闭槽特征

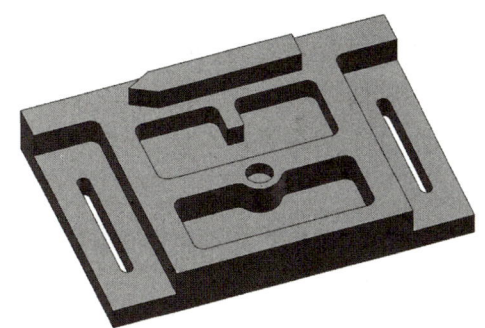

图 6-8　镜像 L 型台阶、直线封闭槽

学习活动 6.3　根据零件图纸技术要求,制定工艺内容

6.3.1　分析加工方法

本任务为推料导向架零件加工,根据加工任务可知,零件毛坯尺寸为 260 mm×180 mm×52 mm,需要加工除底面和尺寸 260 mm×180 mm 外的其他部位,加工对象为表面、角度凸台、封闭型腔、封闭键槽、开放台阶、倒角等特征。首先进行所有加工面粗加工,然后进行底面精加工、轮廓精加工,最后进行各部位顶面轮廓棱边倒角。

毛坯为方料,采用平口钳一次装夹完成所有加工,装夹方向以毛坯 260 mm 边与钳口平行,装夹深度需考虑 L 型台阶面加工深度,建议毛坯夹紧深度为 14 mm。

6.3.2　规划加工策略

本零件为封闭兼开放二维轮廓特征,工件坐标原点设置为零件顶面中心,采用平面铣、平面轮廓铣加工策略编制加工工序,各区域加工策略规划如下。

(1) 顶面粗加工:采用平面铣加工策略,刀具为 D63 面铣刀,加工余量为 0.2 mm。

(2) 角度凸台粗加工:采用平面铣加工策略,刀具为 D20 立铣刀,底面加工余量为 0.2 mm,侧壁加工余量为 0.1 mm。

(3) 矩形型腔粗加工:采用平面铣加工策略,刀具为 D12 立铣刀,底面加工余量为 0.2 mm,侧壁加工余量为 0.1 mm。

(4) L 型台阶粗加工:采用平面铣加工策略,刀具为 D12 立铣刀,底面加工余量为 0.2 mm,侧壁加工余量为 0.1 mm。

(5) 盲孔、直线封闭槽粗加工:采用平面铣加工策略,刀具为 D8 立铣刀,底面加工余量为 0.2 mm,侧壁加工余量为 0.1 mm。

(6)轮廓底面精加工:采用平面铣加工策略,刀具为 D20 立铣刀、D12 立铣刀,底面加工余量为 0,侧壁加工余量为 0.1 mm。

(7)轮廓侧壁精加工:采用平面轮廓铣加工策略,刀具为 D12 立铣刀、D8 立铣刀,底面加工余量为 0.03 mm,侧壁加工余量为 0。

(8)无倒角面棱边倒角加工:采用平面铣加工策略,刀具为 D8‑90°倒角刀,加工余量为 0。

学习活动 6.4　创建工件坐标系和加工几何体

微课视频——
推料导向架
加工基本设置

6.4.1　创建工件坐标系

(1)单击"应用模块"菜单,单击"加工"快捷键图标,或使用快捷键"Ctrl+Alt+M",进入加工环境对话框,CAM 会话配置选择"cam_general",要创建的 CAM 组装选择"mill_planar",进入加工环境。

(2)在加工视图菜单中,单击"几何"视图,双击或右键编辑"MCS_MILL"工件坐标系,进入 MCS 铣削对话框。指定 MCS 坐标系,选择"自动判断",选择封闭型腔上表面,切换 MCS 坐标系,选择"动态",输入坐标系 Z 轴偏置距离为 50 mm,调整坐标系 X 轴为零件尺寸 260 mm 方向,单击"确定",此时 MCS 坐标系原点为零件顶面中心。安全设置选项选择"平面",指定平面选择零件最高面,设置偏置距离为 20 mm,单击"确定",完成工件坐标系设置(图 6‑9)。

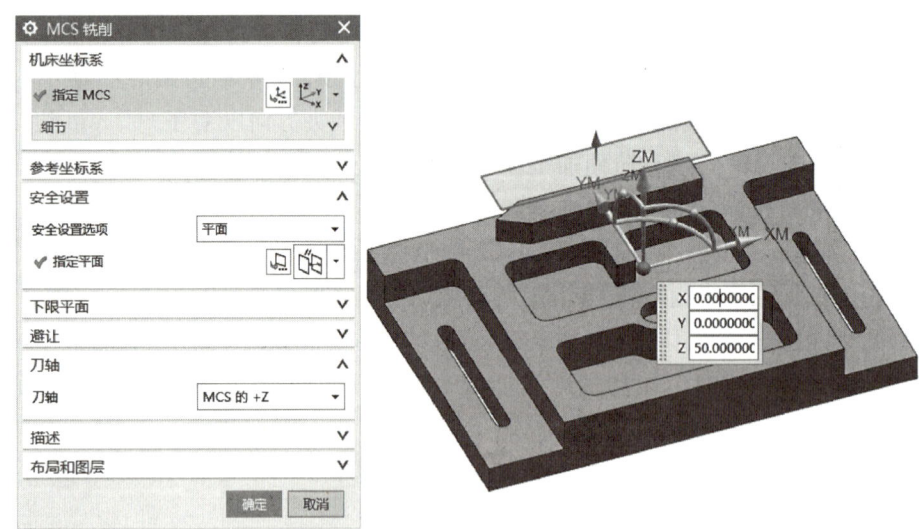

图 6‑9　工件坐标系设置

6.4.2　创建加工几何体

在"几何"视图下,单击"MCS_MILL"前面"+"号,展开"WORKPIECE"图标,双击或右键编辑"WORKPIECE",进入"工件设置对话框",指定部件选择零件模型,指定毛坯选择"包容块"类型,在限制栏设置 ZM+偏置为 2 mm,单击"确定",完成加工几何体设置。

学习活动 6.5　根据加工工序内容,创建加工刀具

在加工视图菜单中,选择"机床视图",单击"创建刀具"图标,进入创建刀具对话框。根据各刀具切削深度,确定创建刀具参数(表 6-2),按照前文项目五创建刀具方法完成所有刀具创建(图 6-10)。

表 6-2　创建刀具参数

刀号	刀具子类型	名称	直径/mm	尖角/mm	长度/mm	刀刃长度/mm	编号
T01	MILL	T01D63 面铣刀	63	—	50	5	1
T02	MILL	T02D20 立铣刀	20	—	55	50	2
T03	MILL	T03D12 立铣刀	12	—	40	30	3
T04	MILL	T04D8 立铣刀	8	—	55	20	4
T05	MILL	T05D8-90 倒角铣刀	8	45(半径)	40	4	5

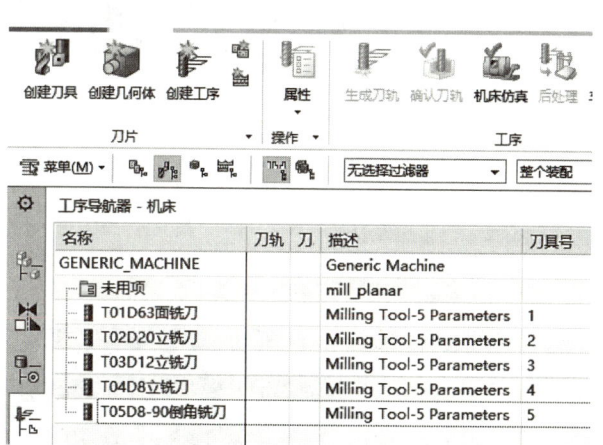

图 6-10　创建所有刀具

学习活动 6.6　根据加工工序内容,编制加工程序

6.6.1　顶面粗加工

(1)在主菜单中单击"创建工序"图标,进入"创建工序"对话框,类型选择为"mill_

微课视频——
推料导向架
顶面粗加工

planar",工序子类型选择"平面铣",程序默认为"NC_PROGRAM",刀具选择"T01D63 面铣刀",几何体选择"WORKPIECE",方法默认为"METHOD",名称修改为"6.1 顶面粗加工"(图 6-11),单击"确定"按钮,进入平面铣加工参数设置对话框。

(2)在平面铣 6.1 顶面粗加工对话框中,指定毛坯边界,打开"毛坯边界"对话框,选择曲线,选择模型底面周边边界线,边界类型为"封闭",刀具侧为"内侧",平面选择"指定"方式,指定平面选择角度凸台顶面,偏置距离设置为 2 mm(图 6-12),单击"确定"按钮。

(3)在平面铣 6.1 顶面粗加工对话框中,指定底面,选择角度凸台顶面,偏置距离为 0 mm(图 6-13),单击"确定"按钮。

图 6-11 顶面粗加工"创建工序"对话框

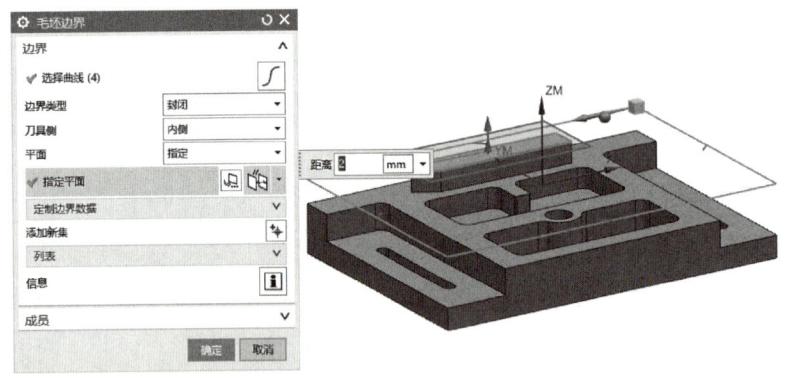

图 6-12 毛坯边界设置

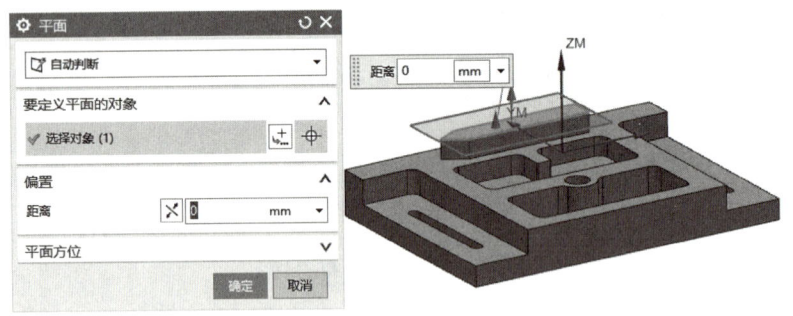

图 6-13 底面设置

(4)在平面铣 6.1 顶面粗加工对话框中,刀轴设置为"+ZM 轴",切削模式选择"往复",平面直径百分比设置为 70%,切削角为"自动"(图 6-14)。单击"切削层"图标,进入切削层设置,类型选择"恒定",每刀切削深度中的公共为 0 mm(图 6-15),单击"确定"按钮。

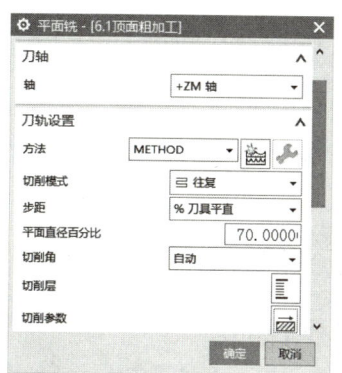
图 6-14 "平面铣"对话框

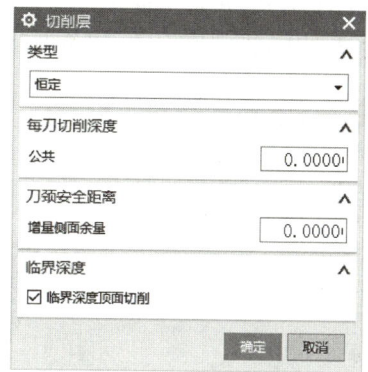
图 6-15 "切削层"对话框

(5) 单击"切削参数"图标,进入切削参数对话框,单击"拐角",光顺选择为"所有刀路",半径默认为 50%。单击"余量",最终底面余量设置为 0.2 mm,单击"确定"按钮。

(6) 单击"非切削移动"图标,进入非切削移动对话框,设置开放区域进刀方式,进刀类型选择"线性",长度设置为 50%,高度设置为 3 mm,最小安全距离选择"仅延伸",距离设置为 10 mm,单击"确定"按钮。

(7) 在平面铣 6.1 顶面粗加工对话框中,找到"操作"窗口,单击生成图标,得到顶面粗加工工序刀具路径(图 6-16)。

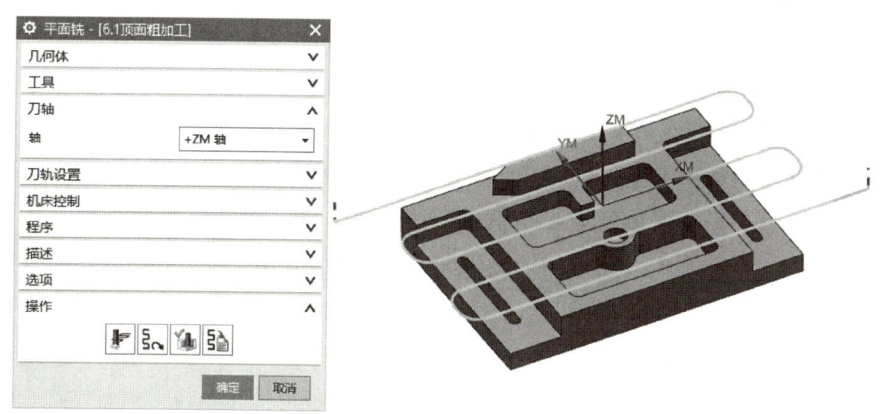
图 6-16 顶面粗加工工序刀轨

6.6.2 角度凸台粗加工

(1) 在主菜单中单击"创建工序"图标,进入"创建工序"对话框,类型选择为"mill_planar",工序子类型选择"平面铣",程序默认为"NC_PROGRAM",刀具选择"T02D20 立铣刀",几何体选择"WORKPIECE",方法默认为"METHOD",名称修改为"6.2 角度凸台粗加工",单击"确定"按钮,进入平面铣加工参数设置对话框。

(2) 在平面铣 6.2 角度凸台粗加工对话框中,指定毛坯边界,打开"指定部件边界",边界选择方法为"面",选择"角度凸台顶面",单击"确定"按钮。打开"指定毛坯边界"对话框,选择方法为"曲线",选择模型底面周边边界线,边界类型为"封闭",刀具侧为"外侧",

微课视频——
推料导向架
角度凸台粗
加工

平面选择"自动"方式,指定平面选择"角度凸台顶面",单击"确定"。在平面铣 6.2 角度凸台粗加工对话框中,指定底面选择"角度凸台底面",单击"确定"按钮(图 6-17)。

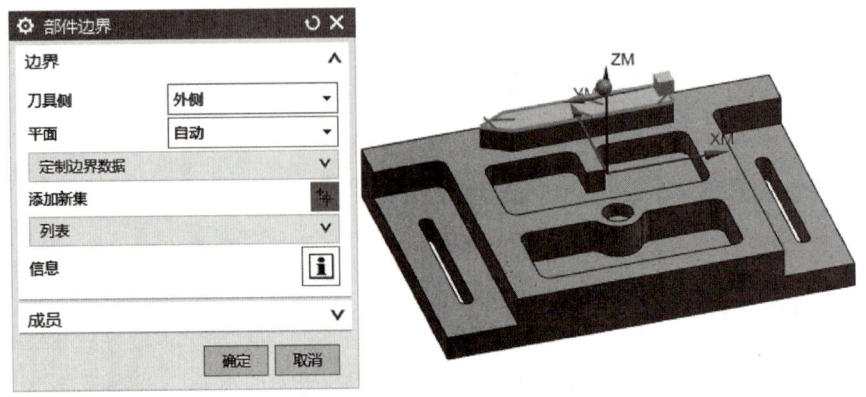

图 6-17　部件边界

(3) 在平面铣 6.2 角度凸台粗加工对话框中,刀轴设置为"+ZM 轴",切削模式选择"跟随部件",步距平面直径百分比设置为 70%。单击"切削层"图标,进入切削层设置,类型选择"恒定",每刀切削深度,公共值为 2 mm,单击"确定"按钮。

(4) 单击"切削参数"图标,进入切削参数对话框,单击"拐角",光顺选择为"所有刀路",半径默认为 50%。单击"余量",部件余量设置为 0.1 mm,最终底面余量设置为 0.2 mm。单击"连接",开放刀路选择"变换切削方向",单击"确定"按钮。

(5) 单击"非切削移动"图标,进入非切削移动对话框,设置开放区域进刀方式,进刀类型选择"圆弧",半径设置为 30%,圆弧角度设置为 50°,高度设置为 3 mm,最小安全距离选择"仅延伸",距离设置为 10 mm。单击"转移/快速",区域内转移方式选择"进刀/退刀",转移类型选择"前一平面",安全距离设置设置为 1 mm,单击"确定"按钮。

(6) 在平面铣 6.2 角度凸台粗加工对话框中,找到"操作"窗口,单击生成图标,得到角度凸台粗加工工序刀具路径(图 6-18)。

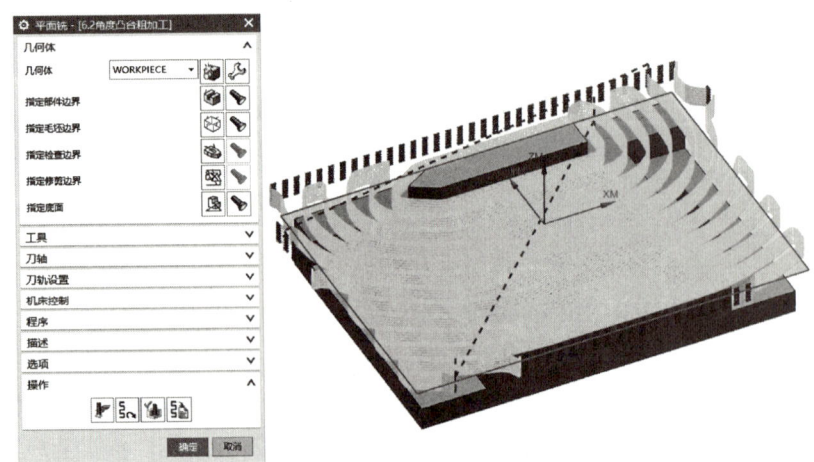

图 6-18　角度凸台粗加工工序刀轨

6.6.3 矩形型腔粗加工

(1) 在主菜单中单击"创建工序"图标,进入"创建工序"对话框,类型选择为"mill_planar",工序子类型选择"平面铣",程序默认为"NC_PROGRAM",刀具选择"T03D12立铣刀",几何体选择"WORKPIECE",方法默认为"METHOD",名称修改为"6.3矩形型腔130-55粗加工",单击"确定"按钮,进入平面铣加工参数设置对话框。

微课视频——
矩形型腔粗
加工

(2) 在平面铣6.3矩形型腔130-55粗加工对话框中,打开"指定部件边界"对话框,选择方法为"曲线",选择130×55型腔顶面边界的边界类型为"封闭",刀具侧为"内侧",平面选择"自动"方式,单击"确定"。在平面铣6.3矩形型腔130-55粗加工对话框中,指定底面选择"130×55型腔底面",单击"确定"按钮。

(3) 在平面铣6.3矩形型腔130-55粗加工对话框中,刀轴设置为"+ZM轴",切削模式选择"跟随部件",步距平面直径百分比设置为70%。单击"切削层"图标,进入切削层设置,类型选择"恒定",每刀切削深度,公共值为2 mm,单击"确定"按钮。

(4) 单击"切削参数"图标,进入切削参数对话框,单击"拐角",光顺选择为"所有刀路",半径默认为10%。单击"余量",部件余量设置为0.1 mm,最终底面余量设置为0.2 mm,单击"确定"按钮。

(5) 单击"非切削移动"图标,进入非切削移动对话框,设置封闭区域进刀方式,进刀类型为"螺旋",直径为90%,斜坡角度为3 mm,高度为1 mm,高度起点为"前一层",最小斜坡长度70%(图6-19)。设置开放区域进刀方式,进刀类型选择"圆弧",半径设置为30%,圆弧角度设置为50°,高度设置为3 mm,最小安全距离选择"仅延伸",距离设置为3 mm。单击"转移/快速",区域内转移方式选择"进刀/退刀",转移类型选择"前一平面",安全距离设置设置为1 mm,单击"确定"按钮。

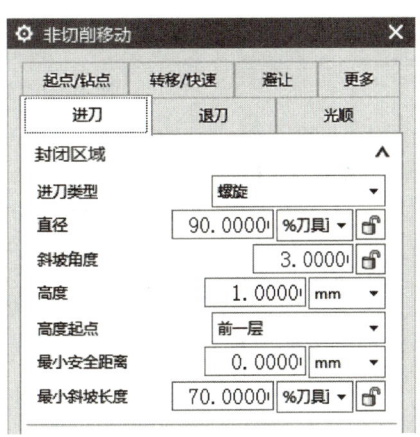

图6-19 封闭区域进刀设置

(6) 在平面铣6.3矩形型腔130-55粗加工对话框中,找到"操作"窗口,单击生成图标,得到6.3矩形型腔130-55粗加工工序刀具路径(图6-20)。

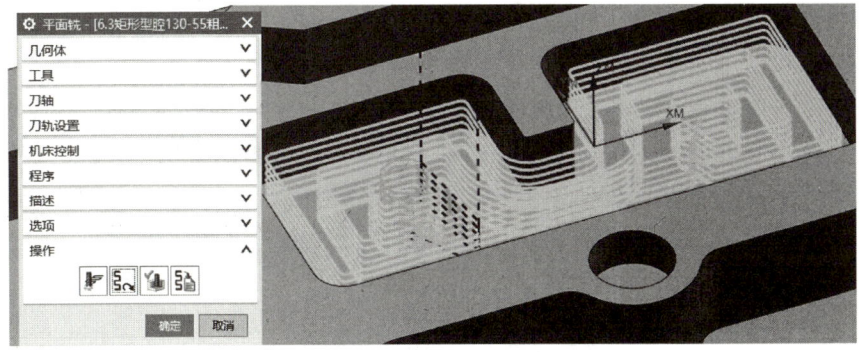

图6-20 矩形型腔130-55粗加工工序刀轨

(7) 复制"6.3 矩形型腔 130-55 粗加工"加工工序,并粘贴为副本,修改名称为"6.3 矩形型腔 130-50 粗加工",双击打开编辑对话框,打开"指定部件边界",进行部件编辑,从列表中移除曲线,重新选择 130×50 型腔顶面边界,单击"确定"。在平面铣 6.3 矩形型腔 130-50 粗加工对话框中,指定底面重新选择"130×50 型腔底面",单击"确定"按钮。单击"生成"图标,得到 6.3 矩形型腔 130-50 粗加工工序刀具路径(图 6-21)。

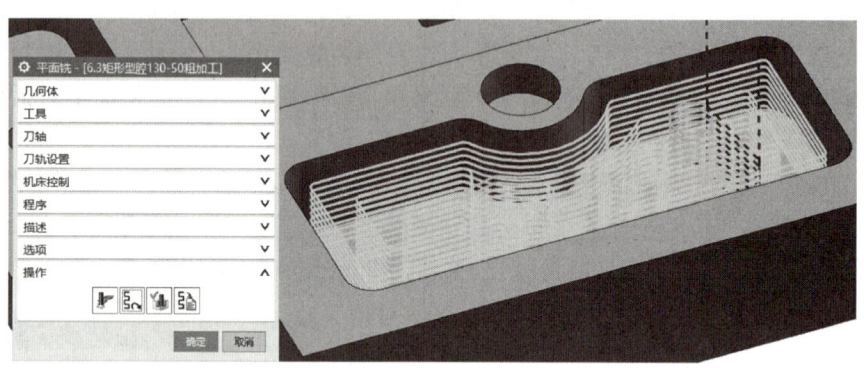

图 6-21 矩形型腔 130-50 粗加工工序刀轨

6.6.4 L 型台阶粗加工

微课视频——
L 型台阶
粗加工

(1) 进入"创建工序"对话框,类型选择为"mill_planar",工序子类型选择"平面铣",程序默认"NC_PROGRAM",刀具选择"T03D12 立铣刀",几何体选择"WORKPIECE",方法默认为"METHOD",名称修改为"6.4 L 型台阶粗加工",单击"确定"按钮,进入平面铣加工参数设置对话框。

(2) 在平面铣 6.4 L 型台阶粗加工对话框中,打开"指定部件边界"对话框,选择方法为"曲线",选择 L 型台阶顶面边界,边界类型为"开放",刀具侧为"左侧",添加新集,选择另一个边对称边界,刀具侧为"右",平面选择"自动"方式(图 6-22),单击"确定"。在平面铣 6.4 L 型台阶粗加工对话框中,指定底面选择"L 型台阶底面",单击"确定"按钮。

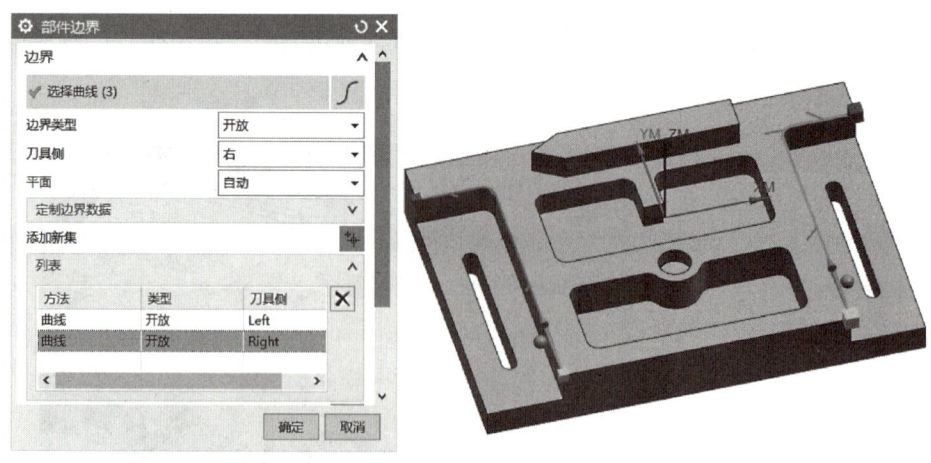

图 6-22 部件边界设置

（3）在平面铣 6.4 L 型台阶粗加工对话框中，刀轴设置为"＋ZM 轴"，切削模式选择"轮廓"，步距平面直径百分比设置为 70%，附加刀路设置 5。单击"切削层"图标，进入切削层设置，类型选择"恒定"，每刀切削深度，公共值为 2 mm，单击"确定"按钮。

（4）单击"切削参数"图标，进入切削参数对话框，单击"拐角"，光顺选择为"所有刀路"，半径设置为 10%。单击"余量"，部件余量设置为 0.1 mm，最终底面余量设置为 0.2 mm。单击"策略"，切削顺序选择"深度优先"，单击"确定"按钮。

（5）单击"非切削移动"图标，进入非切削移动对话框，设置开放区域进刀方式，进刀类型选择"线性"，长度设置为 30%，高度设置为 3 mm，最小安全距离选择"仅延伸"，距离设置为 5 mm，单击"确定"按钮。

（6）在平面铣 6.4 L 型台阶粗加工对话框中，单击生成图标，得到 6.4 L 型台阶粗加工工序刀具路径（图 6-23）。

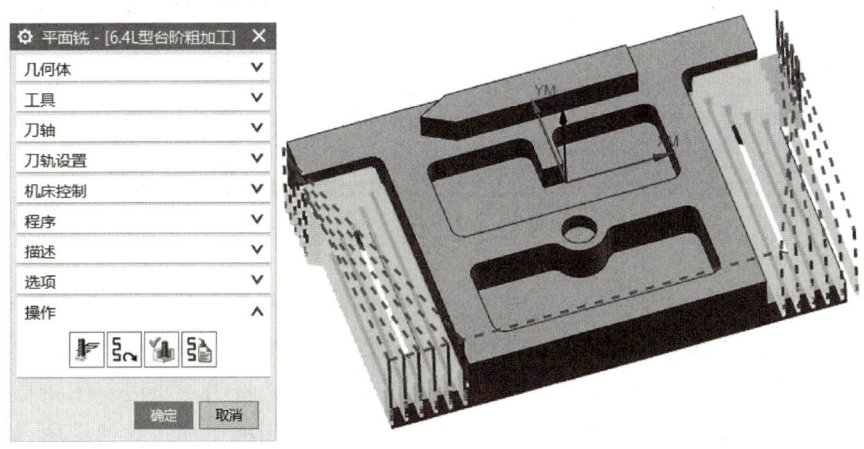

图 6-23　L 型台阶粗加工工序刀轨

6.6.5　盲孔、直线封闭槽粗加工

（1）进入"创建工序"对话框，类型选择为"mill_planar"，工序子类型选择"平面铣"，程序默认为"NC_PROGRAM"，刀具选择"T03D12 立铣刀"，几何体选择"WORKPIECE"，方法默认为"METHOD"，名称修改为"6.5 盲孔粗加工"，单击"确定"按钮，进入平面铣加工参数设置对话框。

微课视频——
盲孔、直线封闭
槽粗加工

（2）在平面铣 6.5 盲孔粗加工对话框中，打开"指定部件边界"对话框，选择方法为"曲线"，选择盲孔顶面边界，边界类型为"封闭"，刀具侧为"内侧"，平面选择"自动"方式，单击"确定"。在平面铣 6.5 盲孔粗加工对话框中，指定底面，选择"盲孔底面"，单击"确定"按钮。

（3）在平面铣 6.5 盲孔粗加工对话框中，刀轴设置为"＋ZM 轴"，切削模式选择"跟随部件"，步距平面直径百分比设置为 50%。单击"切削层"图标，进入切削层设置，类型选择"恒定"，每刀切削深度为 0 mm，单击"确定"按钮。

（4）单击"切削参数"图标，进入切削参数对话框，单击"余量"，部件余量设置为 0.1 mm，最终底面余量设置为 0.2 mm，单击"确定"按钮。

(5) 单击"非切削移动"图标,进入非切削移动对话框,设置封闭区域进刀方式,进刀类型为"沿形状斜进刀",斜坡角度为1,高度为1,高度起点为"前一层",最小斜坡长度为50%。设置开放区域进刀方式,进刀类型选择"圆弧",半径设置为30%,圆弧角度设置为50°,高度设置为3 mm,最小安全距离选择"仅延伸",距离设置为1 mm,单击"确定"按钮。

(6) 在平面铣6.5盲孔粗加工对话框中,单击生成图标,得到6.5盲孔粗加工工序刀具路径(图6-24)。

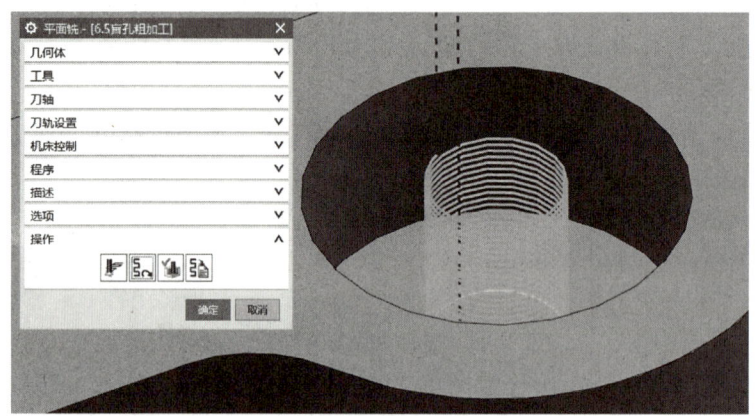

图6-24 盲孔粗加工工序刀轨

(7) 复制"6.5盲孔粗加工"加工工序,并粘贴为副本,修改名称为"6.5直线封闭槽粗加工",双击打开编辑对话框,打开"指定部件边界",进行部件编辑,从列表中移除曲线,重新选择直线封闭槽顶面边界,刀具侧为"内侧",添加新集,选择另一直线封闭槽顶面边界,平面选择"自动"方式,单击"确定"。在平面铣6.5直线封闭槽粗加工对话框中,指定底面重新选择"零件底面",偏置距离设置为1 mm,单击"确定"按钮。工具选择"T04D8立铣刀",单击"非切削移动"图标,进入非切削移动对话框,修改斜坡角度为0.3°,单击"确定"。单击生成图标,得到6.5直线封闭槽粗加工工序刀具路径(图6-25)。

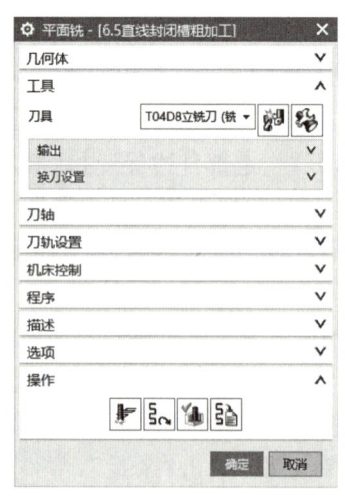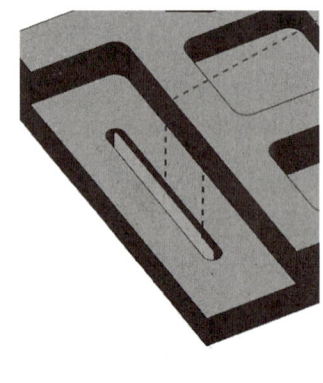

图6-25 直线封闭槽粗加工工序刀轨

6.6.6 轮廓上下底面精加工

（1）复制"6.1顶面粗加工"加工工序，并粘贴为副本，修改名称为"6.6角度凸台顶面精加工"，双击打开编辑对话框，打开"指定毛坯边界"，将毛坯边界修改为"角度凸台顶面边界"，刀具侧为"内侧"，刀具选择"自动"，单击"确定"。在平面铣6.6角度凸台顶面精加工对话框中，工具选择"T02D20立铣刀"。单击"切削参数"图标，进入切削参数对话框，单击"余量"，最终底面余量设置为0 mm，内外公差设置为0.003 mm，单击"确定"按钮。单击生成图标，得到6.6角度凸台顶面精加工工序刀具路径（图6-26）。

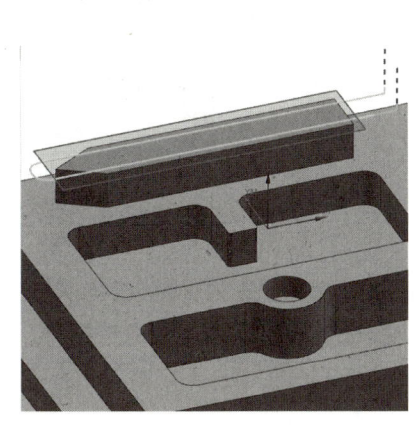

图 6-26　角度凸台顶面精加工工序刀轨

（2）复制"6.2角度凸台粗加工"加工工序，并粘贴为副本，修改名称为"6.6型腔顶面精加工"，双击打开编辑对话框。单击"切削层"图标，进入切削层设置，类型选择"恒定"，每刀切削深度为0 mm。单击"切削参数"图标，进入切削参数对话框，单击"余量"，最终底面余量设置为0 mm，内外公差设置为0.003 mm，单击"确定"按钮。单击生成图标，得到6.6型腔顶面精加工工序刀具路径（图6-27）。

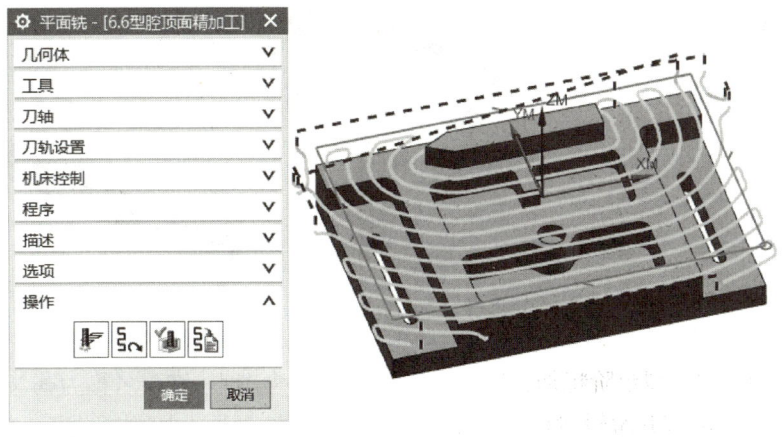

图 6-27　型腔顶面精加工工序刀轨

(3) 复制"6.3 矩形型腔 130-55 粗加工"加工工序,并粘贴为副本,修改名称为"6.6 矩形型腔 130-55 底面精加工",双击打开编辑对话框。单击"切削层"图标,进入切削层设置,类型选择"恒定",每刀切削深度为 0 mm。单击"切削参数"图标,进入切削参数对话框,单击"余量",最终底面余量设置为 0 mm,内外公差设置为 0.003 mm,单击"确定"按钮。单击"非切削移动"图标,进入非切削移动对话框,设置封闭区域进刀方式,进刀类型为"与开放区域相同",单击"确定"按钮。单击生成图标,得到 6.6 矩形型腔 130-55 底面精加工工序刀具路径(图 6-28)。

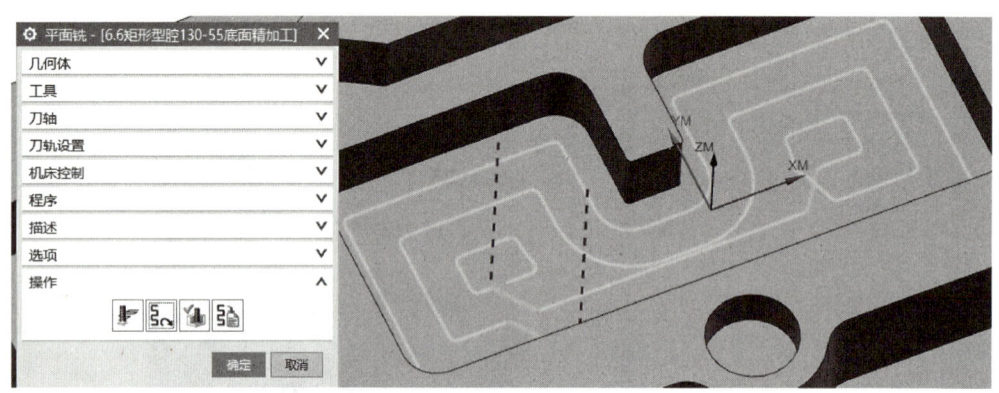

图 6-28　矩形型腔 130-55 底面精加工工序刀轨

(4) 复制"6.3 矩形型腔 130-50 粗加工"加工工序,并粘贴为副本,修改名称为"6.6 矩形型腔 130-50 底面精加工",双击打开编辑对话框。单击"切削层"图标,进入切削层设置,类型选择"恒定",每刀切削深度为 0 mm。单击"切削参数"图标,进入切削参数对话框,单击"余量",最终底面余量设置为 0 mm,内外公差设置为 0.003 mm,单击"确定"按钮。单击"非切削移动"图标,进入非切削移动对话框,设置封闭区域进刀方式,进刀类型为"与开放区域相同",单击"确定"按钮。单击生成图标,得到 6.6 矩形型腔 130-50 底面精加工工序刀路(图 6-29)。

图 6-29　矩形型腔 130-50 底面精加工工序刀轨

(5) 复制"6.4 L 型台阶粗加工"加工工序,并粘贴为副本,修改名称为"6.6 L 型台阶底面精粗加工",双击打开编辑对话框。单击"切削层"图标,进入切削层设置,类型选择"恒定",每刀切削深度为 0 mm。单击"切削参数"图标,进入切削参数对话框,单击"余量",最终底面余量设置为 0 mm,内外公差设置为 0.003 mm,单击"确定"按钮。单击生成图标,得到 6.6L 型台阶底面精粗加工工序刀具路径(图 6-30)。

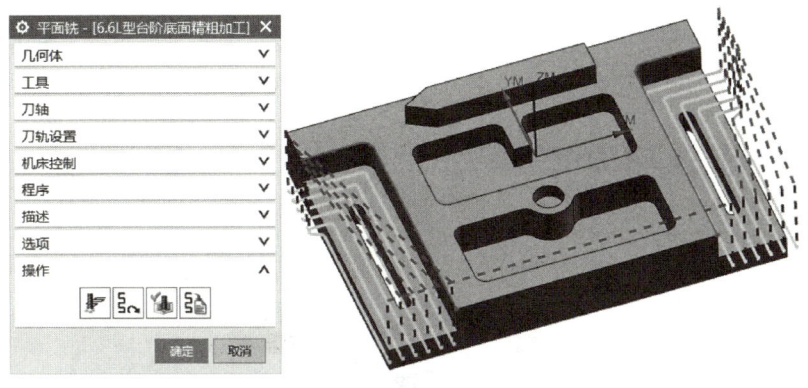

图 6-30　L 型台阶底面精粗加工工序刀轨

6.6.7　轮廓侧壁精加工

(1) 进入"创建工序"对话框,类型选择为"mill_planar",工序子类型选择"平面轮廓铣",程序默认为"NC_PROGRAM",刀具选择"T03D12 立铣刀",几何体选择"WORKPIECE",方法默认为"METHOD",名称修改为"6.7 角度凸台轮廓侧壁精加工"(图 6-31),单击"确定"按钮,进入平面轮廓铣加工参数设置对话框。

(2) 在平面轮廓铣 6.7 角度凸台轮廓侧壁精加工对话框中,打开"指定部件边界"对话框,部件边界选择"角度凸台顶面",边界类型为"封闭",刀具侧为"外侧",平面选择"自动"方式,单击"确定"。在平面轮廓铣 6.7 角度凸台轮廓侧壁精加工对话框中,指定底面选择"角度凸台底面",单击"确定"按钮,切削参数中内外公差设置为 0.003 mm。单击生成图标,得到 6.7 角度凸台轮廓侧壁精加工工序刀具路径(图 6-32)。

图 6-31　创建工序

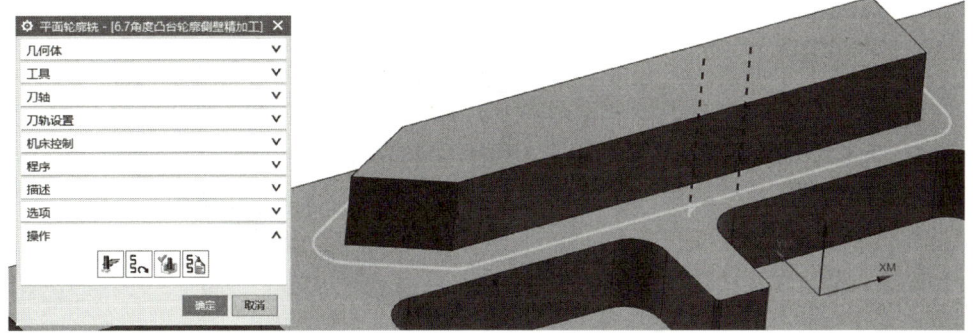

图 6-32　角度凸台轮廓侧壁精加工工序刀轨

(3) 复制"6.7 角度凸台轮廓侧壁精加工"加工工序,并粘贴为副本,修改名称为"6.7 矩形型腔 130-55 侧壁精加工",打开"指定部件边界"对话框,部件边界选择"矩形型腔 130-55 底面",边界类型为"封闭",刀具侧为"内侧",平面选择"自动"方式,单击"确定"。在平面轮廓铣 6.7 矩形型腔 130-55 侧壁精加工对话框中,指定底面选择"矩形型腔 130-55 底面",单击"确定"按钮,切削参数中内外公差设置为 0.003 mm。单击生成图标,得到 6.7 矩形型腔 130-55 侧壁精加工工序刀具路径(图 6-33)。

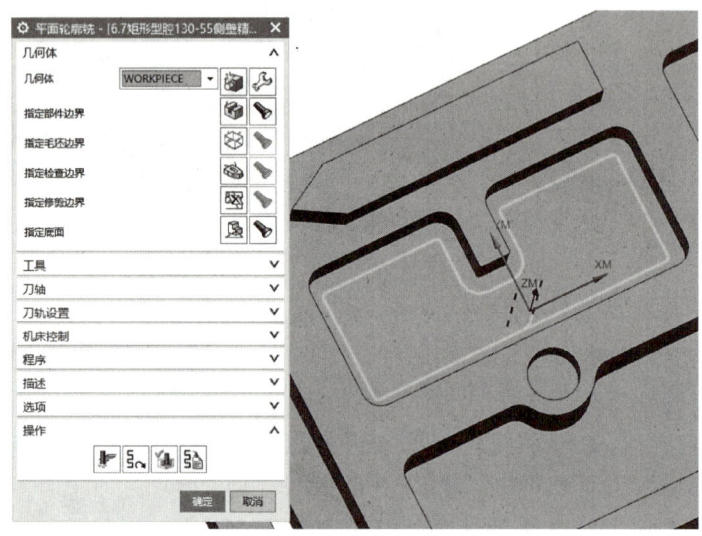

图 6-33　矩形型腔 130-55 侧壁精加工工序刀轨

(4) 复制"6.7 角度凸台轮廓侧壁精加工"加工工序,并粘贴为副本,修改名称为"6.7 矩形型腔 130-50 侧壁精加工",打开"指定部件边界"对话框,部件边界选择"矩形型腔 130-55 底面",边界类型为"封闭",刀具侧为"内侧",平面选择"自动"方式,单击"确定"。在平面轮廓铣 6.7 矩形型腔 130-50 侧壁精加工对话框中,指定底面选择"矩形型腔 130-50 底面",单击"确定"按钮,切削参数中内外公差设置为 0.003 mm。单击"生成"图标,得到 6.7 矩形型腔 130-50 侧壁精加工工序刀具路径(图 6-34)。

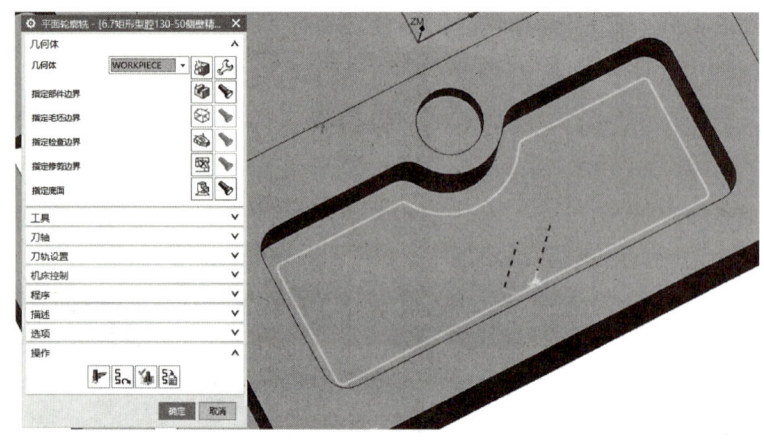

图 6-34　矩形型腔 130-50 侧壁精加工工序刀轨

(5) 复制"6.7 角度凸台轮廓侧壁精加工"加工工序,并粘贴为副本,修改名称为"6.7 盲孔轮廓侧壁精加工",打开"指定部件边界"对话框,部件边界选择"盲孔底面",边界类型为"封闭",刀具侧为"内侧",平面选择"自动"方式,单击"确定"。在平面轮廓铣 6.7 盲孔轮廓侧壁精加工对话框中,指定底面选择"盲孔底面",单击"确定"按钮,切削参数中内外公差设置为 0.003 mm。单击生成图标,得到 6.7 盲孔轮廓侧壁精加工工序刀具路径(图 6-35)。

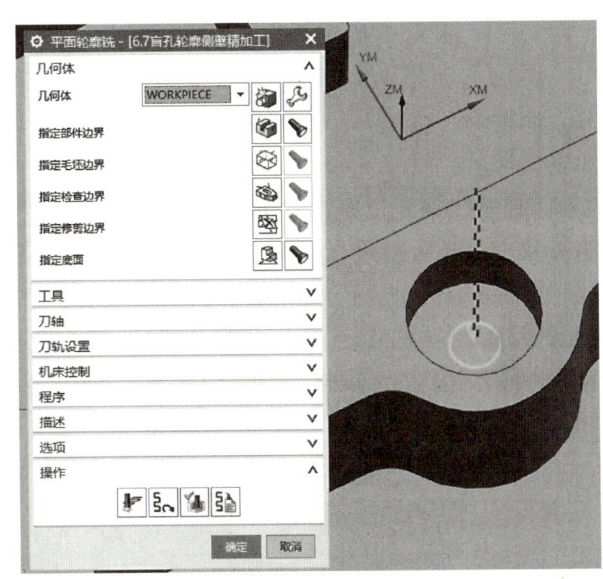

图 6-35 盲孔轮廓侧壁精加工工序刀轨

(6) 复制"6.7 角度凸台轮廓侧壁精加工"加工工序,并粘贴为副本,修改名称为"6.7L 型台阶轮廓侧壁精加工",打开"指定部件边界"对话框,选择方法为"曲线",选择 L 型台阶顶面边界,边界类型为"开放",刀具侧为"左侧",添加新集,选择另一个边对称边界,刀具侧为"右侧",平面选择"自动"方式,单击"确定"。在平面轮廓铣 6.7L 型台阶轮廓侧壁精加工对话框中,指定底面选择"L 型台阶底面",单击"确定"按钮,切削参数中内外公差设置为 0.003 mm。单击生成图标,得到 6.7L 型台阶轮廓侧壁精加工工序刀具路径(图 6-36)。

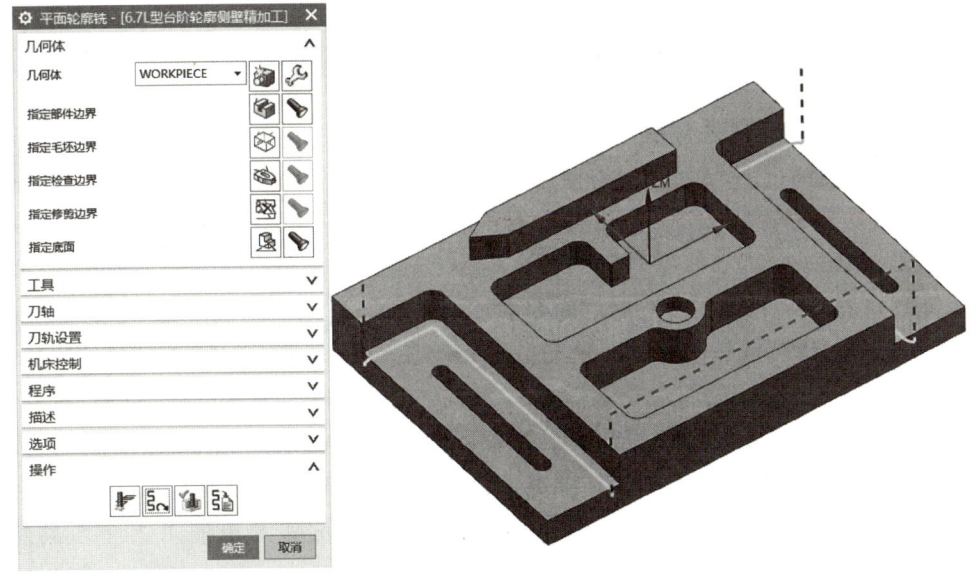

图 6-36 L 型台阶轮廓侧壁精加工工序刀轨

(7) 复制"6.7 角度凸台轮廓侧壁精加工"加工工序,并粘贴为副本,修改名称为"6.7 直线封闭槽轮廓侧壁精加工",打开"指定部件边界",重新选择直线封闭槽顶面边界,刀具侧为"内侧",添加新集,选择另一直线封闭槽顶面边界,平面选择"自动"方式,单击"确定"。在平面铣 6.7 直线封闭槽轮廓侧壁精加工对话框中,指定底面重新选择"零件底面",偏置距离设置为 1 mm,单击"确定"按钮。工具选择"T04D8 立铣刀",切削参数中内外公差设置为 0.003 mm,单击"非切削移动"图标,设置封闭区域进刀方式,进刀类型为"与开放区域相同"。设置开放区域进刀方式,进刀类型选择"圆弧",半径设置为 30%,圆弧角度设置为 50°,高度设置为 3 mm,最小安全距离选择"无",单击"确定"按钮。单击"生成"图标,得到 6.7 直线封闭槽轮廓侧壁精加工工序刀具路径(图 6-37)。

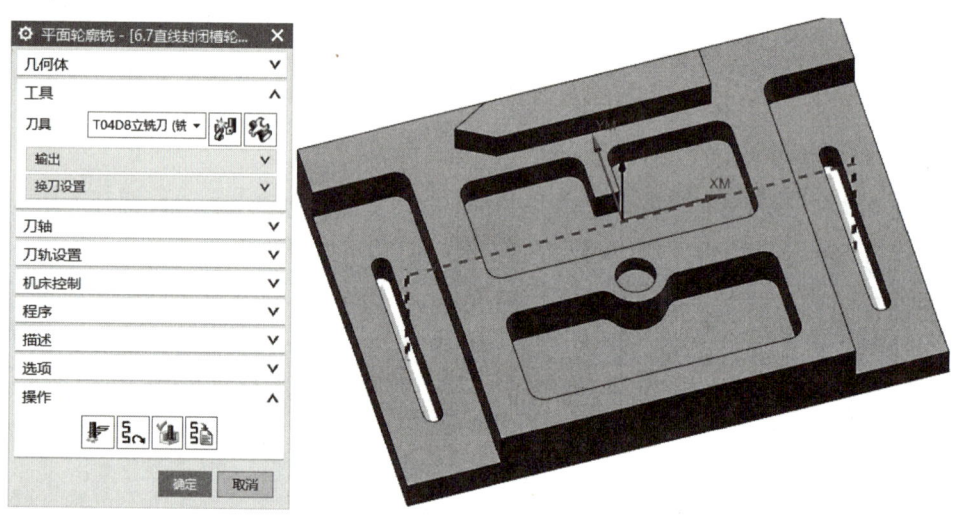

图 6-37 直线封闭槽轮廓侧壁精加工工序刀轨

微课视频——
无倒角面棱边
倒角加工

6.6.8 无倒角面棱边倒角加工

(1) 进入"创建工序"对话框,类型选择为"mill_planar",工序子类型选择"平面轮廓铣",程序默认为"NC_PROGRAM",刀具选择"T05D8 - 90 倒角铣刀",几何体选择"WORKPIECE",方法默认为"METHOD",名称修改为"6.8 角度凸台轮廓倒角加工",单击"确定"按钮,进入平面轮廓铣加工参数设置对话框。

(2) 在平面轮廓铣 6.8 角度凸台轮廓倒角加工对话框中,打开"指定部件边界"对话框,部件边界选择"角度凸台轮廓边界",刀具侧为"外侧",平面选择"自动"方式,单击"确定"。在平面轮廓铣 6.8 角度凸台轮廓倒角加工对话框中,指定底面选择"角度凸台顶面",偏置设置为 −1 mm,单击"确定"按钮。部件余量设置为 −0.5 mm,内外公差设置为 0.003 mm,单击生成图标,得到 6.8 角度凸台轮廓倒角加工工序刀具路径(图 6-38)。

(3) 复制 6.8 角度凸台轮廓倒角加工工序刀路,修改指定部件边界和指定底面,倒角面在同一平面轮廓时可在一个工序中完成,其余各轮廓倒角加工工序依次完成(图 6-39)。

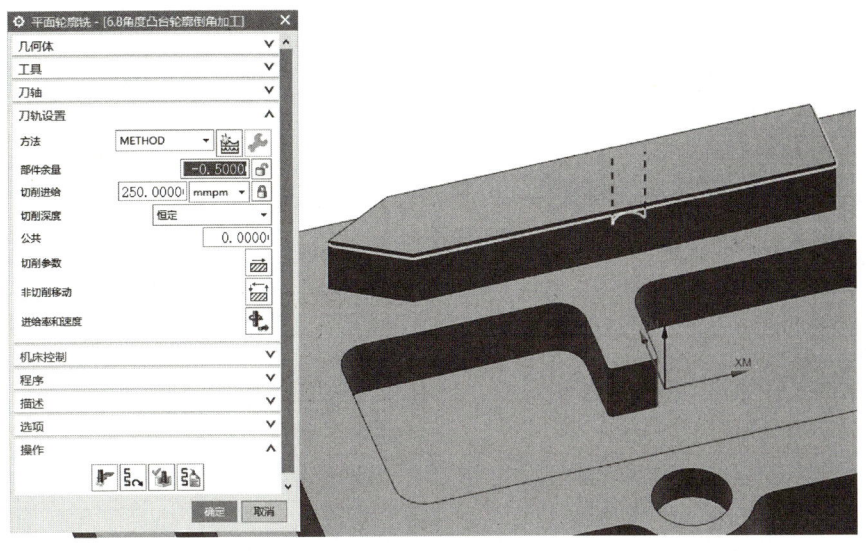

图 6-38　角度凸台轮廓倒角加工工序刀轨

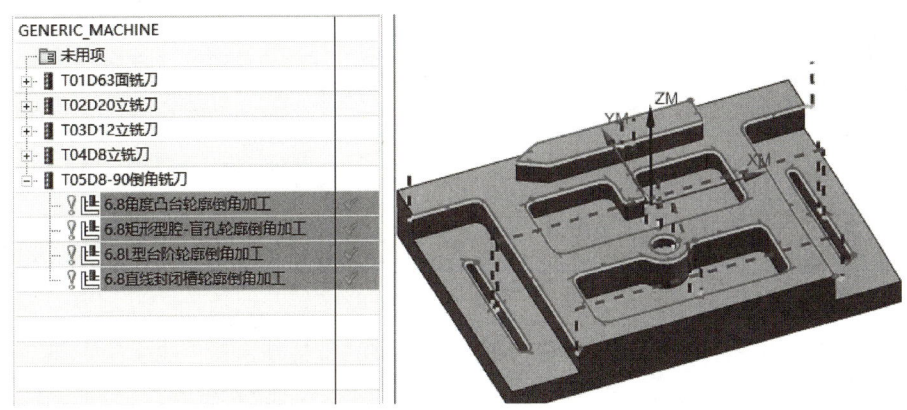

图 6-39　各轮廓倒角加工工序刀轨

学习活动 6.7　根据加工工序内容，设置进给率和速度

根据各工序切削参数参考值（表 6-3），完成各工序加工刀路进给率和速度设置。

表 6-3　切削参数参考值

工序名称	刀具	主轴速度 /(r/min)	进给率 /(mm/min)
6.1 顶面粗加工	T01D63 面铣刀	2 000	1 000
6.2 角度凸台粗加工	T02D20 立铣刀	3 000	2 000

（续表）

工序名称	刀具	主轴速度/(r/min)	进给率/(mm/min)
6.3 矩形型腔粗加工	T03D12 立铣刀	4 000	2 000
6.3 矩形型腔 130-55 粗加工	T03D12 立铣刀	4 000	2 000
6.3 矩形型腔 130-50 粗加工	T03D12 立铣刀	4 000	2 000
6.4 L 型台阶粗加工	T03D12 立铣刀	4 000	2 000
6.5 盲孔粗加工	T03D12 立铣刀	4 000	2 000
6.5 直线封闭槽粗加工	T04D8 立铣刀	5 000	1 000
6.6 角度凸台顶面精加工	T02D20 立铣刀	3 000	1 000
6.6 型腔顶面精加工	T02D20 立铣刀	3 000	1 000
6.6 矩形型腔 130-55 底面精加工	T03D12 立铣刀	4 000	1 000
6.6 矩形型腔 130-50 底面精加工	T03D12 立铣刀	4 000	1 000
6.6 L 型台阶底面精粗加工	T03D12 立铣刀	4 000	1 000
6.7 角度凸台轮廓侧壁精加工	T03D12 立铣刀	4 000	500
6.7 矩形型腔 130-55 侧壁精加工	T03D12 立铣刀	4 000	500
6.7 矩形型腔 130-50 侧壁精加工	T03D12 立铣刀	4 000	500
6.7 盲孔轮廓侧壁精加工	T03D12 立铣刀	4 000	500
6.7 L 型台阶轮廓侧壁精加工	T03D12 立铣刀	4 000	500
6.7 直线封闭槽轮廓侧壁精加工	T04D8 立铣刀	5 000	500
6.8 角度凸台轮廓倒角加工	T05D8-90 倒角铣刀	5 000	1 000
6.8 矩形型腔-盲孔轮廓倒角加工	T05D8-90 倒角铣刀	5 000	1 000
6.8 L 型台阶轮廓倒角加工	T05D8-90 倒角铣刀	5 000	1 000
6.8 直线封闭槽轮廓倒角加工	T05D8-90 倒角铣刀	5 000	1 000

学习活动 6.8　刀轨可视验证，G 代码后处理

在"工序导航器-程序顺序"视图中，单击选中"NC_PROGRAM"，单击工序组中"确认刀轨"，进入"刀轨可视化"仿真界面，选择"3D 动态"，动画速度调整为 5，单击"播放"按钮，完成可视化仿真验证，在部件导航器中隐藏零件模型，可查看仿真加工结果

(图 6-40),如有干涉碰撞或未切削到位现象,需修改加工工序刀具路径直至合格。

在"工序导航器-程序顺序"视图中,单击选中"6.1 顶面粗加工"工序,单击工序组中的"后处理",进入"后处理"操作界面,选择后处理器文件,单击"确定"按钮,完成 G 代码生成。重复操作完成各加工工序 G 代码生成,如图 6-41 所示。

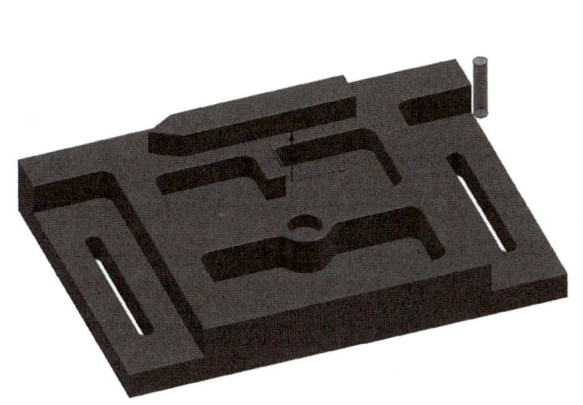

图 6-40　刀轨可视化仿真结果

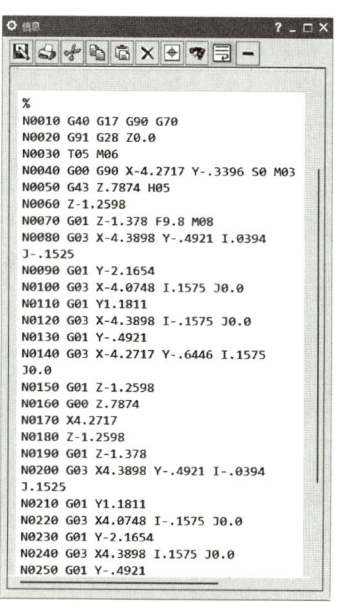

图 6-41　G 代码

任务评价

完成本任务实施以后,对上述所有活动进行评价,填写任务评价表(表 6-4)。

表 6-4　任务评价表

序号	项目(分值)	评价内容	配分	得分
1	零件建模 (20 分)	零件模型结构完整	8	
2		零件模型局部圆角、倒角处理合理	4	
3		零件模型体积检测误差	4	
4		建模过程高效、合理	4	
5	分析工艺 (15 分)	加工方法描述正确、清晰	5	
6		装夹方式描述合理,具有可实施性	3	
7		加工策略、加工刀具选用合理	7	
8	设置加工几何体(5 分)	工件坐标系 MCS 设置合理	2	
9		指定加工部件选择正确	2	
10		毛坯参数设置正确	1	

(续表)

序号	项目(分值)	评价内容	配分	得分
11	创建加工刀具 (5分)	创建刀具齐全,命名清晰	3	
12		刀具参数设置正确	2	
13	编制加工工序(50分)	顶面粗加工工序合理	5	
14		角度凸台粗加工工序合理	5	
15		矩形型腔粗加工工序合理	5	
16		L型台阶粗加工工序合理	5	
17		盲孔、直线封闭槽粗加工工序合理	5	
18		轮廓底面精加工工序合理	10	
19		轮廓侧壁精加工工序合理	10	
20		无倒角面棱边倒角加工工序合理	5	
21	G代码后处理 (5分)	可视化仿真无干涉,误差值合格	3	
22		后处理G代码,命名格式合理	2	
	总计		100	

项目七

轴承座的加工

任务目标

1. 正确识读轴承座零件图的加工质量要求。
2. 使用 CAD/CAM 软件完成轴承座零件的三维实体建模。
3. 分析轴承座零件加工工艺,正确选择工艺工装与刀具。
4. 制定零件加工工序流程,合理规划各部位加工策略。
5. 使用 CAD/CAM 软件型腔铣加工策略编制平面加工工序。
6. 使用 CAD/CAM 软件型腔铣加工策略编制阶梯孔加工工序。
7. 使用 CAD/CAM 软件型腔铣加工策略编制凸台圆柱组合特征加工工序。
8. 使用 CAD/CAM 软件型腔铣加工策略编制台阶面精加工工序。
9. 使用 CAD/CAM 软件型腔铣加工策略编制轮廓侧壁精加工工序。
10. 使用 CAD/CAM 软件底壁铣加工策略编制倒角加工工序。
11. 使用 CAD/CAM 软件钻孔加工策略编制通孔、沉头孔加工工序。
12. 可视化仿真验证加工刀路,优化加工路线。

确定任务

现有一批轴承座零件生产任务(图 7-1),毛坯尺寸为 80 mm×80 mm×25 mm,材料为 2A12L。根据总体生产任务安排,现需要完成以下任务:

(1) 完成轴承座零件三维建模;
(2) 正确选择工艺工装与刀具;
(3) 制定加工工序流程,规划各部位加工策略;
(4) 编制各区域粗、精加工工序;
(5) 编制通孔、沉孔加工工序;
(6) 编制倒角加工工序;
(7) 可视化仿真验证加工刀路及优化刀路;
(8) 合理设置粗、精加工切削参数;
(9) 分工序完成 G 代码后处理。

机械 CAD/CAM 应用

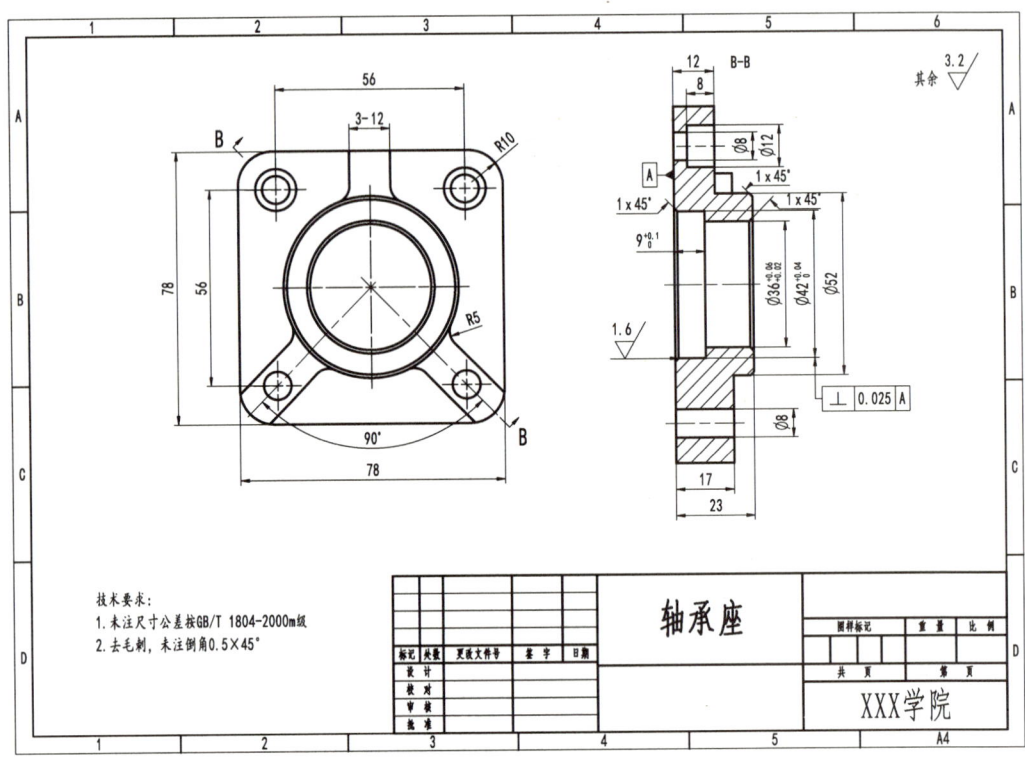

图 7-1 轴承座零件图

任务实施

学习活动 7.1 根据轴承座图纸要求，确定零件建模思路

对轴承座图纸进行实体分析，依次绘制底板轮廓草图、三角凸台轮廓草图，设计特征圆柱、打孔操作，完成圆柱、通孔、沉头孔特征操作并镜像孔特征及倒角。零件建模步骤见表 7-1。

表 7-1 零件建模步骤

1. 底板轮廓	2. 凸台与圆柱组合特征	3. 圆柱与孔特征	4. 镜像孔特征及倒角

学习活动 7.2　根据轴承座图纸要求，完成零件三维建模

7.2.1　创建底板轮廓特征

（1）在主菜单中，单击"在任务环境中绘制草图"图标，进入创建草图对话框，设置草图类型为"在平面上"，设置平面方法为"自动判断"，参考为"水平"，原点方式设置为"使用工作部件原点"，选择 XY 平面，单击"确定"，进入草图绘制平面。

（2）通过矩形命令绘制 78 mm×78 mm 底板轮廓草图，矩形中心位于工件坐标系原点，完成后单击"完成草图"命令。单击"拉伸"命令图标，截面线选择底板轮廓草图，指定矢量为 Z 轴，输入开始距离为 0 mm，结束距离为 12 mm（图 7-2），单击"确定"按钮，完成底板轮廓特征绘制。

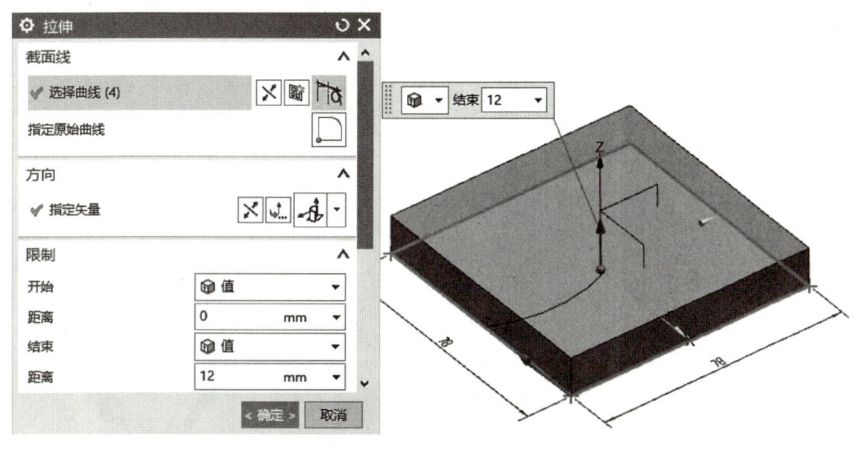

图 7-2　底板轮廓参数设置

7.2.2　创建凸台与圆柱组合特征

（1）创建草图，设置草图类型为"在平面上"，设置平面方法为"新平面"，指定新平面为底板表面，参考为"水平"，指定矢量为 X 轴，原点方式设置为"使用工作部件原点"，单击"确定"，进入草图绘制平面。

（2）通过圆、矩形、直线、偏置曲线、快速修剪、圆角等命令绘制凸台与圆柱组合轮廓草图，完成后单击"完成草图"命令。

（3）单击"拉伸"命令图标，选择"凸台与圆柱组合"轮廓草图，指定矢量为 Z 轴，输入开始距离为 0 mm，结束距离为 5 mm，布尔选择"合并"（图 7-3），单击"确定"按钮。

7.2.3　创建圆柱与孔特征

（1）在主菜单"特征"组，选择"更多"，单击"圆柱"，进入创建"圆柱对话框"，指定矢量为 Z 轴，指定点"0，0，0"为坐标原点，直径为 52 mm，高度为 23 mm，布尔选择"合并"（图 7-4），单击"确定"按钮。

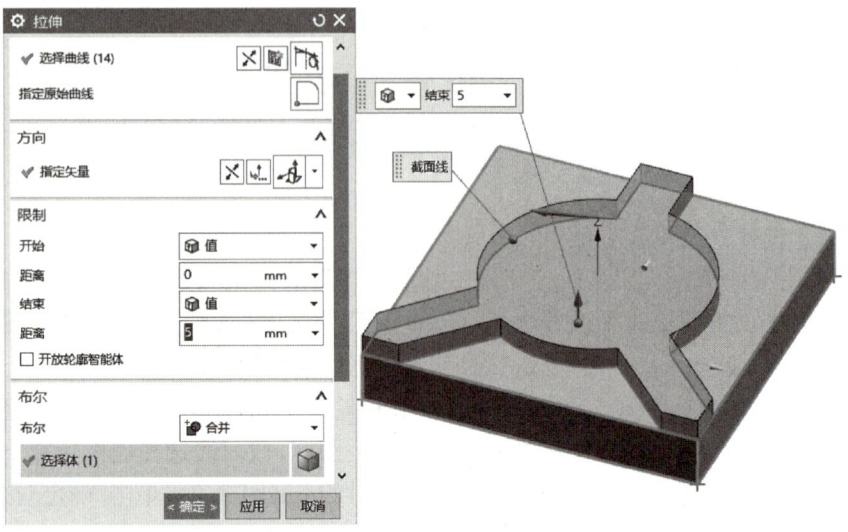

图 7-3 三角凸台轮廓参数设置

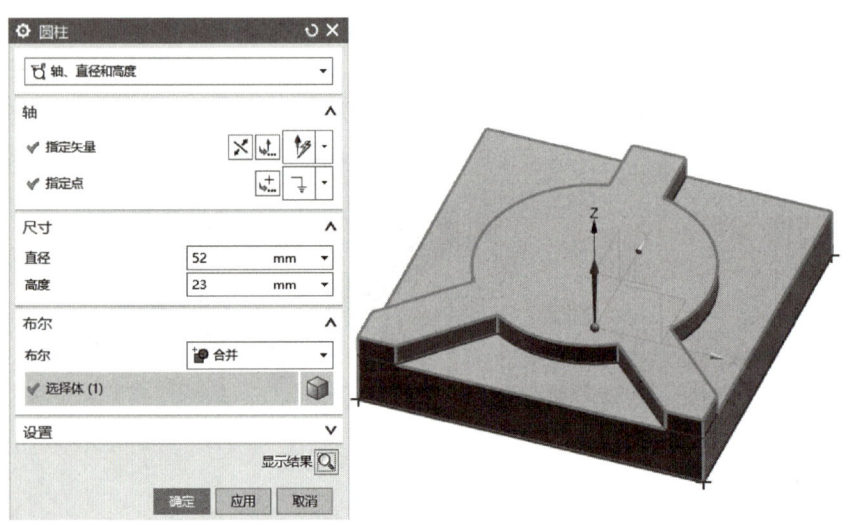

图 7-4 创建圆柱

（2）在主菜单"特征"组，选择"孔"，进入创建"孔"对话框，类型选择"常规孔"，指定点为"坐标原点"，孔方向选择"选沿矢量"，选择 Z 轴方向，成形选择"沉头"，沉头直径为 42 mm，沉头深度为 9 mm，直径为 36 mm，深度为 23 mm，布尔默认为"减去"（图 7-5），单击"确定"按钮。

（3）重复创建"孔"操作，指定点选择模型表面，进入草图标注"点"位置，完成草图。成形选择"沉头"，沉头直径为 12 mm，沉头深度为 8 mm，直径为 8 mm，深度为 12 mm（图 7-6），单击"确定"。

（4）重复创建"孔"操作，指定点选择模型表面，进入草图标注"点"位置，完成草图。成形选择"简单孔"，直径为 8 mm，深度为 17 mm（图 7-7），单击"确定"。

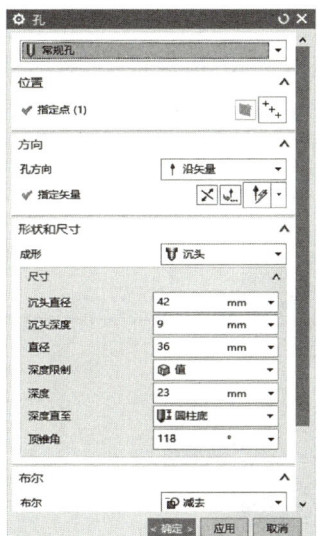
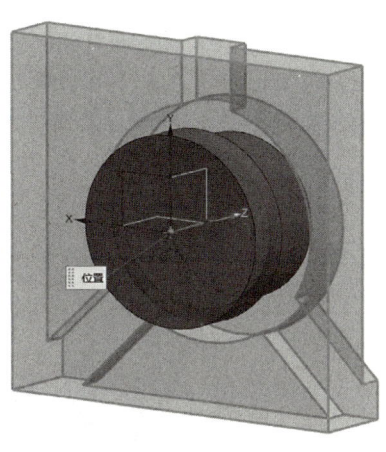

图 7-5　创建孔 1

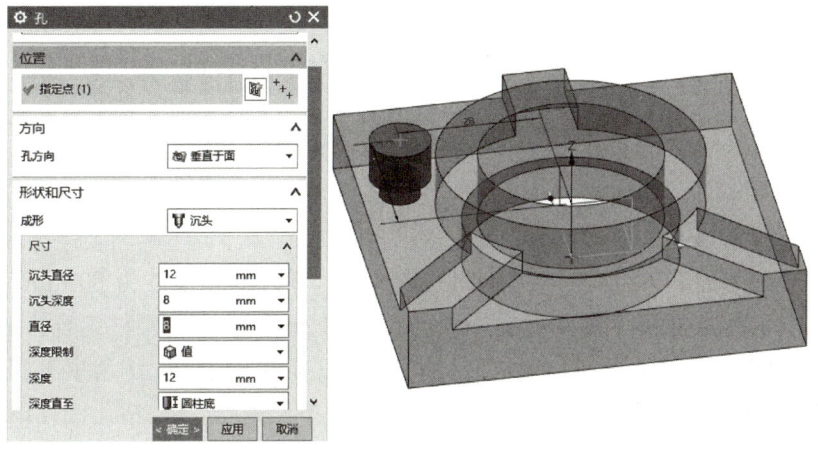

图 7-6　创建孔 2

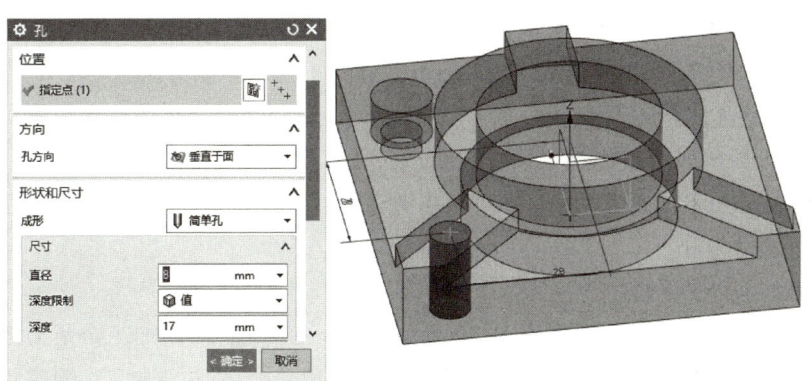

图 7-7　创建孔 3

7.2.4 镜像孔特征及倒角

在特征组菜单中单击"更多",选择"镜像特征",进入"镜像特征"对话框,镜像特征选择 ϕ12 mm(ϕ8 mm)沉头、ϕ8 mm通孔,镜像平面选择 YZ 平面,单击"确定",完成镜像特征操作。在特征组菜单中单击"倒圆角""倒斜角",完成 R10、R6、C1 等倒角特征操作,完成模型特征创建(图 7-8)。

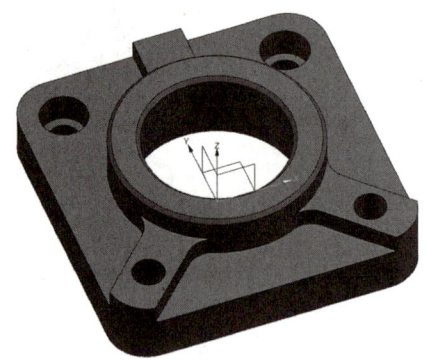

图 7-8 模型特征创建

学习活动 7.3 根据零件图纸技术要求,制定工艺内容

7.3.1 分析加工方法

本任务为轴承座零件加工,根据加工任务可知,零件毛坯尺寸为 80 mm×80 mm×25 mm,所有面均需要进行加工,加工对象为表面、阶梯孔、凸台与圆柱组合特征、钻孔、倒角等特征。先进行反面加工,反面按照平面、外轮廓、阶梯孔、通孔、倒角顺序加工,正面按照平面、轮廓粗加工、钻孔、倒角顺序加工,每个工位按照先粗后精、钻孔、倒角顺序加工。

毛坯为方料,采用平口钳装夹,工位一进行反面加工,加工坐标系设置为工件表面中心上表面,除通孔加工外,轮廓加工深度为 12 mm,建议毛坯夹紧深度为 8 mm。完成工位一加工后,工件绕 Y 轴翻转 180°进行装夹,进行工位二正面加工,加工坐标系设置为 ϕ36 mm 孔中心上表面,除通孔加工外,加工深度为 11 mm,建议毛坯夹紧深度为 8 mm。

7.3.2 规划加工策略

本零件为封闭兼开放二维轮廓、孔特征,反面工件坐标系为零件顶面中心,正面工件坐标系为 ϕ36 mm 孔中心上表面,采用型腔铣、钻孔、底壁铣加工策略编制加工工序,各区域加工策略规划如下。

1)工位一反面加工

(1)顶面精加工:采用型腔铣加工策略,刀具为 D63 面铣刀,加工余量为 0。

(2)矩形轮廓粗加工:采用型腔铣加工策略,刀具为 D16 立铣刀,侧壁加工余量为 0.1 mm。

(3)阶梯孔粗加工:采用型腔铣加工策略,刀具为 D16 立铣刀,侧壁加工余量为

0.1 mm;底面加工余量 0.2 mm。

(4) 矩形轮廓、阶梯孔精加工：采用型腔铣加工策略，刀具为 D10 立铣刀，侧壁加工余量为 0，底面加工余量为 0。

(5) 钻定心孔：用钻定心孔加工策略，刀具为 D10-90°倒角刀。

(6) 钻通孔：用钻深孔加工策略，刀具为 DR8 钻头。

(7) 内孔倒角加工：用底壁铣加工策略，刀具为 D10-90°倒角刀，加工余量为 0。

2) 工位二正面加工

(1) 顶面粗加工：采用型腔铣加工策略，刀具为 D63 面铣刀，底面加工余量为 0.2 mm。

(2) 凸台与圆柱组合特征粗加工：采用型腔铣加工策略，刀具为 D16 立铣刀，侧壁加工余量为 0.1 mm；底面加工余量为 0.2 mm。

(3) 凸台与圆柱组合特征剩余加工：采用剩余铣加工策略，刀具为 D10 立铣刀，侧壁加工余量为 0.1 mm；底面加工余量为 0.2 mm。

(4) 凸台与圆柱组合特征平面精加工：采用型腔铣加工策略，刀具为 D16 立铣刀，侧壁加工余量为 0.1 mm；底面加工余量为 0。

(5) 凸台与圆柱组合特征侧壁精加工：采用型腔铣加工策略，刀具为 D10 立铣刀，侧壁加工余量为 0；底面加工余量为 0.03 mm。

(6) 钻沉头孔：用钻孔加工策略，刀具为 DR12 平底钻。

(7) 圆柱与内孔倒角加工：用底壁铣加工策略，刀具为 D10-90°倒角刀，加工余量为 0。

学习活动 7.4　创建工件坐标系和加工几何体（工位一）

进入铣削加工环境，在加工视图菜单中，单击"几何视图"，选择"MCS_MILL"，右键重命名为"MCS_MILL1"，选择"WORKPIECE"右键重命名为"WORKPIECE1"。

设定 MCS 坐标系，指定 MCS，选择表面孔中心，双击"ZM"调整坐标系方向（图 7-9），安全设置指定平面距离为 20 mm。

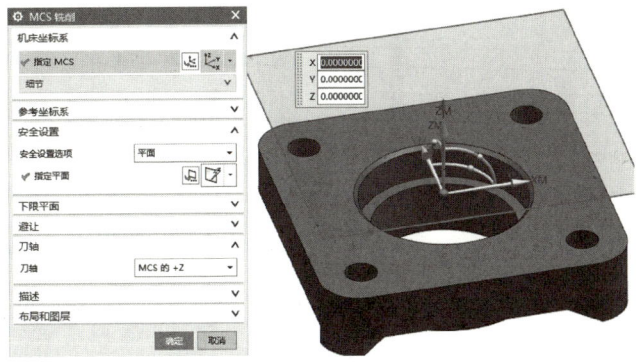

图 7-9　工件坐标系设置 1

打开"WORKPIECE1",进入"工件设置对话框",指定部件选择零件模型,指定毛坯选择"包容块"类型,在限制栏中设置各种偏置值(图 7-10),单击"确定",完成加工几何体设置。

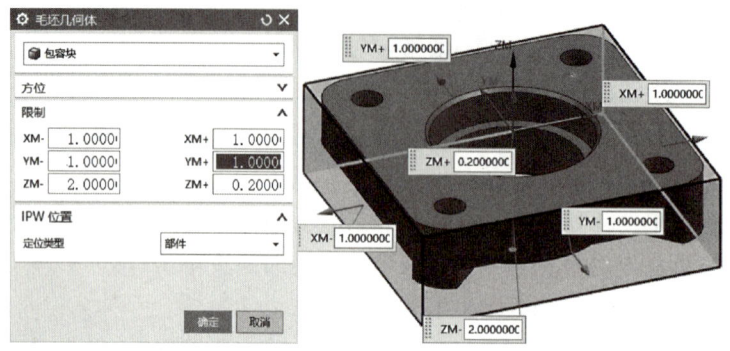

图 7-10　加工几何体设置 1

学习活动 7.5　根据加工工序内容,创建加工刀具

根据各区域加工策略规划,以满足加工为原则,查阅刀具规格,合理选择刀具参数,创建加工刀具、面铣刀、立铣刀、倒角刀,参考前文项目五创建刀具操作方法。以下仅介绍钻刀创建方法。

创建 DR8 钻头,单击"创建刀具"图标,进入创建刀具对话框,类型选择"hole_making",刀具子类型选择"STD_DRILL",名称修改为"T05DR8 钻头",单击"确定",进入钻刀参数设置对话框,设置直径为 8 mm,长度为 80 mm,刀刃长度为 35 mm,刀具号、补偿寄存器统一设置为 5(图 7-11),单击"确定"。

重复创建钻刀操作,名称修改为"T06DR12 钻头平底",设置直径为 12 mm,刀尖角度为 180°,长度为 35 mm,刀刃长度为 30 mm,刀具号、补偿寄存器统一设置为 6,单击"确定",完成所有刀具创建(图 7-12)。

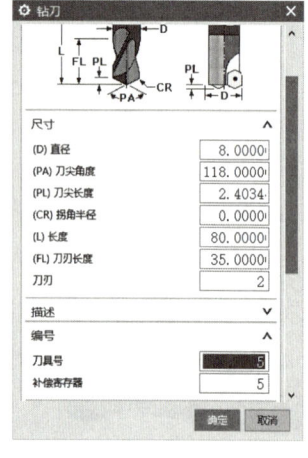

图 7-11　创建钻刀

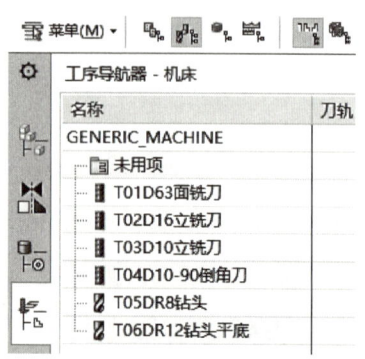

图 7-12　创建刀具

学习活动7.6 根据加工工序内容,编制加工程序(工位一)

7.6.1 创建程序名称

在加工视图菜单中,单击"程序顺序视图",选择"PROGRAM",右键重命名为"工位一",选择"工位一",复制,粘贴为副本,重命名为"工位二"。

7.6.2 顶面精加工

(1) 在主菜单中单击"创建工序"图标,进入"创建工序"对话框,类型选择为"mill_contour",工序子类型选择型腔铣,程序选择"工位一",刀具选择"T01D63面铣刀",几何体选择"WORKPIECE1",方法默认为"METHOD",名称修改为"6.1顶面精加工"(图7-13),单击"确定"按钮,进入型腔铣加工参数设置对话框。

(2) 在型腔铣6.1顶面精加工对话框中,刀轴设置为"+ZM轴",切削方式选择"往复",步距选择"%刀具平直",平面直径百分比为70%,公共每刀切削深度选择"恒定",最大距离设置为0 mm(图7-14)。

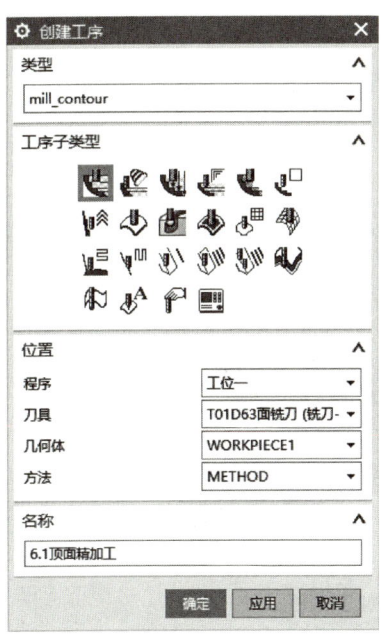

图7-13 工位一"创建工序"对话框

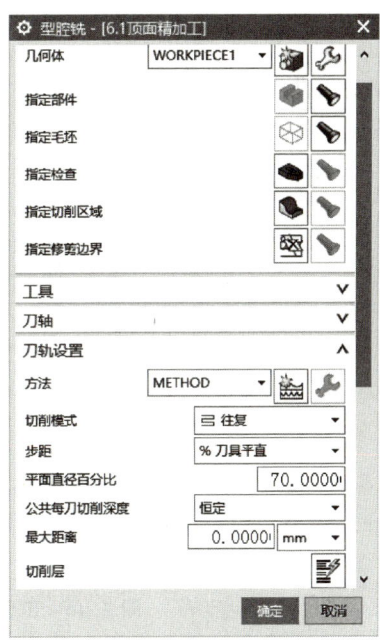

图7-14 型腔铣参数设置

(3) 单击"切削层"图标,进入切削层对话框,在"列表"中移除所有范围值,选择范围定义下的"选择对象",选择"零件表面",此时在"列表"中只有一个范围值,单击"确定"(图7-15)。

(4) 单击"切削参数"图标,进入切削参数对话框,光顺选择为"所有刀路",半径默认为50%,单击"确定"按钮。

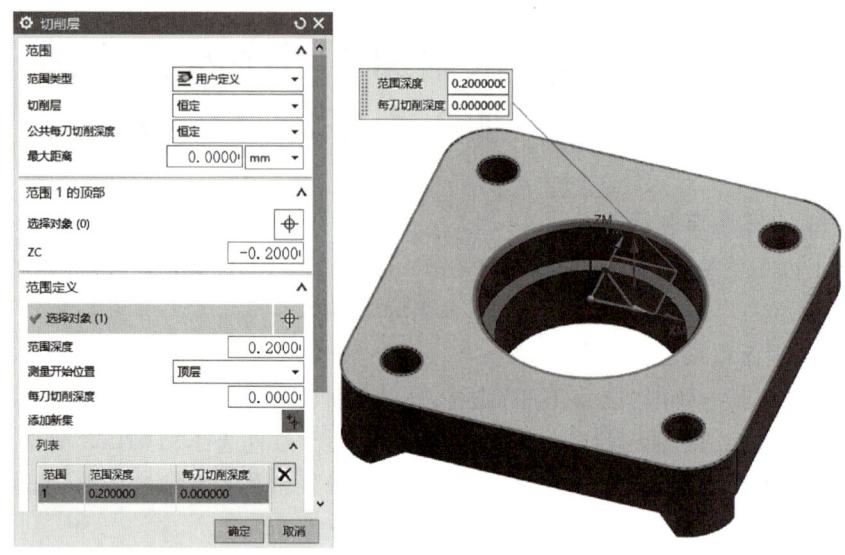

图 7-15　工位一切削层参数设置 1

（5）单击"非切削移动"图标，进入非切削移动对话框，设置开放区域进刀方式，进刀类型选择"线性"，长度设置为 30%，高度设置为 3 mm，最小安全距离选择"仅延伸"，距离设置为 10 mm，单击"确定"按钮。

（6）在型腔铣 6.1 顶面精加工对话框中，单击生成图标，得到顶面精加工工序刀具路径（图 7-16）。

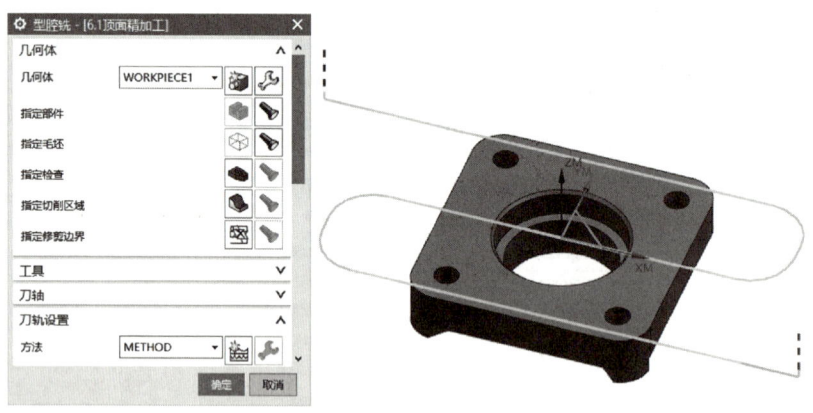

图 7-16　工位一顶面精加工工序刀轨

7.6.3　矩形轮廓粗加工

微课视频——
轴承座矩形
轮廓粗加工

（1）进入"创建工序"对话框，类型选择为"mill_contour"，工序子类型选择"型腔铣"，程序选择"工位一"，刀具选择"T02D16 立铣刀"，几何体选择"WORKPIECE1"，方法默认为"METHOD"，名称修改为"6.3 矩形轮廓粗加工"，单击"确定"按钮，进入型腔铣加工参数设置对话框。

（2）在型腔铣 6.3 矩形轮廓粗加工对话框中，单击"指定修剪边界"，进入修剪边界对话框,选择方法为"曲线",选择曲线,曲线规则改为"相切曲线",选择"矩形边界",修剪侧为"内侧"(图 7-17),单击"确定"。刀轴设置为"+ZM 轴",切削方式选择"跟随部件",步距选择"%刀具平直",平面直径百分比为 70%,公共每刀切削深度选择"恒定",最大距离设置为 2。

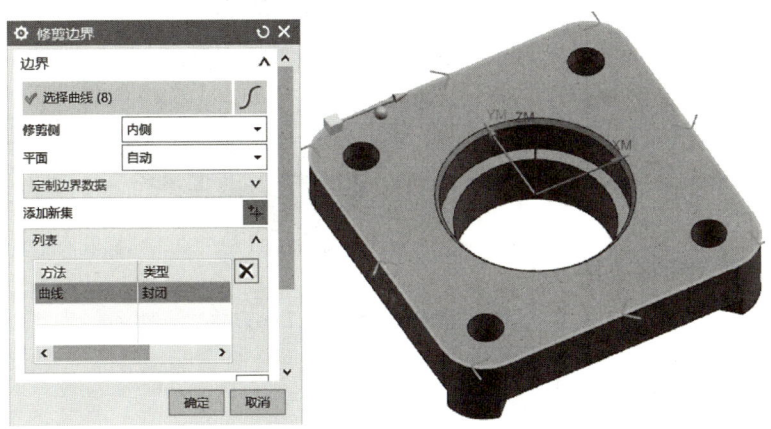

图 7-17 工位一修剪边界设置

(3) 单击"切削层"图标,进入切削层对话框(图 7-18),在"列表"中移除所有范围值,在范围 1 的顶部设置中,选择对象为零件表面。此时,ZC 值为 0,在范围定义中的"范围深度"设置为 13 mm,测量开始位置为"顶层",单击"确定"。

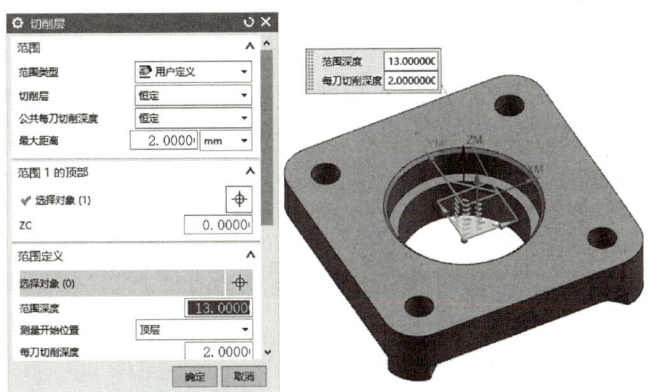

图 7-18 工位一切削层参数设置 2

(4) 单击"切削参数"图标,单击"余量",部件侧面余量设置为 0.1 mm。单击"策略",切削方向为"顺铣",切削顺序为"深度优先",勾选"在延伸毛坯下切削",单击"确定"。

(5) 单击"非切削移动"图标,进入非切削移动对话框,设置开放区域进刀方式,进刀类型选择"圆弧",长度为 30%,圆弧角度为 50°,高度为 3 mm,最小安全距离选择"仅延伸",距离设置为 5 mm,单击"确定"。

(6) 在型腔铣 6.3 矩形轮廓粗加工对话框中,单击生成图标,得到矩形轮廓粗加工工序刀具路径(图 7-19)。

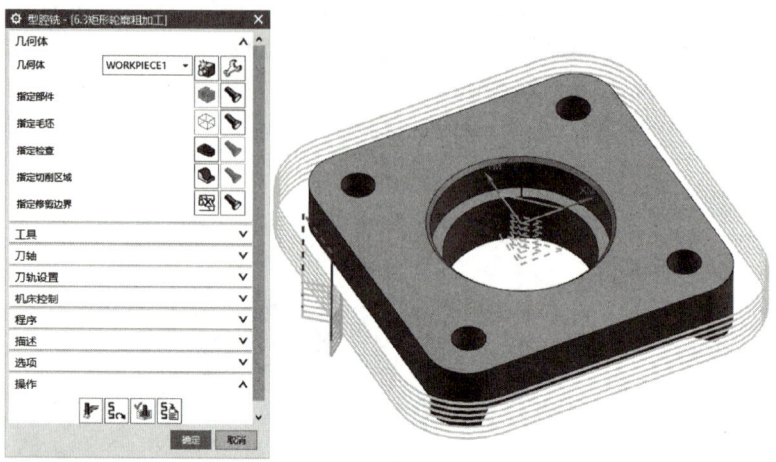

图 7-19 矩形轮廓粗加工工序刀轨

7.6.4 阶梯孔粗加工

(1) 复制"6.3 矩形轮廓粗加工"加工工序,并粘贴为副本,修改名称为"6.4 阶梯孔粗加工",双击进入"型腔铣"对话框,修改修剪边界"内侧"为"外侧",平面直径百分比修改为 50%。

微课视频——
轴承座阶梯
孔粗加工

(2) 进入切削层对话框,范围类型选择"单侧",勾选"临界深度顶面切削",修改范围定义中的范围深度设置为 25 mm,单击"确定"。

(3) 单击"切削参数"图标,单击"余量",部件侧面余量设置为 0.1 mm,部件底面余量设置为 0.2 mm,单击"确定"。

(4) 单击"非切削移动"图标,进入非切削移动对话框,设置封闭区域进刀方式,进刀类型选择"螺旋",螺旋进刀直径为刀具的 90%,斜坡角度为 3°,高度为 1 mm,高度起点"前一层",最小斜长度为 70%。单击"快速/转移",区域内转移方式为"进刀/退刀",转移类型为"前一平面",安全距离为 1 mm,单击"确定"。

(5) 在型腔铣 6.4 阶梯孔粗加工对话框中,单击生成图标,得到阶梯孔粗加工工序刀具路径(图 7-20)。

图 7-20 阶梯孔粗加工工序刀轨

7.6.5 矩形轮廓、阶梯孔精加工

(1) 复制"6.3 矩形轮廓粗加工"加工工序,并粘贴为副本,修改名称为"6.5 矩形轮廓精加工"。双击进入"型腔铣"对话框,工具选择"T03D10 立铣刀",切削模式选择"轮廓",公共每刀切削深度选择"恒定",最大距离设置为 0 mm。单击"切削参数"图标,单击"余量",部件侧面余量设置为 0 mm,部件底面余量设置为 0.03 mm,内外公差设置为 0.003 mm,单击"确定"。单击生成图标,得到矩形轮廓精加工工序刀具路径(图 7-21)。

微课视频——
轴承座矩形
轮廓、阶梯
孔精加工

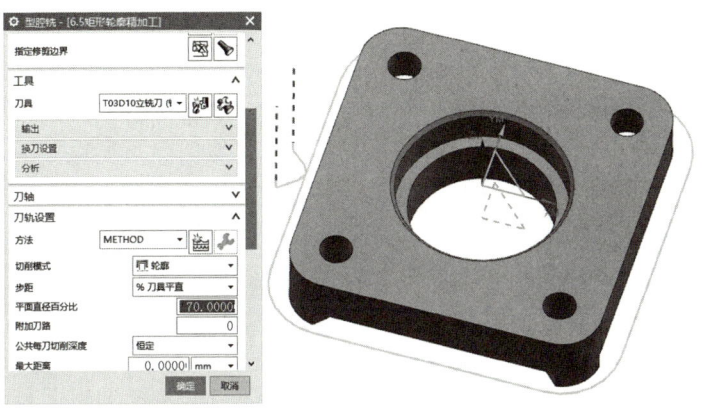

图 7-21 矩形轮廓精加工工序刀轨

(2) 复制"6.4 阶梯孔粗加工"加工工序,并粘贴为副本,修改名称为"6.5 阶梯孔精加工"。双击进入"型腔铣"对话框,工具选择"T03D10 立铣刀",切削模式选择"轮廓",公共每刀切削深度选择"恒定",最大距离设置为 0 mm。单击"切削参数"图标,单击"余量",部件侧面余量设置为 0 mm,部件底面余量设置为 0.03 mm,内外公差设置为 0.003 mm,单击"确定"。单击"非切削移动"图标,进入非切削移动对话框,设置封闭区域进刀方式,进刀类型选择"与开放区域相同",单击"确定"。单击生成图标,得到阶梯孔精加工工序刀具路径(图 7-22)。

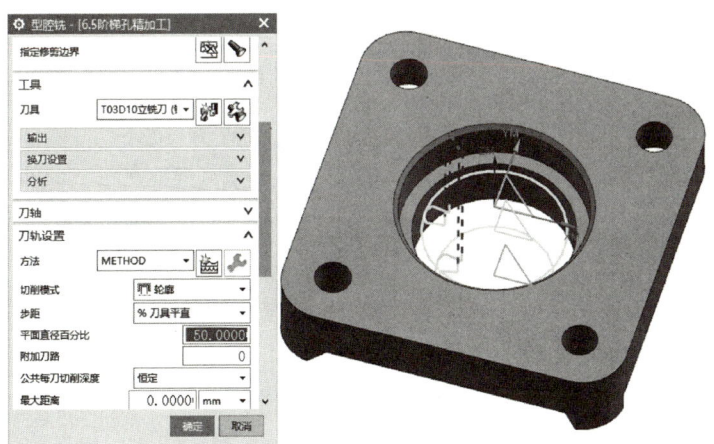

图 7-22 阶梯孔精加工工序刀轨

7.6.6 钻定心孔

(1) 进入"创建工序"对话框,类型选择为"hole_making",工序子类型选择"定心钻",程序选择"工位一",刀具选择"T04D10-90倒角刀",几何体选择"WORKPIECE1",方法默认为"METHOD",名称修改为"6.6钻定心孔",单击"确定"按钮,进入定心钻加工参数设置对话框。

(2) 在定心钻6.6钻定心孔加工对话框中,单击"指定特征几何体",进入特征几何体对话框,中心孔选择$\phi 8 \text{ mm}$孔,通过"反向"调整孔的方位Z轴与ZM轴相同,此时显示钻孔预览效果(图7-23),单击"确定"。

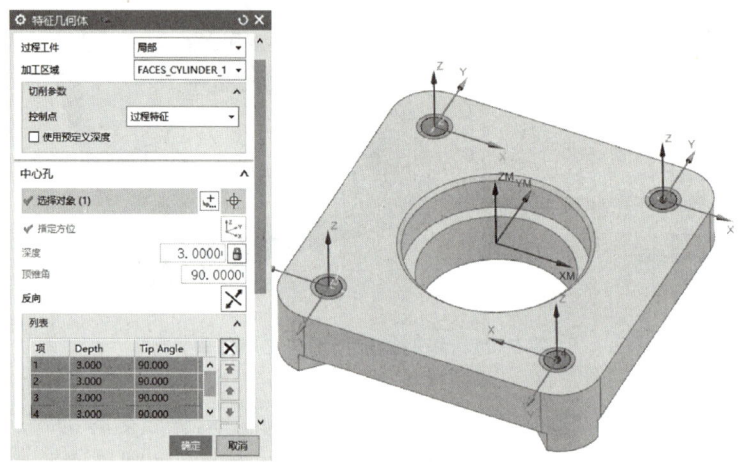

图7-23 钻定心孔特征几何体

(3) 在定心钻6.6钻定心孔对话框中,运动输出选择"机床加工周期",循环选择"钻"。单击"切削参数"图标,单击"策略",延伸路径顶偏置距离为3 mm,单击"确定"。单击生成图标,得到钻定心孔工序刀具路径(图7-24)。

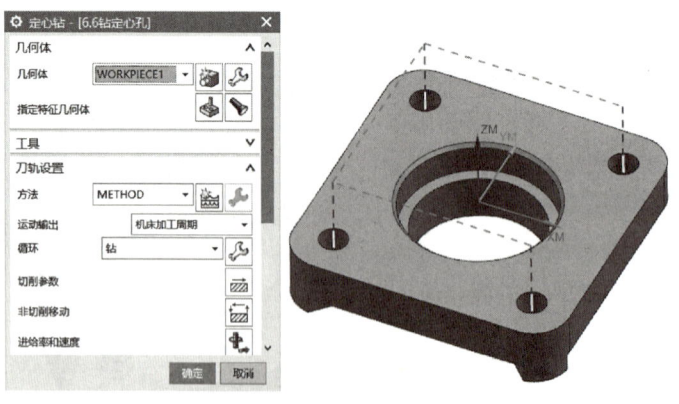

图7-24 钻定心孔工序刀轨

7.6.7 钻通孔

(1) 进入"创建工序"对话框,类型选择为"hole_making",工序子类型选择"钻深孔",

程序选择"工位一",刀具选择"T05DR8 钻头",几何体选择"WORKPIECE1",方法默认为"METHOD",名称修改为"6.7 钻通孔",单击"确定"按钮,进入钻深孔参数设置对话框。

(2) 在钻深孔 6.7 钻通孔对话框中,单击"指定特征几何体",进入特征几何体对话框,通孔选择ϕ8 mm 孔,加工区域选择"MODEL_DEPTH",通过"反向"调整孔的方位 Z 轴与 ZM 轴相同,此时显示钻孔预览效果(图 7-25),单击"确定"。

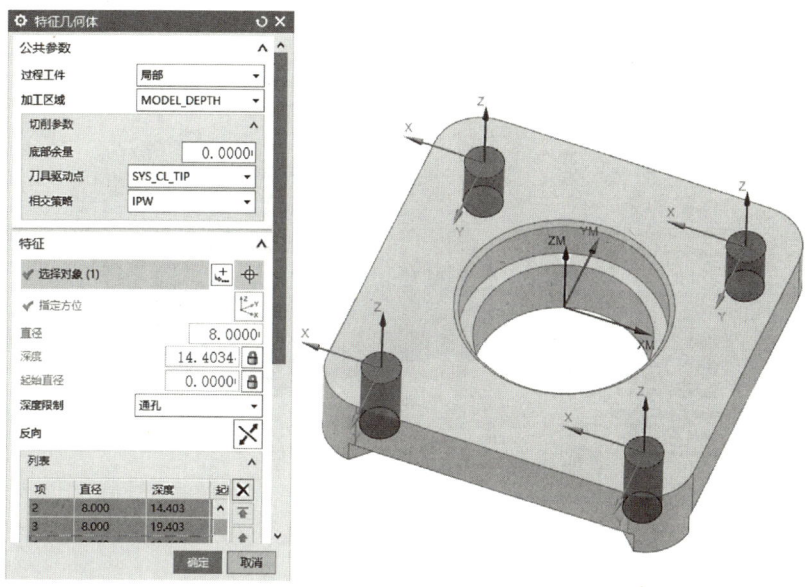

图 7-25　钻通孔特征几何体

(3) 在钻深孔 6.7 钻通孔对话框中,运动输出选择"机床加工周期",循环选择"钻,深孔",进入循环参数对话框,设置步进深度增量为"恒定",最大距离为 2 mm,单击"确定"。单击"切削参数"图标,单击"策略",延伸路径顶偏置距离为 3 mm,底偏置距离默认为 2.5 mm,单击"确定"。单击生成图标,得到钻通孔工序刀具路径(图 7-26)。

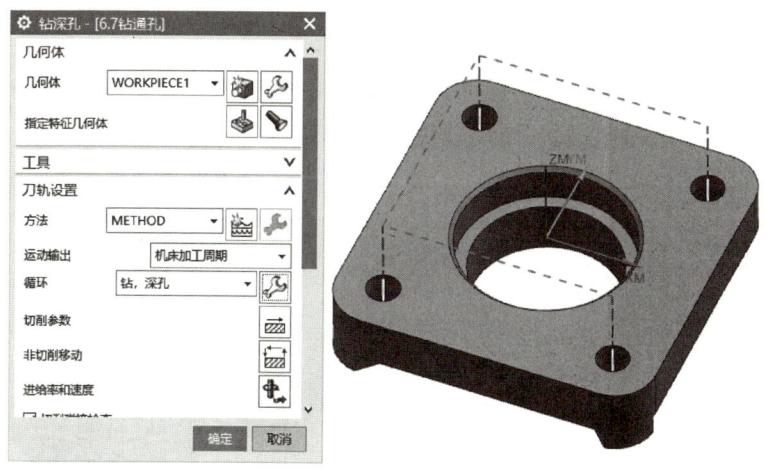

图 7-26　钻通孔工序刀轨

7.6.8 内孔倒角加工

微课视频——
轴承座内孔
倒角加工

创建底壁铣工序,程序选择"工位一",刀具选择"T04D10-90 倒角刀",几何体选择"WORKPIECE1",方法默认为"METHOD",名称修改为"6.8 内孔倒角加工",单击"确定"按钮,进入钻深孔参数设置对话框。根据项目五倒角加工工序编制方法,完成 6.8 内孔倒角加工工序编制,得到内孔倒角加工工序刀具路径(图 7-27)。

图 7-27 内孔倒角加工工序刀轨

学习活动 7.7 创建工件坐标系和加工几何体(工位二)

微课视频——
轴承座工位
二加工基本
设置

在程序顺序视图,选择"工位一",进行刀轨可视化仿真,在"刀轨可视化"对话框,在"IPW"一栏,单击"创建",完成剩余毛坯(小平面体)创建(图 7-28),单击"确定"。

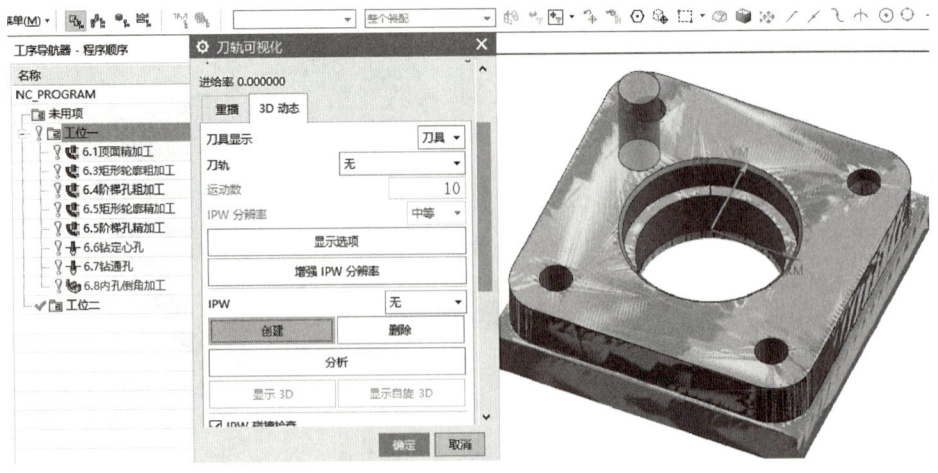

图 7-28 剩余毛坯创建

在几何视图选择"MCS_MILL1",右键复制,并粘贴为副本,修改"MCS_MILL1"为"MCS_MILL2",修改"WORKPIECE1"为"WORKPIECE2",删除 WORKPIECE2 下所有加工刀具路径(图 7-29)。

双击打开"WORKPIECE2",单击"指定毛坯",进入毛坯几何体对话框,类型选择"几何体",类型过滤器选择"小平面体",选择剩余毛坯(小平面体特征)(图 7-30),单击"确定",再次单击"确定",完成"WORKPIECE2"设置。

隐藏"小平面体"特征,在绘图区,翻转工件绕 Y 轴转动 180°,双击打开"MCS_MILL2",设置 MCS 坐标系,工件坐标系原点位于孔表面中心(图 7-31),单击"确定"。安全设置,指定平面偏置距离为 20 mm,单击"确定",完成"MCS_MILL2"工件坐标系设置。

图 7-29 几何视图创建

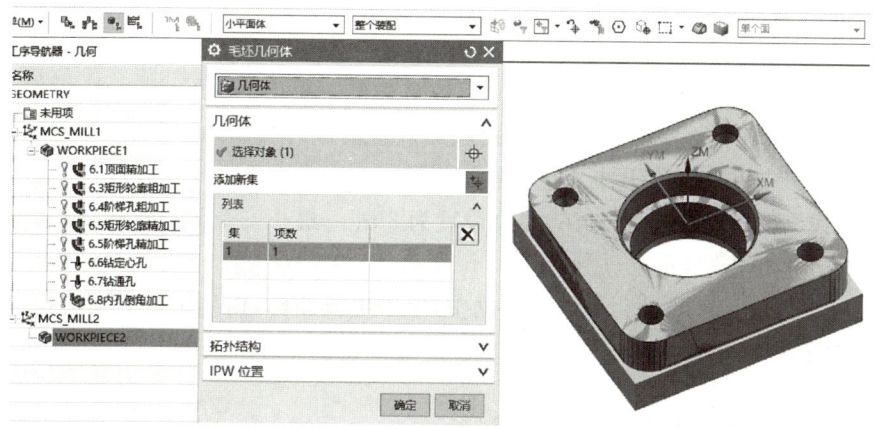

图 7-30 加工几何体设置 2

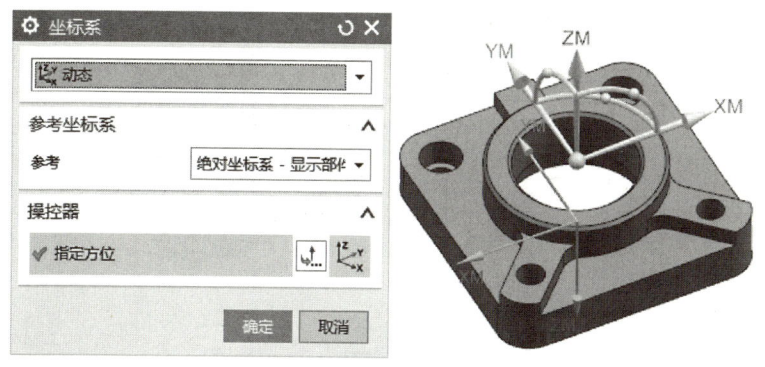

图 7-31 工件坐标系设置 2

学习活动 7.8　根据加工工序内容，编制加工程序（工位二）

微课视频——
轴承座顶面
粗加工

7.8.1　顶面粗加工

（1）在主菜单中单击"创建工序"图标，进入"创建工序"对话框，类型选择为"mill_contour"，工序子类型选择"型腔铣"，程序选择"工位二"，刀具选择"T01D63 面铣刀"，几何体选择"WORKPIECE2"，方法默认为"METHOD"，名称修改为"8.1 顶面粗加工"，单击"确定"按钮，进入型腔铣加工参数设置对话框。

（2）在型腔铣 8.1 顶面粗加工对话框中，指定修剪边界，刀轴设置为"+ZM 轴"，切削方式选择"往复"，步距选择"%刀具平直"，平面直径百分比为 70%，公共每刀切削深度选择"恒定"，最大距离设置为 1 mm。

（3）单击"切削层"图标，进入切削层对话框，在"列表"中移除所有范围值，选择范围定义下"选择对象"，选择"零件表面"，此时在"列表"中只有一个范围值，单击"确定"。

（4）单击"切削参数"图标，进入切削参数对话框。单击"拐角"，光顺选择为"所有刀路"，半径默认为 50%。单击"余量"，最终底面余量设置为 0.2 mm，单击"确定"。

（5）单击"非切削移动"图标，进入非切削移动对话框，设置开放区域进刀方式，进刀类型选择"线性"，长度设置为 30%，高度设置为 3 mm，最小安全距离选择"仅延伸"，距离设置为 10 mm，单击"确定"。

（6）在型腔铣 8.1 顶面粗加工对话框中，单击生成图标，得到工位二顶面粗加工工序刀具路径（图 7-32）。

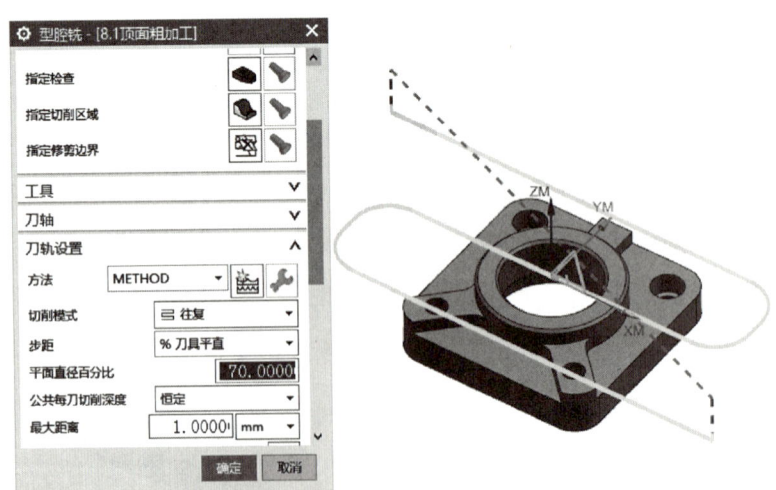

图 7-32　工位二顶面粗加工工序刀轨

7.8.2 凸台与圆柱组合特征粗加工

(1) 在主菜单中单击"创建工序"图标,进入"创建工序"对话框,类型选择为"mill_contour",工序子类型选择"型腔铣",程序选择"工位二",刀具选择"T02D16 立铣刀",几何体选择"WORKPIECE2",方法默认为"METHOD",名称修改为"8.2 凸台与圆柱组合特征粗加工",单击"确定"按钮,进入型腔铣加工参数设置对话框。

(2) 在型腔铣 8.2 凸台与圆柱组合特征粗加工对话框中,单击"指定修剪边界",边界选择"φ52 圆柱边",修剪侧为"内侧",单击"确定"。刀轴设置为"+ZM 轴",切削方式选择"跟随部件",步距选择"%刀具平直",平面直径百分比为 70%,公共每刀切削深度选择"恒定",最大距离设置为 2 mm。

(3) 单击"切削层"图标,范围类型选择"单侧",勾选"临界深度顶面切削",选择范围定义下的"选择对象",选择"加工轮廓底面","范围 1 的顶部"一栏中,ZC 值减小 1 mm,设置为 24 mm(图 7-33)。单击"确定"按钮。

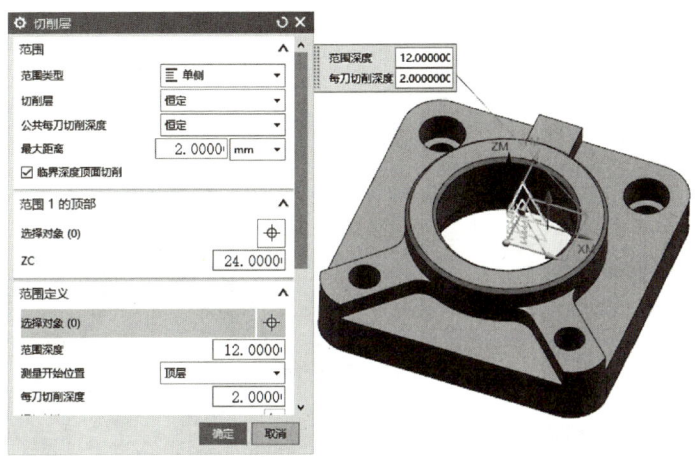

图 7-33 工位二切削层参数设置

(4) 单击"切削参数"图标,进入切削参数对话框,单击"拐角",光顺选择为"所有刀路",半径设置为 10%。单击"余量",部件侧面余量设置为 0.1 mm,最终底面余量设置为 0.2 mm,单击"确定"按钮。

(5) 单击"非切削移动"图标,进入非切削移动对话框,设置开放区域进刀方式,进刀类型选择"圆弧",半径设置为 30%,圆弧角度设置为 50°,高度设置为 3 mm,最小安全距离选择"仅延伸",距离设置为 5 mm。单击"快速/转移",区域内转移方式为"进刀/退刀",转移类型为"前一平面",安全距离为 1 mm,单击"确定"。

(6) 在型腔铣 8.2 凸台与圆柱组合特征粗加工对话框中,单击生成图标,得到凸台与圆柱组合特征粗加工工序刀具路径(图 7-34)。

7.8.3 凸台与圆柱组合特征剩余加工

(1) 复制"8.2 凸台与圆柱组合特征粗加工"加工工序,并粘贴为副本,修改名称为"8.3 凸台与圆柱组合特征剩余加工",双击进入"型腔铣"对话框,工具选择"T03D10 立铣刀",切削模式选择"轮廓",公共每刀切削深度选择"恒定",最大距离设置为 0 mm。

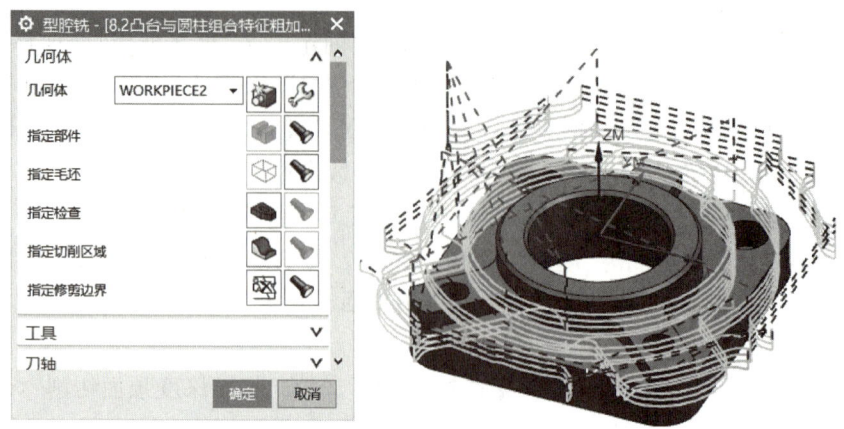

图 7-34　凸台与圆柱组合特征粗加工工序刀轨

(2) 打开"修剪边界",添加"新集",选择"φ12孔",修剪侧为"内侧"(图 7-35)。

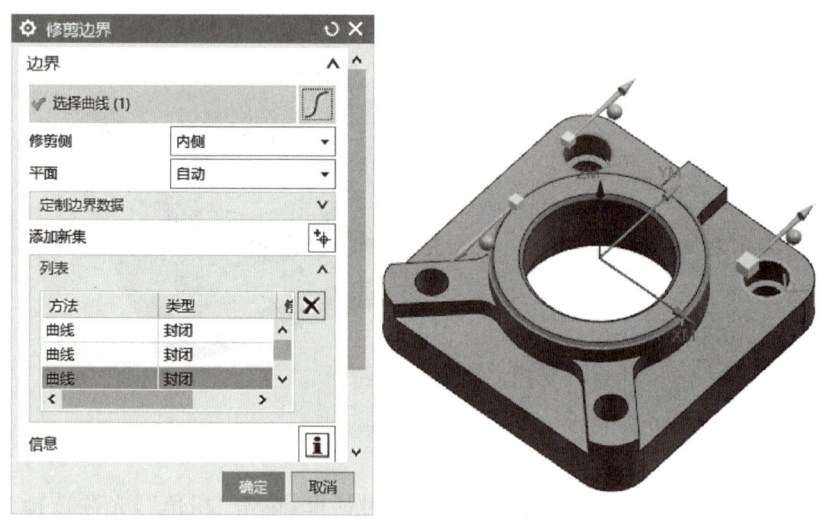

图 7-35　工位二修剪边界设置

(3) 单击"切削参数"图标,单击"空间范围",过程工件选择"使用基于层的"(图 7-36),单击"确定"。

(4) 单击"非切削移动"图标,设置封闭区域进刀方式,进刀类型选择"与开放区域相同",修改开放区域进刀方式,最小安全距离设置为 1 mm,单击"确定"。单击生成图标,得到凸台与圆柱组合特征剩余加工工序刀具路径(图 7-37)。

7.8.4　凸台与圆柱组合特征平面精加工

(1) 复制"8.2凸台与圆柱组合特征粗加工"加工工序,并粘贴为副本,修改名称为"8.4凸台与圆柱组合特征平面精加工",双击进入"型腔铣"对话框,指定修剪边界,移除"列

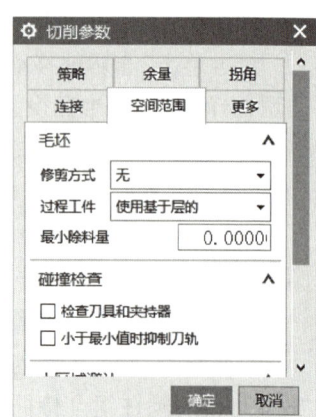

图 7-36　空间范围设置

微课视频——
轴承座凸台
与圆柱组合
特征平面精
加工

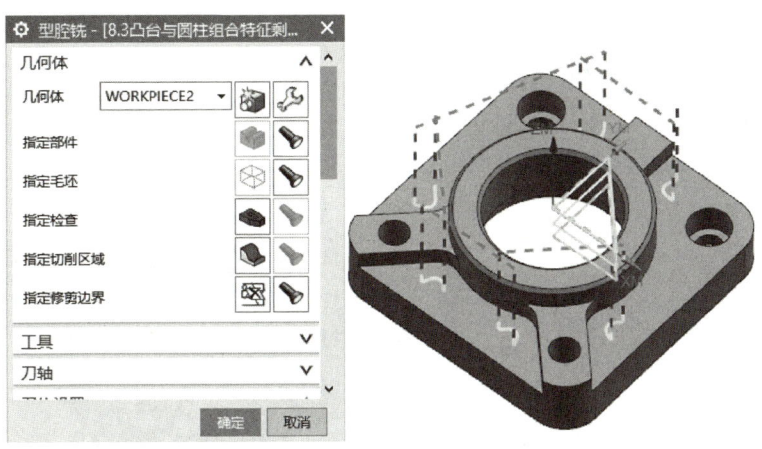

图 7-37　凸台与圆柱组合特征剩余加工工序刀轨

表"曲线边界,选择"ϕ36 孔边",单击"确定",公共每刀切削深度选择"恒定",最大距离设置为 0 mm。

(2) 单击"切削层"图标,范围 1 顶部栏中,选择"最高顶面",将 ZC 值增加 1 mm,设置为 24 mm,单击"确定"。单击"切削参数"图标,单击"拐角",光顺选择为"无"。单击"余量",最终底面余量设置为 0 mm,内外公差设置为 0.003 mm,单击"确定"按钮。单击生成图标,得到凸台与圆柱组合特征平面精加工工序刀具路径(图 7-38)。

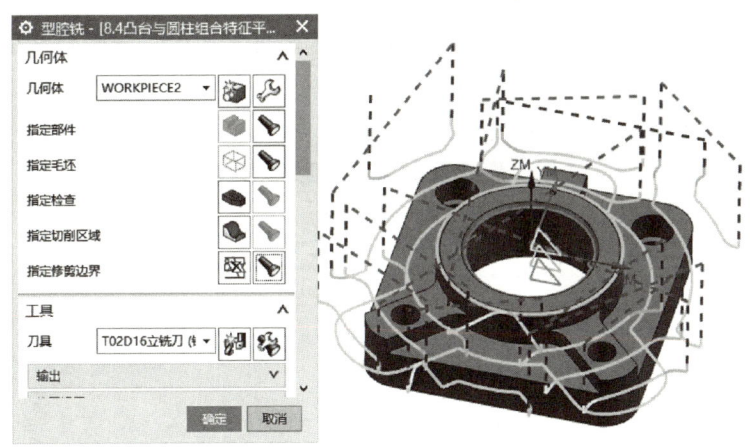

图 7-38　凸台与圆柱组合特征平面精加工工序刀轨

7.8.5　凸台与圆柱组合特征侧壁精加工

(1) 复制"8.4 凸台与圆柱组合特征平面精加工"加工工序,并粘贴为副本,修改名称为"8.5 凸台与圆柱组合特征侧壁精加工",双击进入"型腔铣"对话框,工具选择"T03D10 立铣刀",切削模式选择"轮廓"。

(2) 单击"切削参数"图标,单击"余量",部件侧面余量设置为 0 mm,最终底面余量设置为 0.03 mm,内外公差设置为 0.003 mm,单击"确定"按钮。单击生成刀路,得到凸台与

微课视频——
轴承座凸台
与圆柱组合
特征侧壁精
加工

圆柱组合特征侧壁精加工工序刀路(图7-39)。

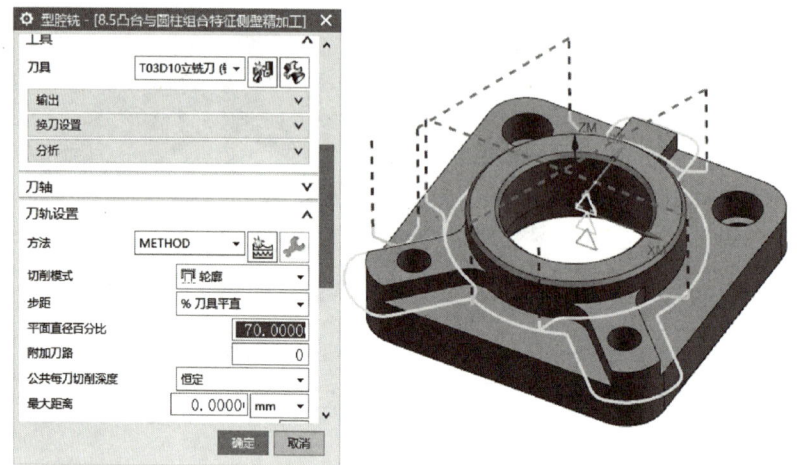

图7-39 凸台与圆柱组合特征侧壁精加工工序刀轨

7.8.6 钻沉头孔

(1) 进入"创建工序"对话框,类型选择为"hole_making",工序子类型选择"钻孔",程序选择"工位二",刀具选择"T06DR12钻头平底",几何体选择"WORKPIECE2",方法默认为"METHOD",名称修改为"8.6钻沉头孔"(图7-40),单击"确定"按钮,进入钻孔参数设置对话框。

微课视频——
轴承座钻
沉头孔

(2) 在钻孔8.6钻沉头孔对话框中,单击"指定特征几何体",选择φ12沉头孔,此时显示钻孔预览效果(图7-41),单击"确定"。

图7-40 工位二钻沉头孔工序创建

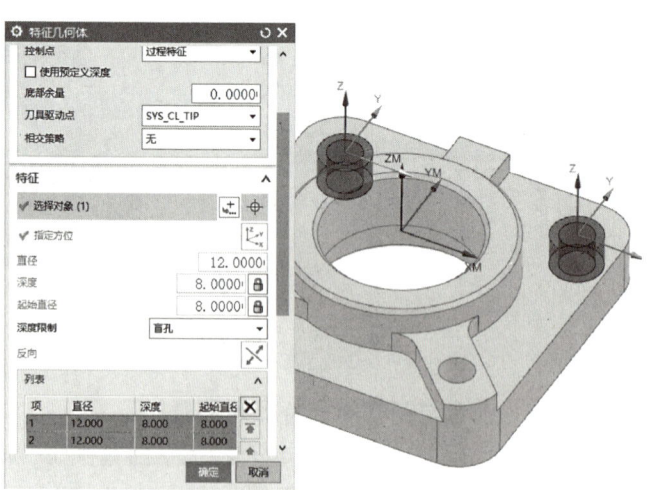

图7-41 工位二沉头孔特征几何体

(3) 单击"切削参数"图标,单击"策略",延伸路径顶偏置距离为3 mm,单击"确定"。单击生成图标,得到钻沉头孔工序刀具路径(图7-42)。

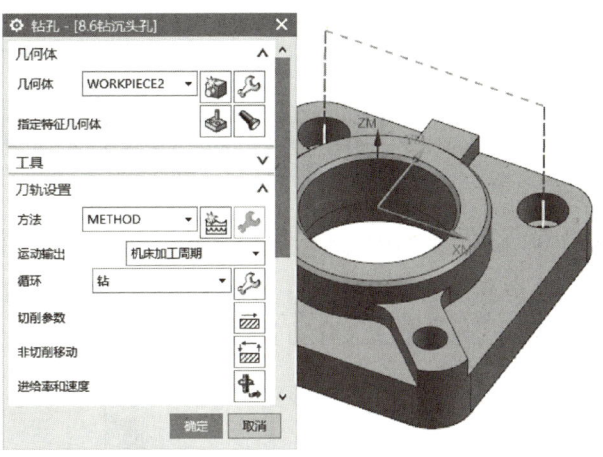

图 7-42 钻沉头孔工序刀轨

7.8.7 圆柱与内孔倒角加工

创建底壁铣工序,程序选择"工位二",刀具选择"T04D10-90 倒角刀",几何体选择"WORKPIECE2",方法默认为"METHOD",名称修改为"8.7 圆柱与内孔倒角加工",单击"确定"按钮,进入钻深孔参数设置对话框。根据项目五倒角加工工序编制方法,完成圆柱与内孔倒角加工工序编制,得到圆柱与内孔倒角加工工序刀轨(图 7-43)。

微课视频——
轴承座圆柱
与内孔倒角
加工

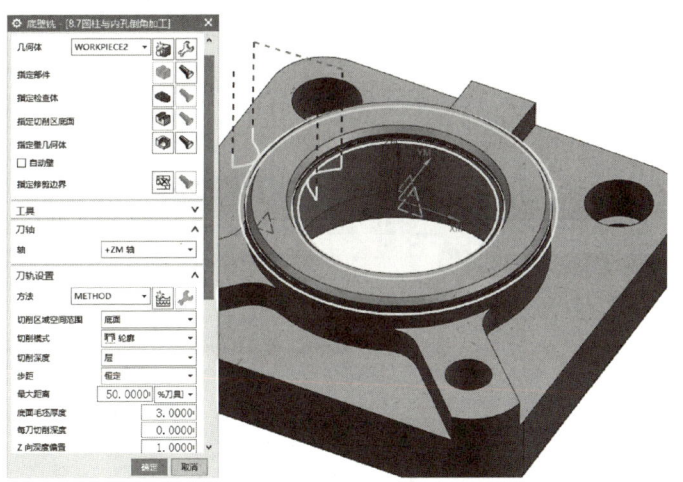

图 7-43 圆柱与内孔倒角加工工序刀轨

学习活动 7.9 根据加工工序内容,设置进给率和速度

根据各工序加工刀具安排,按照项目五、项目六操作方法,设置工位一、工位二各加工工序的进给率和速度。

学习活动 7.10　刀轨可视验证，G 代码后处理

在"工序导航器-程序顺序"视图中，同时选中"工位一""工位二"，进行"3D 动态"刀轨可视化仿真，查看工位一仿真加工结果（图 7-44）和工位二仿真加工结果（图 7-45）。如有干涉碰撞或未切削到位现象，修改加工工序刀具路径直至合格。

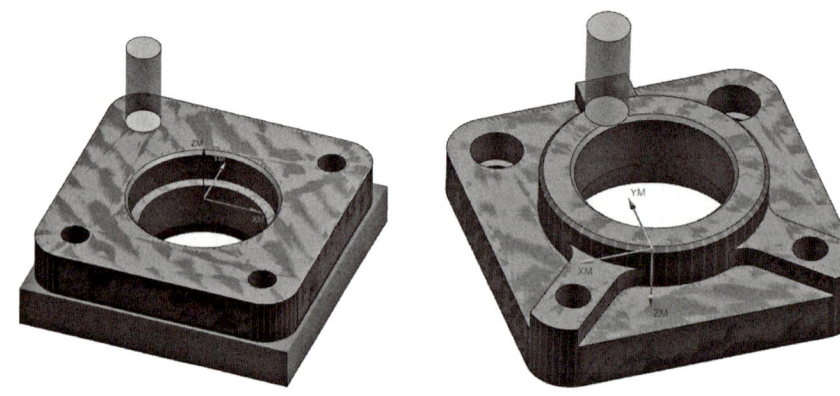

图 7-44　工位一仿真加工结果　　　图 7-45　工位二仿真加工结果

在"工序导航器-程序顺序"视图中，分别单击选中"工位一""工位二"工序文档，选择后处理器文件，完成 G 代码生成，如图 7-46 所示。

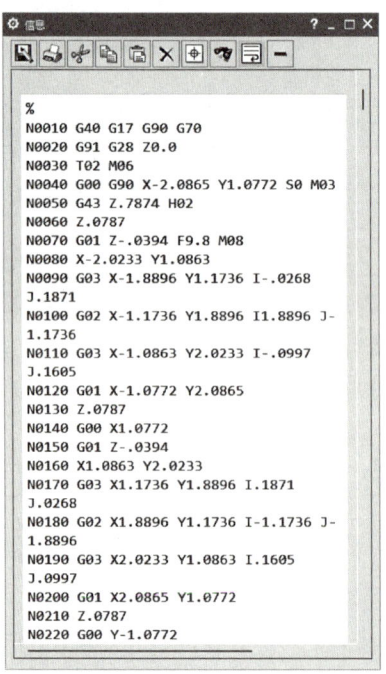

图 7-46　G 代码

任务评价

完成本任务实施以后,对上述所有活动进行评价,填写任务评价表(表 7-2)。

表 7-2 任务评价表

序号	项目(分值)	评价内容	配分	得分
1	零件建模 (20 分)	零件模型结构完整	8	
2		零件模型局部圆角、倒角处理合理	4	
3		零件模型体积检测误差符合要求	4	
4		建模过程高效、合理	4	
5	分析工艺 (15 分)	加工方法描述正确、清晰	5	
6		装夹方式描述合理,具有可实施性	3	
7		加工策略、加工刀具选用合理	7	
8	设置加工几何体(5 分)	工位一 MCS 工件坐标系、加工几何体设置合理	2	
9		工位二 MCS 工件坐标系、加工几何体设置合理	3	
10	创建加工刀具 (5 分)	创建刀具齐全,命名清晰	3	
11		刀具参数设置正确	2	
12	编制加工工序(50 分)	工位一:顶面精加工工序合理	2	
13		工位一:矩形轮廓粗加工、阶梯孔粗加工工序合理	5	
14		工位一:矩形轮廓精加工、阶梯孔精加工工序合理	8	
15		工位一:钻定心孔、钻通孔、内孔倒角加工工序合理	8	
16		工位二:顶面粗加工工序合理	2	
17		工位二:凸台与圆柱组合特征粗加工、剩余加工工序合理	10	
18		工位二:凸台与圆柱组合特征平面精加工、侧壁精加工工序合理	10	
19		工位二:钻沉头孔、圆柱与内孔倒角加工工序合理	5	
20	G 代码后处理 (5 分)	可视化仿真无干涉,误差值合格	3	
21		后处理 G 代码,命名格式合理	2	
	总计		100	

项目八

支撑架的加工

任务目标

1. 正确识读支撑架零件图的加工质量要求。
2. 使用 CAD/CAM 软件完成支撑架零件的三维实体建模。
3. 根据零件图模型创建毛坯模型。
4. 分析支撑架零件加工工艺，正确选择工艺工装与刀具。
5. 制定零件加工工序流程，合理规划各部位加工策略。
6. 使用 CAD/CAM 软件凸台铣加工策略编制圆柱凸台加工工序。
7. 使用 CAD/CAM 软件孔铣加工策略编制孔铣削加工工序。
8. 使用 CAD/CAM 软件螺纹铣加工策略编制外螺纹、内螺纹加工工序。
9. 使用 CAD/CAM 软件槽铣削加工策略编制直线侧面沟槽加工工序。
10. 使用 CAD/CAM 软件径向槽铣加工策略编制内径侧面沟槽加工工序。
11. 使用 CAD/CAM 软件平面铣加工策略编制轮廓侧面沟槽加工工序。
12. 使用 CAD/CAM 软件孔加工循环策略编制定心孔、埋头孔、钻深孔加工工序。
13. 使用 CAD/CAM 软件孔加工循环策略编制攻丝、铰孔、镗孔加工工序。
14. 可视化仿真验证加工刀路，优化加工路线。

确定任务

现有一批支撑架零件生产任务（图 8-1），毛坯为 YL113 铝铸件，并提供有毛坯铸件毛坯模型。根据总体生产任务安排，现需要完成以下任务：

(1) 完成支撑架零件三维建模，创建毛坯模型；
(2) 正确选择工艺工装与刀具；
(3) 制定加工工序流程，规划各部位加工策略；
(4) 编制圆柱凸台、孔铣削加工工序；
(5) 编制内外螺纹铣加工工序；
(6) 编制直线侧面沟槽、内径侧面沟槽、曲线侧面沟槽加工工序；
(7) 编制定心孔、埋头孔、钻深孔加工工序；

(8) 编制编制攻丝、铰孔、镗孔加工工序；
(9) 可视化仿真验证加工刀路及优化刀路；
(10) 合理设置粗、精加工切削参数；
(11) 分工序完成 G 代码后处理。

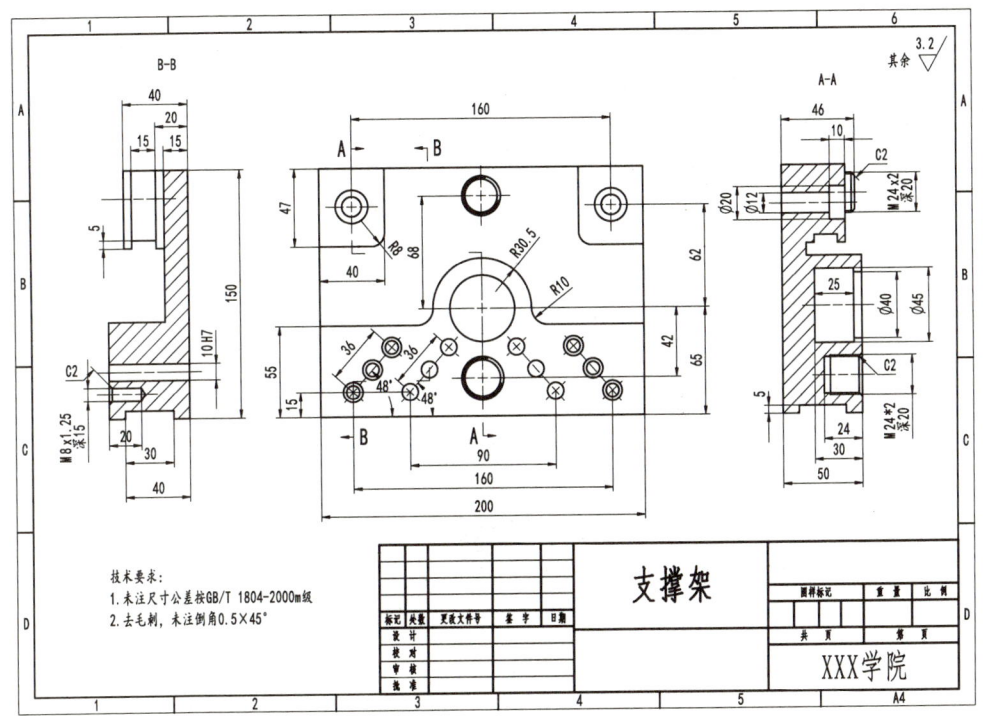

图 8-1 支撑架零件图

任务实施

学习活动 8.1 根据支撑架图纸要求，确定零件建模思路

对支撑架图纸进行实体分析，依次绘制基本体轮廓草图、侧面沟槽草图，拉伸实体特征；创建沉头孔、通孔、盲孔等特征；镜像孔特征及倒角。零件建模步骤见表 8-1。

表 8-1 零件建模步骤

1. 绘制基本体特征	2. 创建侧面沟槽	3. 创建孔特征	4. 阵列、镜像孔特征及倒角

学习活动 8.2　根据支撑架图纸要求，完成零件三维建模

(1) 在主菜单中，单击"在任务环境中绘制草图"图标，进入创建草图对话框，设置草图类型为"在平面上"，设置平面方法为"自动判断"，参考为"水平"，原点方式设置为"使用工作部件原点"，选择 XY 平面，单击"确定"，进入草图绘制平面。

(2) 加工坐标系原点置于 $\phi 45$ mm 孔中心，绘制基本体特征草图（图 8-2），绘制 M24 外螺纹外径尺寸，完成后单击"完成草图"命令。

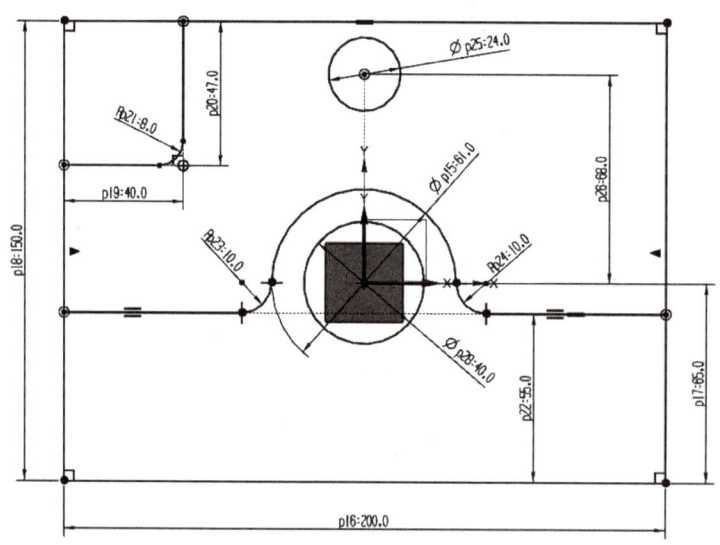

图 8-2　基本体特征草图

(3) 通过拉伸特征操作，按照零件图尺寸要求设置深度尺寸值，完成实体模型创建（图 8-3）。

(4) 创建直线侧面沟槽，单击"拉伸"图标，截面线选择"外侧直线"，调整拉伸方向为 $-Z$ 轴，开始距离为 10 mm，结束距离为 40 mm，布尔选择"减去"，偏置选择"两侧"，偏置开始为 0 mm，偏置结束为 5 mm，通过截面线中的反向图标，调整沟槽的偏置方位（图 8-4），单击"确定"，完成直线侧面沟槽创建。

图 8-3　支撑架基本体特征

(5) 创建曲线侧面沟槽。按照"创建直线侧面沟槽"方法操作，设置拉伸特征参数（图 8-5），单击"确定"，完成曲线侧面沟槽创建。

(6) 创建内径侧面沟槽。按照"创建直线侧面沟槽"方法操作，设置拉伸特征参数（图 8-6），单击"确定"，完成内径侧面沟槽创建。

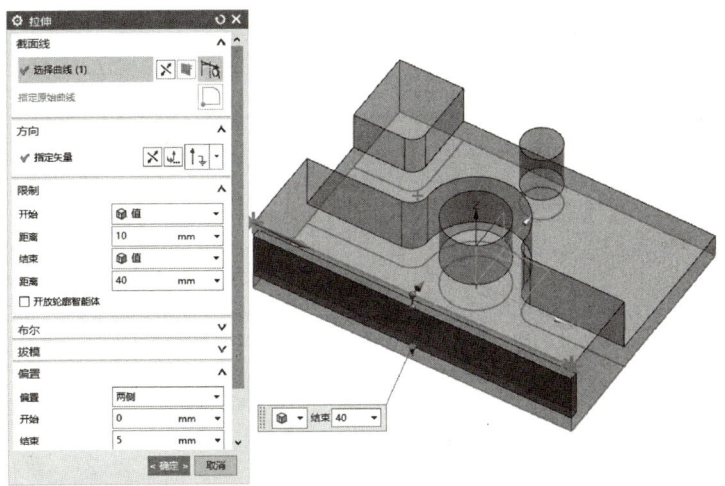

图 8-4　直线侧面沟槽创建

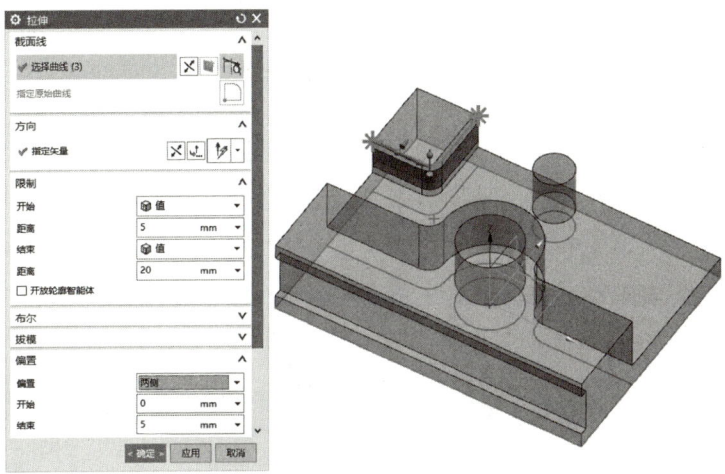

图 8-5　曲线侧面沟槽创建

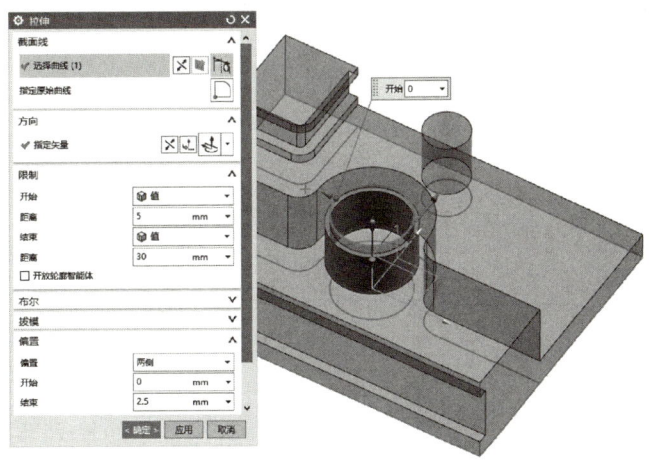

图 8-6　内径侧面沟槽创建

(7) 创建埋头孔。在主菜单"特征"组,选择"孔",进入创建孔对话框,类型选择"常规孔",指定点为零件表面,进入草图标注点位置,单击完成草图。成形选择"埋头",埋头直径为 12 mm,埋头角度为 90°,直径为 8 mm,深度为 20 mm,沉头深度为 9 mm,布尔默认"减去"(图 8-7),单击"确定",完成埋头孔创建。

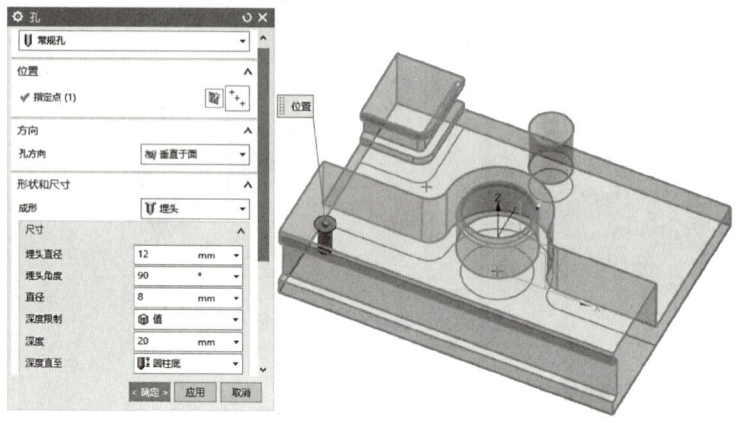

图 8-7　埋头孔创建

(8) 创建通孔。在主菜单"特征"组,选择"孔",进入创建孔对话框,类型选择"常规孔",指定点为零件表面,进入草图标注点位置,单击完成草图。成形选择"简单孔",直径为 10 mm,深度为 50 mm,布尔默认"减去"(图 8-8),单击"确定",完成通孔创建。

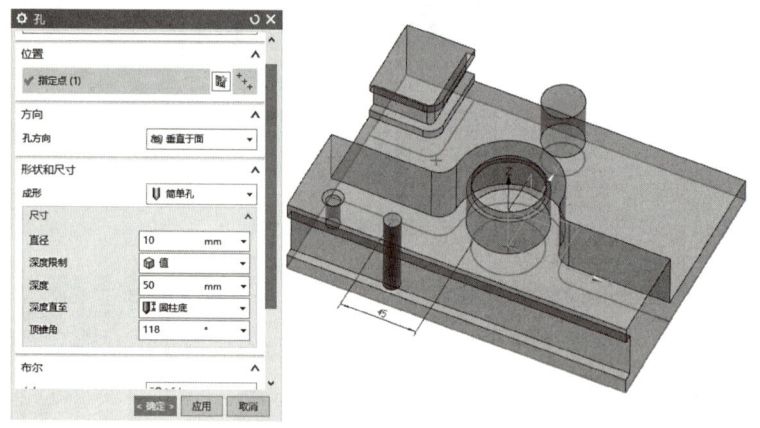

图 8-8　通孔创建

(9) 创建 M24 螺纹底孔。在主菜单"特征"组,选择"孔",进入创建孔对话框,类型选择"常规孔",指定点为零件表面,进入草图标注点位置,单击完成草图。成形选择"简单孔",直径为 21.9 mm,深度为 24 mm,顶锥角为 0°,布尔默认"减去"(图 8-9),单击"确定",完成 M24 螺纹底孔创建。

(10) 创建 ϕ20 mm 沉头孔。在主菜单"特征"组,选择孔,进入创建孔对话框,类型选择"常规孔",指定点为"零件表面",进入草图标注点位置,单击完成草图。成形选择"沉

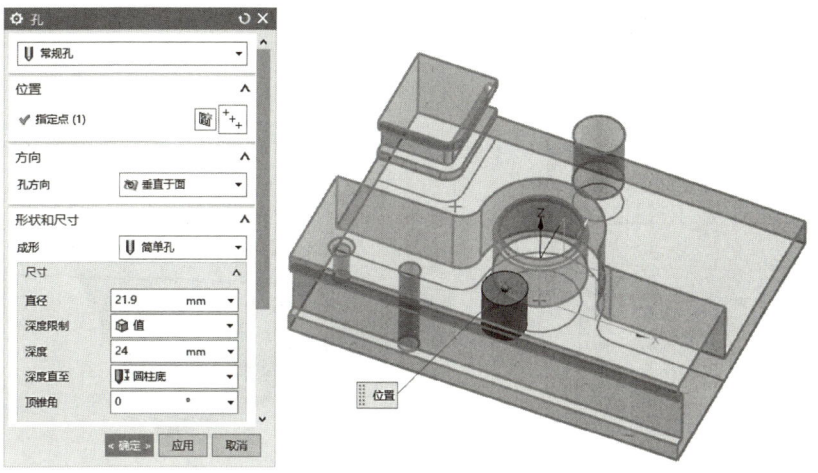

图 8-9　M24 螺纹底孔创建

头",沉头直径为 20 mm,沉头深度为 10 mm,直径为 12 mm,深度为 40 mm 顶锥角为 118°,布尔默认"减去"(图 8-10),单击"确定",完成 ϕ20 沉头孔创建。

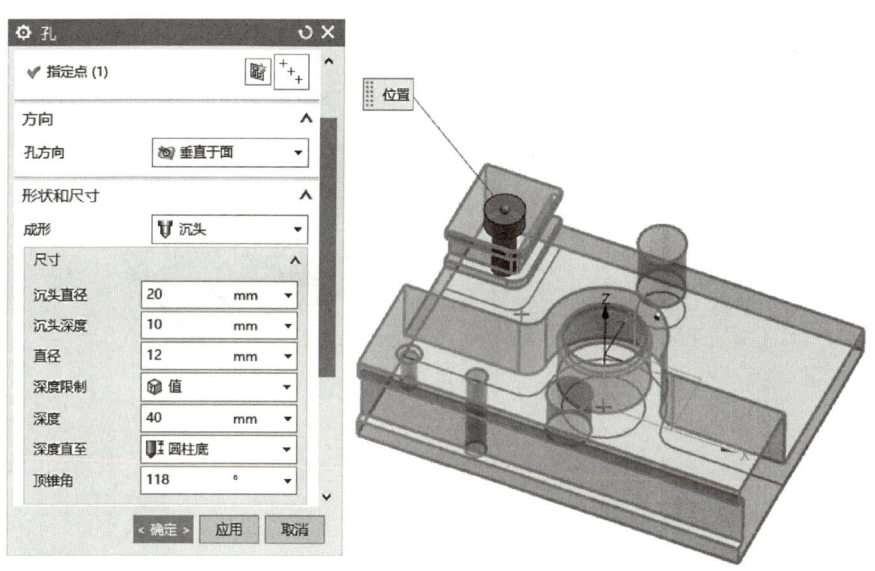

图 8-10　ϕ20 mm 沉头孔创建

(11) 阵列孔特征创建。在主菜单中选择"阵列特征",选择"埋头孔、通孔"特征,布局选择"线性",指定矢量,打开"矢量对话框",选择"与 X 轴成一角度",设定角度为 48°,单击"确定"。间距选择"数量和跨距",数量为 3,跨距为 36 mm(图 8-11),单击"确定",完成阵列孔特征。

(12) 在特征组菜单中单击"更多",选择"镜像特征",镜像特征选择"要镜像的特征",镜像平面选择 YZ 平面,单击"确定",完成镜像特征操作(图 8-12)。在特征组菜单中单击"倒斜角",进行倒角特征操作,完成零件模型创建(图 8-13)。

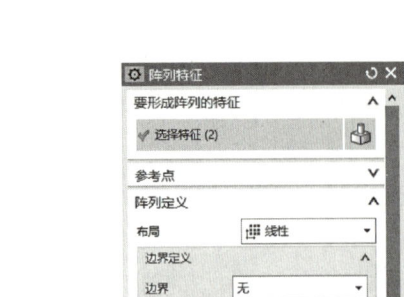

图 8-11　阵列孔特征创建

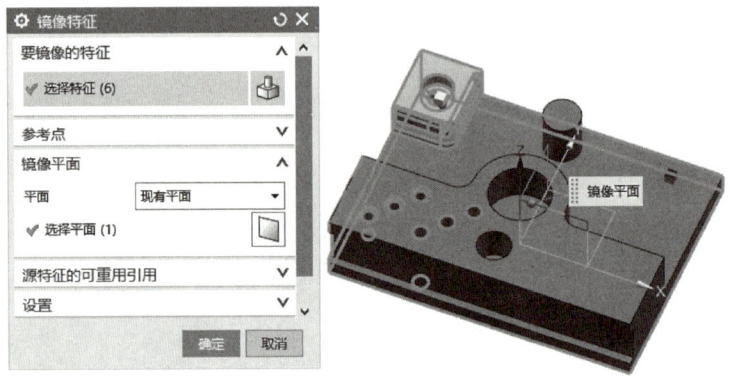

图 8-12　镜像特征创建

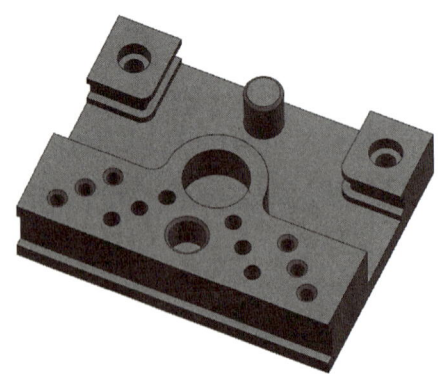

图 8-13　零件模型

学习活动 8.3 根据零件图纸技术要求，制定工艺内容

8.3.1 分析加工方法

本任务为支撑架零件加工，根据加工任务可知，零件毛坯为 YL113 铝铸件，ϕ40 mm 孔已经铸造成形，M24 螺纹大径预留有 1 mm 精加工余量，其余侧面沟槽、沉头孔、埋头孔、通孔、螺纹孔、倒角等均需要切削加工。加工顺序为铣削外螺纹大径、铣削内螺纹小径、倒角、钻 ϕ20 mm 沉头孔、铣削外螺纹、铣削内螺纹、铣削直线侧面槽、铣削内径槽、铣削曲线侧面槽、钻定心孔、钻埋头孔、钻深孔、铰孔、镗孔、攻丝。

毛坯为方料，采用平口钳装夹，加工坐标系设置为工件 ϕ40 mm 孔中心上表面，根据零件各区域加工深度要求，建议毛坯夹紧深度为 12 mm。

8.3.2 规划加工策略

本零件为圆柱、螺纹、孔、沟槽特征，采用凸台铣、孔铣、螺纹铣、槽铣削、径向槽铣、平面铣、孔加工等策略编制加工工序，各区域加工策略规划如下。

（1）外螺纹大径加工：采用凸台铣加工策略，刀具为 D12 立铣刀。
（2）内螺纹小径、沉头孔加工：采用孔铣加工策略，刀具为 D12 立铣刀。
（3）圆柱与内孔倒角加工：采用底壁铣加工策略，刀具为 D8-90°倒角刀。
（4）外螺纹铣削加工：采用螺纹铣加工策略，刀具为 D16-2 螺纹铣刀。
（5）内螺纹铣削加工：采用螺纹铣加工策略，刀具为 D16-2 螺纹铣刀。
（6）直线侧面沟槽加工：采用槽铣削加工策略，刀具为 D30-5 T 型铣刀。
（7）内径沟槽加工：采用径向槽铣加工策略，刀具为 D30-5 T 型铣刀。
（8）曲线侧面沟槽加工：采用平面铣加工策略，刀具为 D30-5 T 型铣刀。
（9）钻定心孔：采用定心孔加工策略，刀具为 D16-90°定心钻。
（10）钻埋头孔：采用钻埋头孔加工策略，刀具为 D16-90°定心钻。
（11）钻底孔：采用钻深孔加工策略，刀具为 DR6.8 钻头、DR9.8 钻头、DR11.8 钻头。
（12）铰孔、镗孔：采用镗孔策略，刀具为 JD10 铰刀、D12 镗孔刀。
（13）攻丝加工：采用攻丝加工策略，刀具为 M8 丝锥。

学习活动 8.4 创建工件坐标系和加工几何体

微课视频——
支撑架加工
基本设置

（1）导入毛坯文件，完成支撑架建模后，选择"文件"，选择"导入"，单击"部件"，进入"导入部件"对话框（图 8-14），单击"确定"，打开支撑架"毛坯模型.prt"文件。按下"Ctrl+T"键，在"移动对象"对话框，选择对象毛坯模型，变换中的"运动"选择"点到点"，

指定出发点为毛坯φ40 mm孔中心,指定目标点为零件φ40 mm孔中心,结果选择"移动原先的"(图8-15),单击"确定",可修改毛坯颜色为半透明色,便于区分。

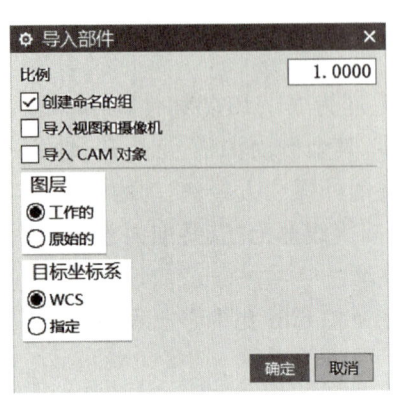

图8-14 导入部件　　　　　　　　　　　图8-15 移动对象

（2）进入铣削加工环境,设定工件坐标系为毛坯φ40 mm孔中心上表面,安全设置毛坯表面偏置距离为20 mm。打开"WORKPIECE",进入"工件设置对话框",指定部件选择零件模型,指定毛坯,选择"几何体"类型,选择毛坯模型,单击"确定",完成加工几何体设置,隐藏毛坯模型(图8-16)。

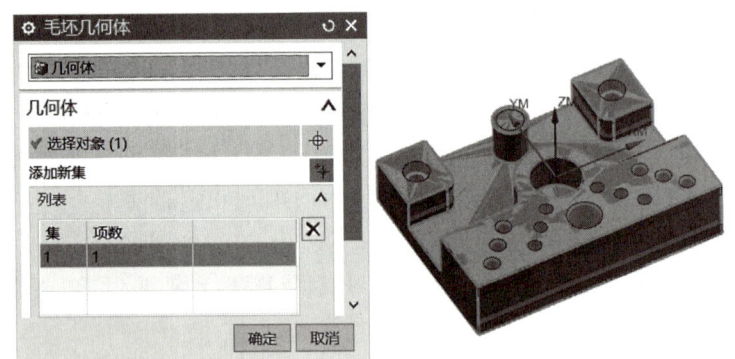

图8-16 毛坯几何体设置

学习活动8.5　根据加工工序内容,创建加工刀具

各区域加工策略规划,查阅刀具规格,合理选择刀具参数,创建立铣刀、螺纹铣刀、倒角刀、T型刀、定心钻、钻头、铰刀、镗孔刀、丝锥等加工刀具。

根据刀具参数表(表8-2),按照项目五、项目六、项目七创建刀具方法,完成所有刀具创建。

表 8-2　刀具参数

刀号	类型	刀具子类型	刀具子类型图标	名称	刀具参数
T01	mill_planar	MILL		T01D12 立铣刀	直径 12 mm,长度 40 mm,刀刃长度 30 mm,编号 01
T02	mill_planar	MILL		T02D8-90 倒角刀	直径 12 mm,尖角 45°,长度 20 mm,刀刃长度 4 mm,编号 02
T03	mill_planar	THREAD_MILL		T03D16-2 螺纹铣刀	直径 16 mm,颈部直径 12 mm,长度 40 mm,刀刃长度 0.2 mm,螺距 2 mm,编号 03
T04	mill_planar	T_CUTTER		T04D30-5 T型铣刀	直径 30 mm,颈部直径 16 mm,长度 40 mm,刀刃长度 5 mm,编号 04
T05	mill_planar	MILL		T05D16-90 定心钻	直径 16 mm,尖角 45°,长度 20 mm,刀刃长度 8 mm,编号 05
T06	hole_making	STD_DRILL		T06DR6.8 钻头	直径 6.8 mm,刀尖角度 118°,长度 80 mm,刀刃长度 73 mm,编号 06
T07	hole_making	STD_DRILL		T07DR9.8 钻头	直径 9.8 mm,刀尖角度 118°,长度 100 mm,刀刃长度 95 mm,编号 07
T08	hole_making	STD_DRILL		T08DR11.8 钻头	直径 11.8 mm,刀尖角度 118°,长度 110 mm,刀刃长度 109 mm,编号 08
T09	hole_making	REAMER		T09JD10 铰刀	直径 10 mm,颈部直径 9 mm,长度 80 mm,刀刃长度 30 mm,编号 09
T10	hole_making	BORE		T10D12 镗孔刀	直径 10 mm,颈部直径 8 mm,长度 60 mm,编号 10
T11	hole_making	TAP		T11M8 丝锥	直径 8 mm,颈部直径 6 mm,长度 60 mm,刀刃长度 30 mm,螺距 1.25 mm,编号 11

学习活动 8.6　根据加工工序内容,编制加工程序

微课视频——
支撑架外螺
纹大径加工

8.6.1　外螺纹大径加工

(1) 在主菜单中单击"创建工序"图标,进入"创建工序"对话框,类型选择为"hole_

making",工序子类型选择"凸台铣",程序选择"PROGRAM",刀具选择"T01D12 立铣刀",几何体选择"WORKPIECE",方法默认为"METHOD",名称修改为"6.1 外螺纹大径加工"(图 8-17),单击"确定"按钮,进入凸台铣加工参数设置对话框。

(2) 在凸台铣 6.1 外螺纹大径加工对话框中,单击"指定特征几何体",选择对象"圆柱体"(图 8-18),单击"确定"。切削模式选择"螺旋",轴向设置的每转深度选择"距离",螺距设置为 1 mm,轴向步距选择"刀路数",刀路数设置为 1,径向设置的径向步距选择"恒定",最大步距默认为 50%,单击"切削参数"图标,内外公差设置为 0.003 mm,单击"确定",在凸台铣 6.1 外螺纹大径加工对话框中,单击生成图标,得到外螺纹大径加工工序刀具路径(图 8-19)。

图 8-17 创建外螺纹大径加工工序

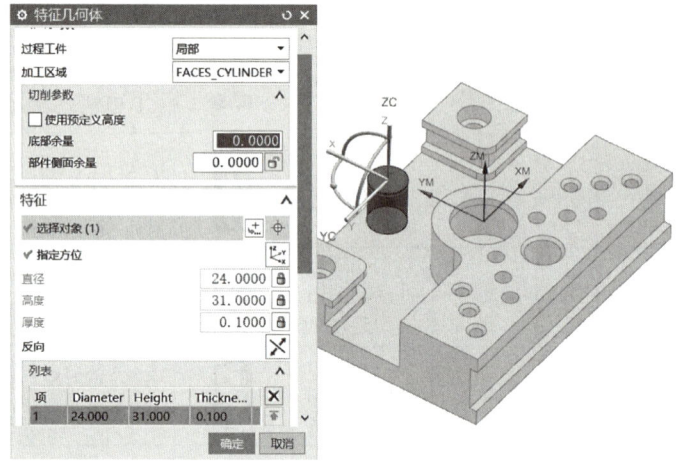

图 8-18 特征几何体凸台创建

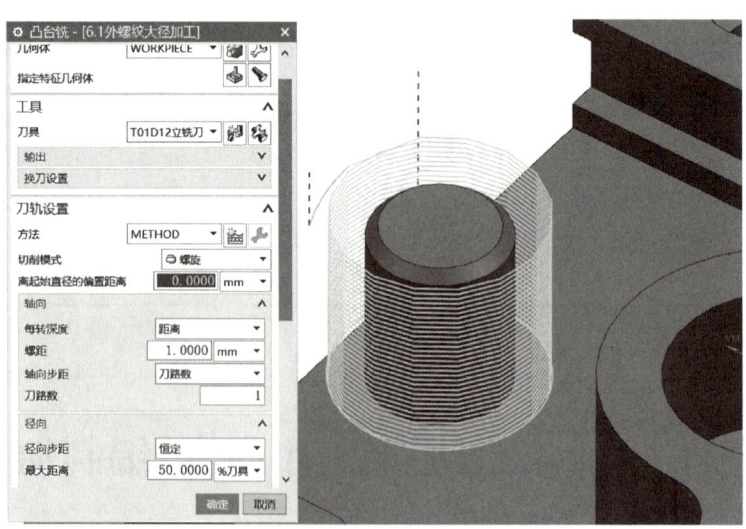

图 8-19 凸台铣及外螺纹大径加工工序刀轨

8.6.2 内螺纹小径、沉头孔加工

(1) 在主菜单中单击"创建工序"图标,进入"创建工序"对话框,类型选择为"hole_making",工序子类型选择"孔铣",程序选择"PROGRAM",刀具选择"T01D12立铣刀",几何体选择"WORKPIECE",方法默认为"METHOD",名称修改为"6.2内螺纹小径_沉头孔加工"(图 8-20),单击"确定"按钮,进入孔铣加工参数设置对话框。

(2) 在孔铣 6.2 内螺纹小径_沉头孔加工对话框中,单击"指定特征几何体",选择对象为内螺纹孔、φ12 mm 沉头孔(图 8-21),单击"确定"。切削模式选择"螺旋",轴向设置的每转深度选择"距离",螺距设置为 1 mm,轴向步距选择"刀路数",刀路数设置为 1,径向设置的径向步距选择"恒定",最大步距默认为50%,单击"切削参数"图标,内外公差设置为 0.003 mm,单击"确定",在孔铣 6.2 内螺纹小径_沉头孔加工对话框中,单击生成图标,得到内螺纹小径、沉头孔加工工序刀具路径(图 8-22)。

图 8-20 创建内螺纹加工工序

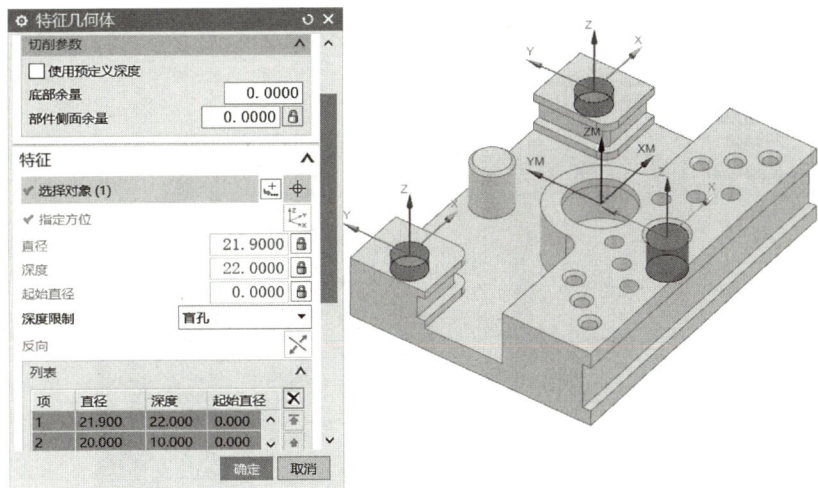

图 8-21 特征几何体内螺纹孔、沉头孔创建

8.6.3 圆柱与内孔倒角加工

(1) 单击"创建工序"图标,进入"创建工序"对话框,类型选择"mill_planar",工序子类型选择"底壁铣",程序选择"PROGRAM",刀具选择"T02D8-90 倒角刀",几何体选择"WORKPIECE",方法默认为"METHOD",名称修改为"6.3 圆柱与内孔倒角加工",单击"确定"按钮,进入底壁铣参数设置对话框。

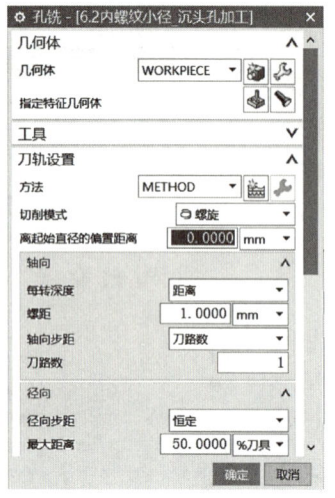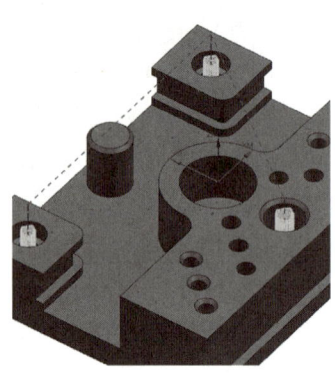

图 8-22　孔铣内螺纹小径、沉头孔加工工序刀轨

（2）在底壁铣 6.3 圆柱与内孔倒角加工对话框中，指定壁几何体选择倒角斜面，刀轴选择"＋ZM 轴"，切削模式选择"轮廓"，其余为默认（图 8-23）。空间范围中的刀具延展量设置为 100%，勾选"精确定位"，内外公差设置为 0.003 mm。单击"非切削移动"图标，设置开放区域进刀方式，进刀类型选择"圆弧"，长度为 30%，圆弧角度为 50°，高度为 3 mm，最小安全距离选择"无"，单击"确定"。单击生成图标，得到圆柱与内孔倒角加工工序刀具路径（图 8-23）。

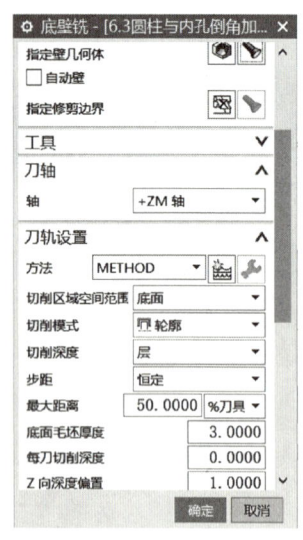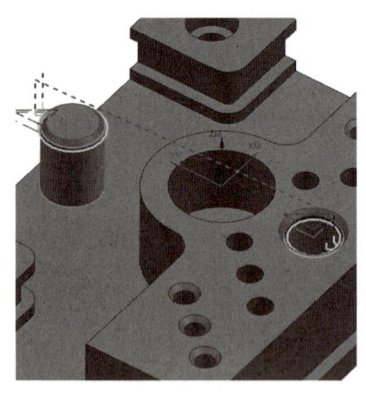

图 8-23　底壁铣圆柱与内孔倒角加工工序刀轨

8.6.4　外螺纹铣削加工

（1）在主菜单中单击"创建工序"图标，进入"创建工序"对话框，类型选择为"hole_making"，工序子类型选择"凸台螺纹铣"，程序选择"PROGRAM"，刀具选择"T03D16-

微课视频——
支撑架外螺
纹铣削加工

2螺纹铣刀",几何体选择"WORKPIECE",方法默认为"METHOD",名称修改为"6.4外螺纹铣削加工"(图8-24),单击"确定"按钮,进入凸台螺纹铣加工参数设置对话框。

(2)在凸台螺纹铣6.4外螺纹铣削加工对话框中,单击"指定特征几何体",选择对象"圆柱面",按照图纸设置螺纹尺寸,大径为24 mm,小径为21.9 mm,长度为20 mm(图8-25),单击"确定"。轴向步距选择"刀路数",刀路数设置为1,径向步距选择"剩余百分比",设置剩余百分比为50%,最大距离为0.5 mm,最小距离为0.1 mm,螺旋刀路为0(图8-26),单击"切削参数"图标,内外公差设置为0.003 mm,单击"确定"。在凸台螺纹铣6.4外螺纹铣削加工对话框中,单击生成图标,得到外螺纹铣削加工工序刀具路径(图8-26)。

图8-24 创建外螺纹铣削加工工序

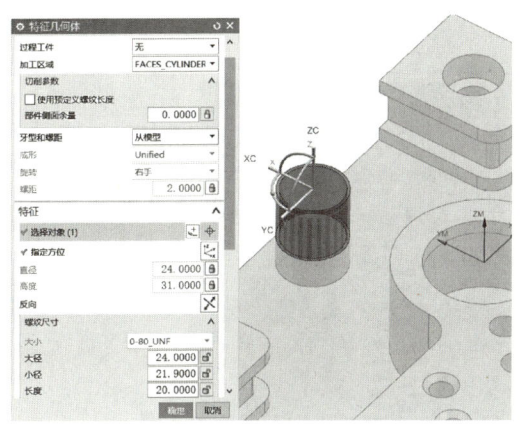

图8-25 特征几何体圆柱面创建

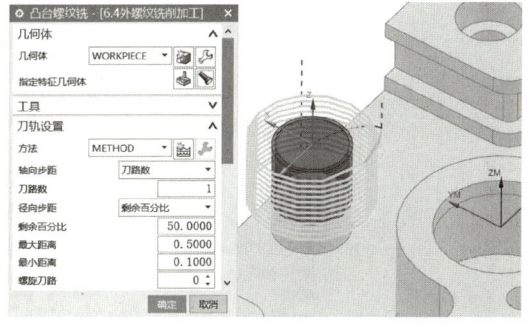

图8-26 凸台螺纹铣外螺纹铣削加工工序刀轨

8.6.5 内螺纹铣削加工

(1)在主菜单中单击"创建工序"图标,进入"创建工序"对话框,类型选择为"hole_making",工序子类型选择"螺纹铣",程序选择"PROGRAM",刀具选择"T03D16-2螺纹铣刀",几何体选择"WORKPIECE",方法默认为"METHOD",名称修改为"6.5内螺纹铣削加工"(图8-27),单击"确定"按钮,进入螺纹铣加工参数设置对话框。

(2)在螺纹铣6.5内螺纹铣削加工对话框中,单击"指定特征几何体",选择对象内孔面,按照图纸设置螺纹尺寸,大径为24 mm,小径为21.9 mm,长度为20 mm(图8-28),单击"确定"。轴向步距选择"刀路数",刀路数设置为1,径向步距选择"剩余百分比",设置剩余百分比为50%,最大距离为0.5 mm,最小距离为0.1 mm,螺旋刀路为0(图8-29),单击"切削参数"图标,内外公差设置为0.003 mm,单击"确定"。在螺纹铣6.5内螺纹铣削加工对话框中,单击生成图标,得到内螺纹铣削加工工序刀具路径(图8-29)。

微课视频——
支撑架内螺纹铣削加工

图 8-27 创建内螺纹铣削加工工序

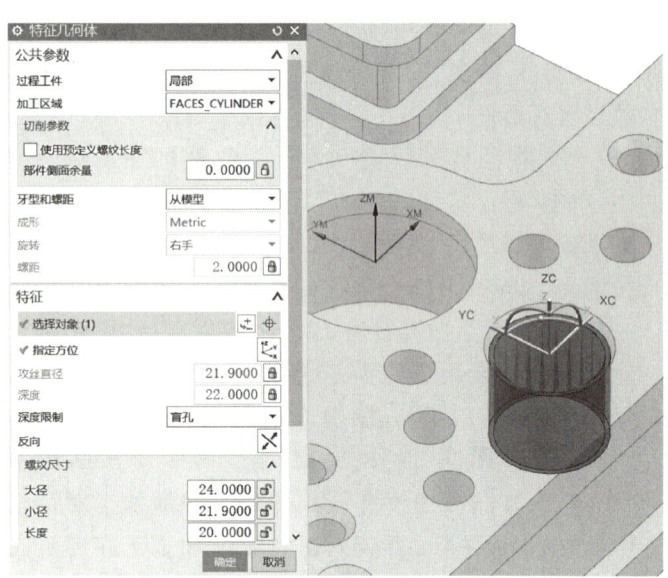

图 8-28 特征几何体内孔面创建

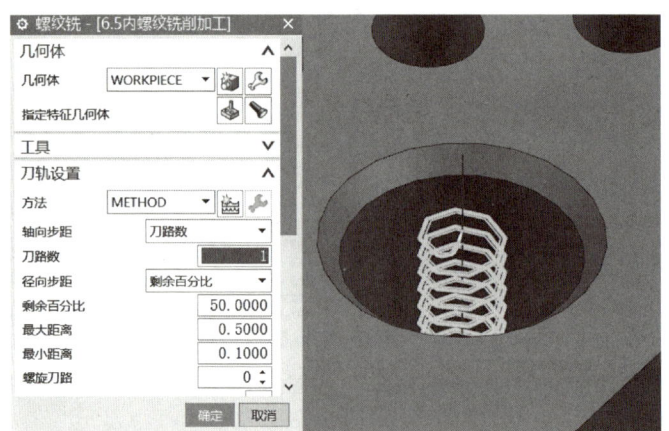

图 8-29 螺纹铣内螺纹铣削加工工序刀轨

8.6.6 直线侧面沟槽加工

微课视频——
支撑架直线
侧面沟槽加工

（1）在主菜单中单击"创建工序"图标，进入"创建工序"对话框，类型选择为"mill_planar"，工序子类型选择"槽铣削"，程序选择"PROGRAM"，刀具选择"T04D30-5"T 型铣刀，几何体选择"WORKPIECE"，方法默认为"METHOD"，名称修改为"6.6 直线侧面沟槽加工"（图 8-30），单击"确定"按钮，进入槽铣削加工参数设置对话框。

（2）在槽铣削 6.6 直线侧面沟槽加工对话框中，单击"指定槽几何体"，选择对象直线槽特征（图 8-31），单击"确定"。步距选择"刀路数"，刀路数设置为 1，单击"切削层"图标，层排序选择"顶层到底层"，每刀切削深度选择"% 刀刃长度"，百分比设置为 60%（图 8-32），单击"确定"。单击"切削参数"图标，单击"策略"，切削方向选择"顺铣"，切削顺序选择"深度优先",内外公差设置为 0.003 mm,单击"确定",在槽铣削 6.6 直线侧面沟槽加工对话框中,单击生成图标,得到直线侧面沟槽加工工序刀具路径(图 8-33)。

图 8-30　创建直线侧面沟槽加工工序

图 8-31　特征几何体直线侧面沟槽创建

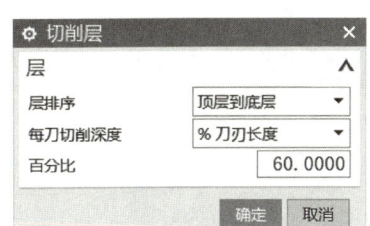

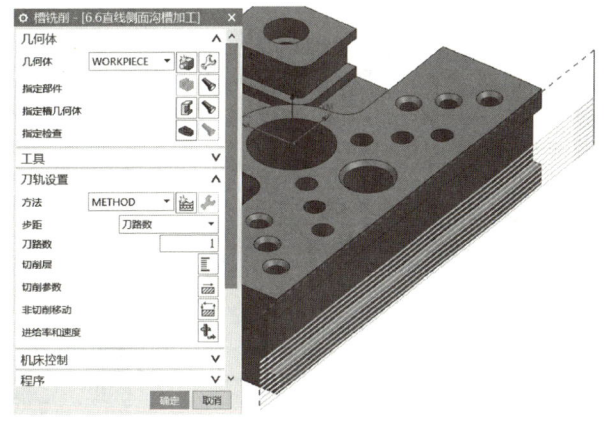

图 8-32　切削层参数设置

图 8-33　直线侧面沟槽加工工序刀轨

8.6.7　内径沟槽加工

(1) 在主菜单中单击"创建工序"图标,进入"创建工序"对话框,类型选择为"hole_making",工序子类型选择"径向槽铣",程序选择"PROGRAM",刀具选择"T04D30-5T型铣刀",几何体选择"WORKPIECE",方法默认为"METHOD",名称修改为"6.7内径沟槽加工"(图 8-34),单击"确定"按钮,进入槽铣削加工参数设置对话框。

(2) 在径向槽铣 6.7 内径沟槽加工对话框中,单击"指定特征几何体",选择对象"内径沟槽特征"(图 8-35),单击"确定"。轴向层排序选择"底层到顶层",轴向步距选择"刀刃长度百分比",百分比设置为 60%,径向步距选择"恒定",最大距离设置为 20%(图 8-35),单击"确定"。单击"切削参数"图标,单击"策略",切削方向选择"顺铣",内外

微课视频——
支撑架内径
沟槽加工

公差设置为 0.003 mm，单击"确定"。在径向槽铣 6.7 内径沟槽加工对话框中，单击生成图标，得到内径沟槽加工工序刀具路径（图 8-36）。

图 8-34　创建内径沟槽加工工序

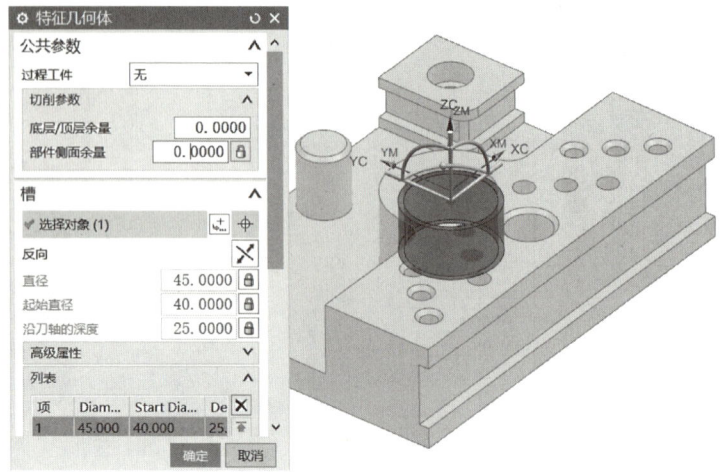

图 8-35　特征几何体内径沟槽创建

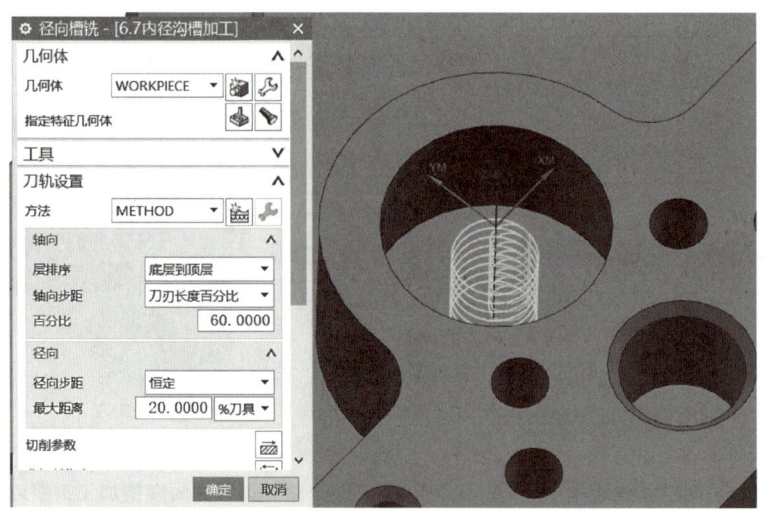

图 8-36　径向槽铣内径沟槽加工工序刀轨

8.6.8　曲线侧面沟槽加工

微课视频——
支撑架曲线
侧面沟槽加工

（1）在主菜单中单击"创建工序"图标，进入"创建工序"对话框，类型选择为"mill_planar"，工序子类型选择"平面铣"，程序选择"PROGRAM"，刀具选择"T04D30-5"T 型铣刀，几何体选择"WORKPIECE"，方法默认为"METHOD"，名称修改为"6.8 曲线侧面沟槽加工"，单击"确定"按钮，进入平面铣加工参数设置对话框。

（2）在平面铣 6.8 曲线侧面沟槽加工对话框中，单击"指定部件边界"，边界选择"曲线侧面沟槽顶部边界"，边界类型选择为"开放"，刀具侧选择"右"，平面选择"指定"，指定沟槽顶面，设置偏置距离为 1，添加新集，设置另一侧曲线侧面沟槽顶部边界，刀具侧选择为"左侧"(图 8-37),单击"确定"。单击"指定底面",选择"沟槽底面",单击"确定"。切削模式选择"轮廓",步距选择"％刀具平直",平面直径百分比设置为 20%,附加刀路默认为 0,设置切削层每刀切削深度为 4 mm,其余设置为默认,单击"确定"。单击"切削参数"图标,内外公差设置为 0.003 mm,单击"确定",在平面铣 6.8 曲线侧面沟槽加工对话框中,单击生成图标,得到曲线侧面沟槽加工工序刀具路径(图 8-38)。

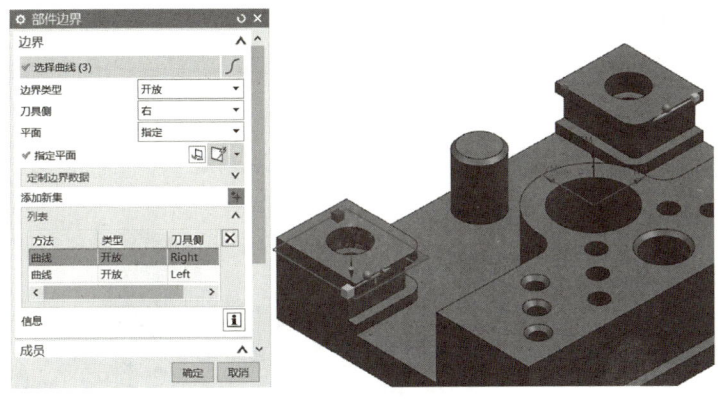

图 8-37 部件边界设置

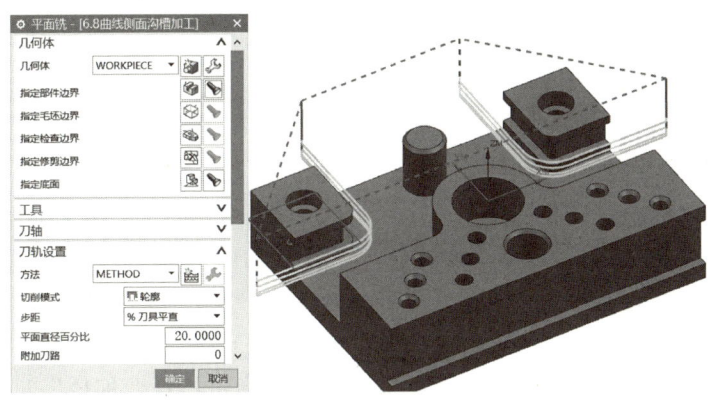

图 8-38 平面铣曲线侧面沟槽加工工序刀轨

8.6.9 钻定心孔

(1) 进入"创建工序"对话框,类型选择为"hole_making",工序子类型选择"定心钻",程序选择"PROGRAM",刀具选择"T05D16-90 定心钻",几何体选择"WORKPIECE",方法默认为"METHOD",名称修改为"6.9 钻定心孔",单击"确定"按钮,进入定心钻加工参数设置对话框。

(2) 在定心钻 6.9 钻定心孔对话框中,单击"指定特征几何体",进入特征几何体对话框,中心孔选择 ϕ10 mm、ϕ12 mm 通孔,此时显示钻孔预览效果(图 8-39),单击"确定"。

(3) 在定心钻 6.9 钻定心孔对话框中,运动输出选择"机床加工周期",循环选择"钻"。单击"切削参数"图标,单击"策略",延伸路径顶偏置距离为 3 mm,单击"确定"。单击生成图标,得到钻定心孔工序刀具路径(图 8-40)。

微课视频——
支撑架钻
定心孔

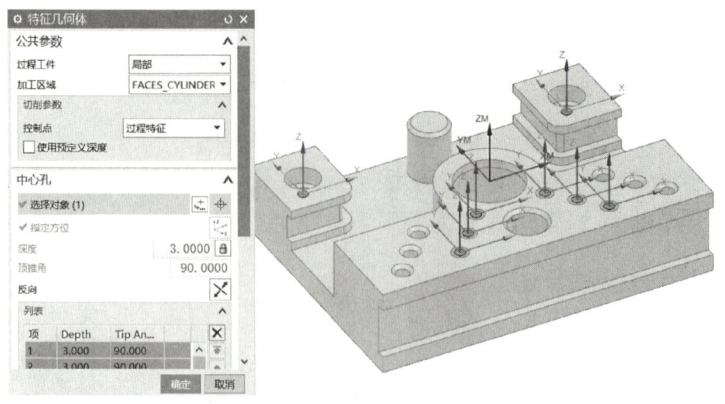

图 8-39 特征几何体定心孔创建

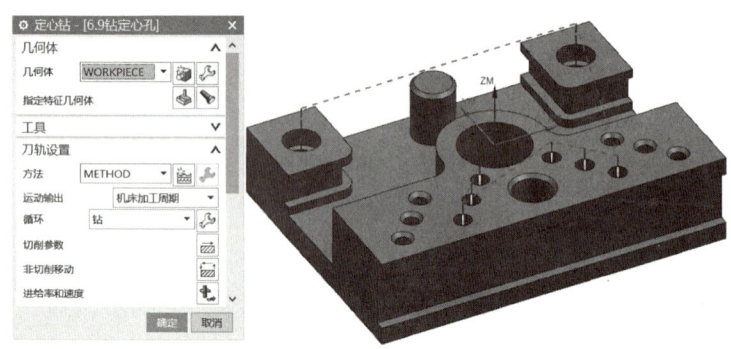

图 8-40 钻定心孔工序刀轨

8.6.10 钻埋头孔

(1) 进入"创建工序"对话框,类型选择为"hole_making",工序子类型选择"钻埋头孔",程序选择"PROGRAM",刀具选择"T05D16-90 定心钻",几何体选择"WORKPIECE",方法默认为"METHOD",名称修改为"6.10 钻埋头孔",单击"确定"按钮,进入钻埋头孔加工参数设置对话框。

(2) 在钻埋头孔 6.10 钻埋头孔对话框中,单击"指定特征几何体",进入特征几何体对话框,截断圆锥孔选择 M8 螺纹孔锥面,此时显示钻孔预览效果(图 8-41),单击"确定"。

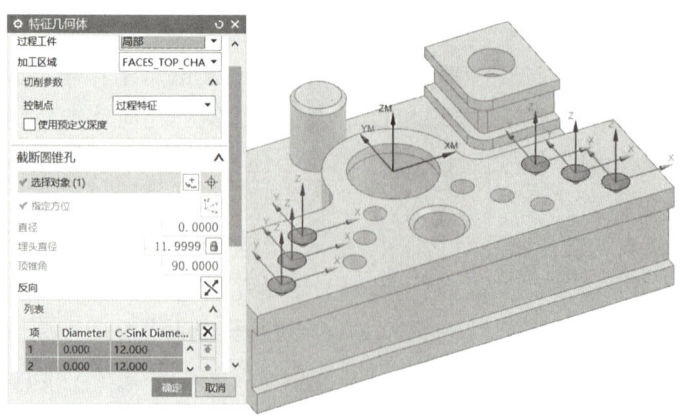

图 8-41 特征几何体埋头孔创建

(3) 在钻埋头孔 6.10 钻埋头孔对话框中,运动输出选择"机床加工周期",循环选择"钻,埋头孔"。单击"切削参数"图标,单击"策略",延伸路径顶偏置距离为 3 mm,单击"确定"。单击生成图标,得到钻埋头孔工序刀具路径(图 8-42)。

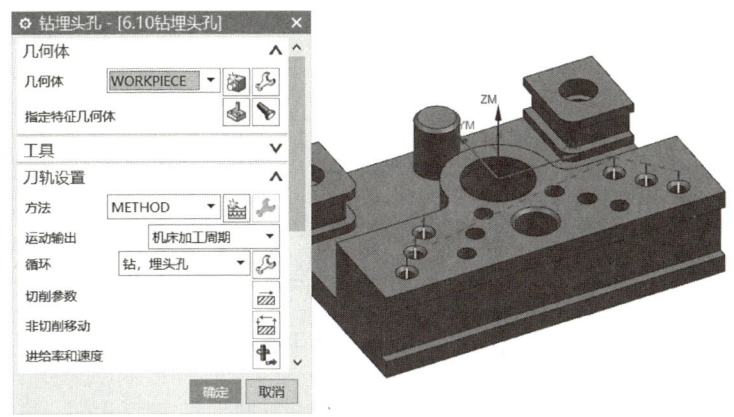

图 8-42 钻埋头孔工序刀轨

8.6.11 钻底孔

(1) 钻底孔 ϕ6.8 mm,进入"创建工序"对话框,类型选择为"hole_making",工序子类型选择"钻深孔",程序选择"PROGRAM",刀具选择"T06DR6.8"钻头,几何体选择"WORKPIECE",方法默认为"METHOD",名称修改为"6.11 钻底孔 6.8",单击"确定"按钮,进入钻深孔加工参数设置对话框。

(2) 在钻深孔 6.11 钻底孔 6.8 对话框中,单击"指定特征几何体",进入特征几何体对话框,特征选择 M8 螺纹底孔,此时显示钻孔预览效果(图 8-43),单击"确定"。

微课视频——
支撑架钻
底孔 1

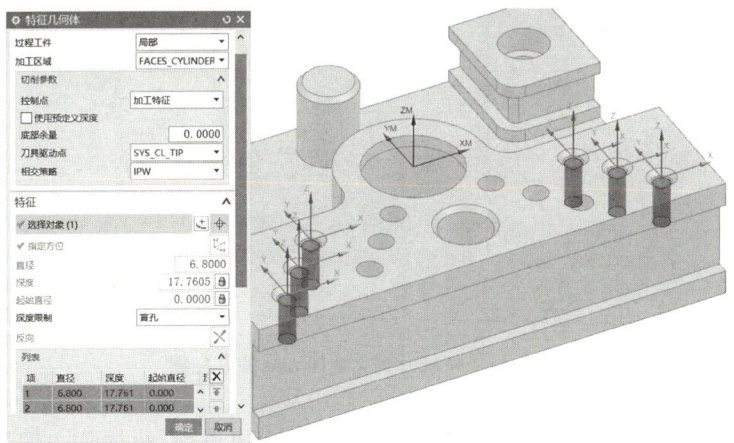

图 8-43 特征几何体 M8 螺纹底孔创建

(3) 在钻深孔 6.11 钻底孔 6.8 对话框中,运动输出选择"机床加工周期",循环选择"钻,深孔",进入循环参数对话框,取消驻留在钻孔深度"活动",步进深度增量选择"恒定",最大距离设置为 2 mm,单击"确定"。单击"切削参数"图标,单击"策略",延伸路径顶偏置距离为 3 mm,单击"确定"。单击生成图标,得到钻底孔 6.8 工序刀具路径(图 8-44)。

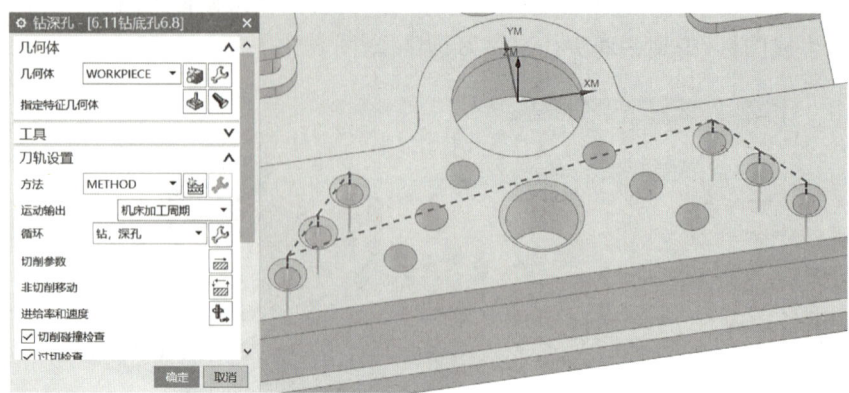

图 8-44　钻底孔 6.8 工序刀轨

微课视频——
支撑架钻
底孔 2

(4) 钻底孔 ϕ9.8 mm,进入"创建工序"对话框,类型选择为"hole_making",工序子类型选择"钻深孔",程序选择"PROGRAM",刀具选择"T07DR9.8 钻头",几何体选择"WORKPIECE",方法默认为"METHOD",名称修改为"6.11 钻底孔 9.8",单击"确定"按钮,进入钻深孔加工参数设置对话框。

(5) 在钻深孔 6.11 钻底孔 9.8 对话框中,单击"指定特征几何体",进入特征几何体对话框,特征选择 ϕ10 mm 底孔,此时显示钻孔预览效果(图 8-45),单击"确定"。

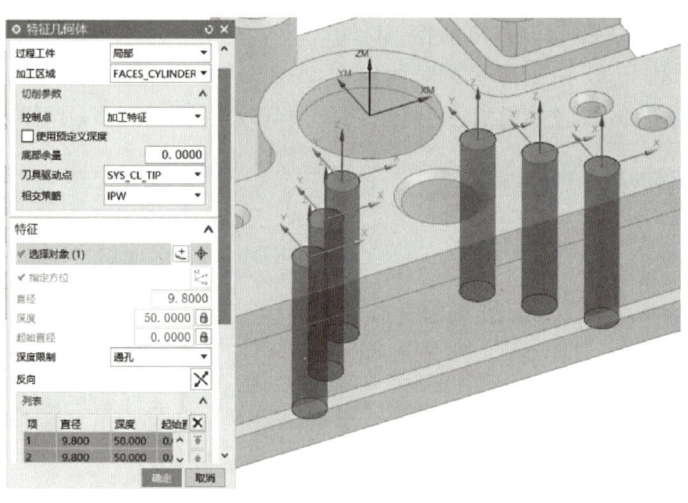

图 8-45　特征几何体 ϕ10 mm 底孔创建

(6) 在钻深孔 6.11 钻底孔 9.8 对话框中,运动输出选择"机床加工周期",循环选择"钻,深孔",进入循环参数对话框,取消驻留在钻孔深度"活动",步进深度增量选择"恒定",最大距离设置为 2 mm,单击"确定"。单击"切削参数"图标,单击"策略",延伸路径顶偏置距离为 3 mm,底偏置距离默认 2.5 mm,单击"确定"。单击生成图标,得到钻底孔 9.8 工序刀具路径(图 8-46)。

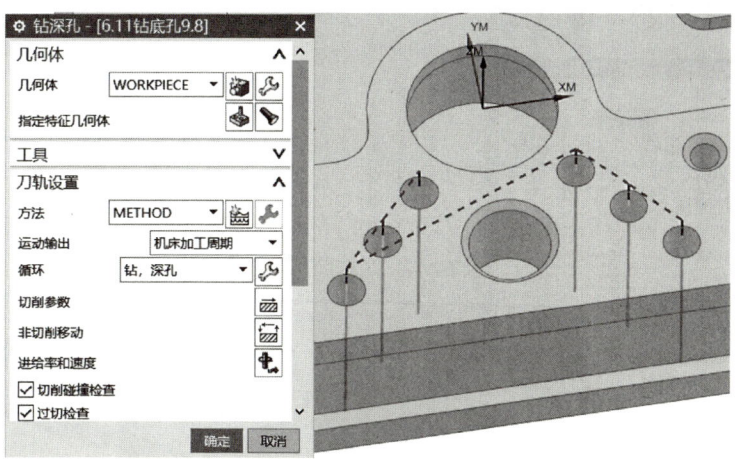

图 8-46　钻底孔 9.8 工序刀轨

（7）钻底孔 ϕ11.8 mm，进入"创建工序"对话框，类型选择为"hole_making"，工序子类型选择"钻深孔"，程序选择"PROGRAM"，刀具选择"T08DR11.8"钻头，几何体选择"WORKPIECE"，方法默认为"METHOD"，名称修改为"6.11 钻底孔 11.8"，单击"确定"按钮，进入钻深孔加工参数设置对话框。

微课视频——
支撑架钻
底孔 3

（8）在钻深孔 6.11 钻底孔 11.8 对话框中，单击"指定特征几何体"，进入特征几何体对话框，特征选择 ϕ12 mm 底孔，切换加工区域，选择"FACES_CYLINDER_2"，此时显示钻孔预览效果（图 8-47），单击"确定"。

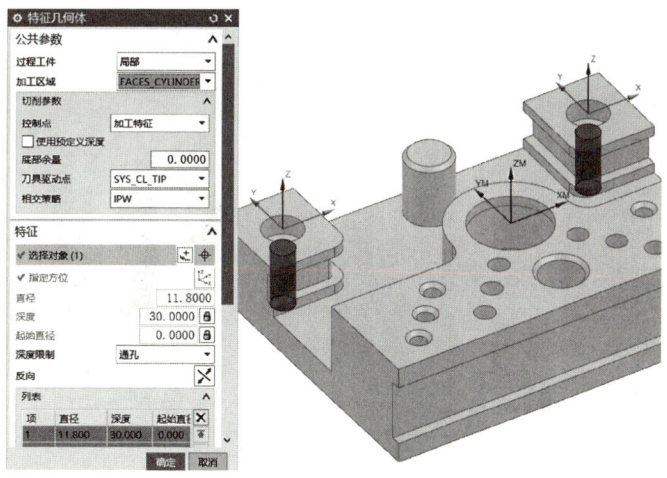

图 8-47　特征几何体 ϕ12 mm 底孔创建

（9）在钻深孔 6.11 钻底孔 11.8 对话框中，运动输出选择"机床加工周期"，循环选择"钻，深孔"，进入循环参数对话框，取消驻留在钻孔深度"活动"，步进深度增量选择"恒定"，最大距离设置为 2 mm，单击"确定"。单击"切削参数"图标，单击"策略"，延伸路径顶偏置距离为 3 mm，底偏置距离默认 2.5 mm，单击"确定"。单击生成图标，得到钻底孔

201

11.8 工序刀具路径(图 8-48)。

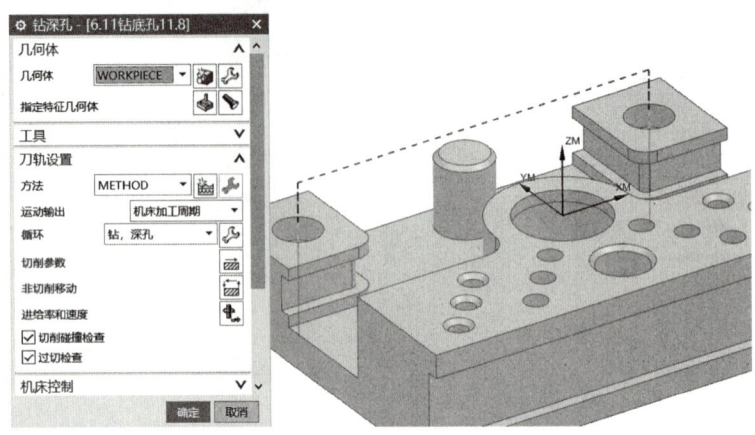

图 8-48　钻底孔 11.8 工序刀轨

8.6.12　铰孔、镗孔加工

微课视频——
支撑架铰孔、
镗孔加工 1

(1) 铰孔 ϕ10 mm，进入"创建工序"对话框，类型选择为"hole_making"，工序子类型选择"钻孔"，程序选择"PROGRAM"，刀具选择"T09JD10"铰刀，几何体选择"WORKPIECE"，方法默认为"METHOD"，名称修改为"6.12 铰孔 10"，单击"确定"按钮，进入钻孔加工参数设置对话框。

(2) 在钻孔 6.12 铰孔 10 对话框中，单击"指定特征几何体"，进入特征几何体对话框，特征选择 ϕ10 mm 通孔，此时显示钻孔预览效果(图 8-49)，单击"确定"。

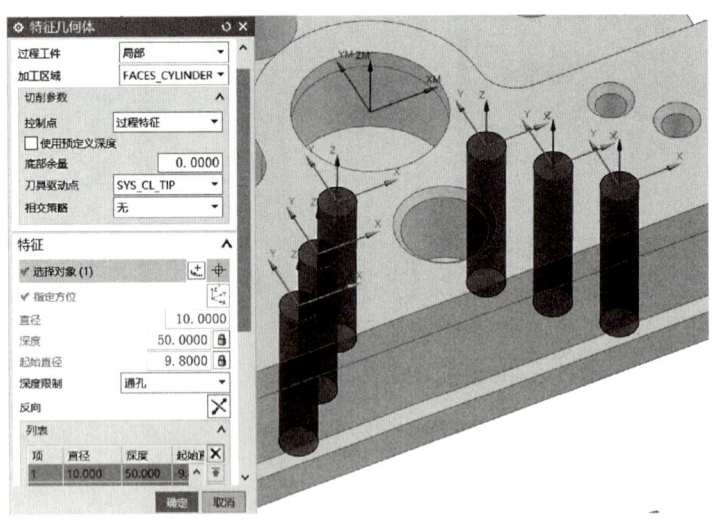

图 8-49　特征几何体 ϕ10 mm 通孔创建

(3) 在钻孔 6.12 铰孔 10 对话框中，运动输出选择"机床加工周期"，循环选择"钻，镗"，进入循环参数对话框，取消驻留在钻孔深度"活动"，单击"确定"。单击"切削参数"图标，单击"策略"，延伸路径顶偏置距离为 3 mm，底偏置距离设为 5 mm，单击"确定"。单击生成图标,得到铰孔10工序刀具路径(图8-50)。

图 8-50　铰孔 10 工序刀轨

(4) 镗孔φ12 mm,进入"创建工序"对话框,类型选择为"hole_making",工序子类型选择"钻孔",程序选择"PROGRAM",刀具选择"T10D12 镗孔刀",几何体选择"WORKPIECE",方法默认为"METHOD",名称修改为"6.12 镗孔 12",单击"确定"按钮,进入钻孔加工参数设置对话框。

微课视频——
支撑架铰孔、
镗孔加工 2

(5) 在钻孔 6.12 镗孔 12 对话框中,单击"指定特征几何体",进入特征几何体对话框,特征选择φ12 mm 通孔,此时显示钻孔预览效果(图8-51),单击"确定"。

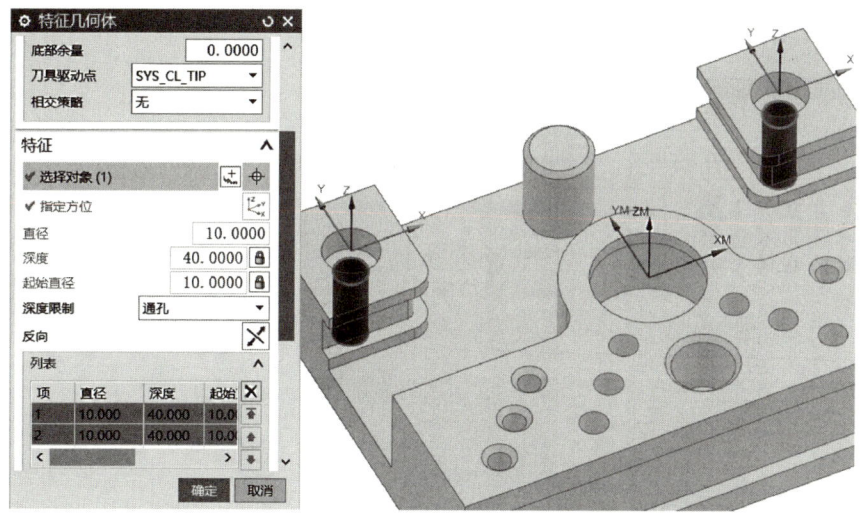

图 8-51　特征几何体φ12 mm 通孔创建

(6) 在钻孔 6.12 镗孔 12 对话框中,运动输出选择"机床加工周期",循环选择"钻,镗,拖动",进入循环参数对话框,取消驻留在钻孔深度"活动",单击"确定"。单击"切削参数"图标,单击"策略",延伸路径顶偏置距离为 3 mm,底偏置距离设为 2 mm,单击"确定"。单击生成图标,得到镗孔 12 工序刀具路径(图 8-52)。

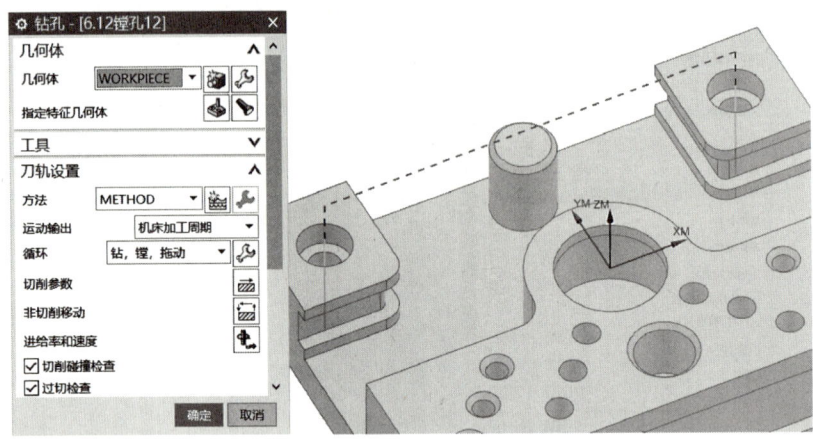

图 8-52　镗孔 12 工序刀轨

8.6.13　攻丝加工

微课视频——
支撑架攻丝
加工

(1) 进入"创建工序"对话框,类型选择为"hole_making",工序子类型选择"钻孔",程序选择"PROGRAM",刀具选择"T11M8 丝锥",几何体选择"WORKPIECE",方法默认为"METHOD",名称修改为"6.13 攻丝加工"(图 8-53),单击"确定"按钮,进入攻丝加工参数设置对话框。

(2) 在攻丝 6.13 攻丝加工对话框中,单击"指定特征几何体",进入特征几何体对话框,特征选择 M8 螺纹孔,设置螺纹尺寸长度为 15 mm,此时显示钻孔预览效果(图 8-54),单击"确定"。

图 8-53　创攻丝加工建工序

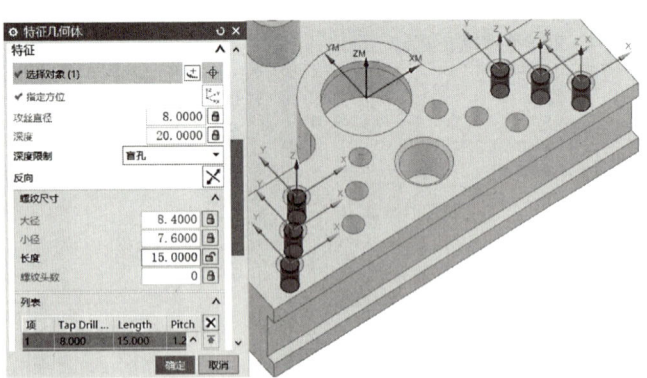

图 8-54　特征几何体 M8 螺纹孔创建

(3) 在攻丝 6.13 攻丝加工对话框中,运动输出选择"机床加工周期",循环选择"钻,攻丝",进入循环参数对话框,取消驻留在钻孔深度"活动",单击"确定"。单击"切削参数"

图标,单击"策略",延伸路径顶偏置距离为 3 mm,底偏置距离设为 0 mm,单击"确定"。单击生成图标,得到攻丝加工工序刀具路径(图 8-55)。

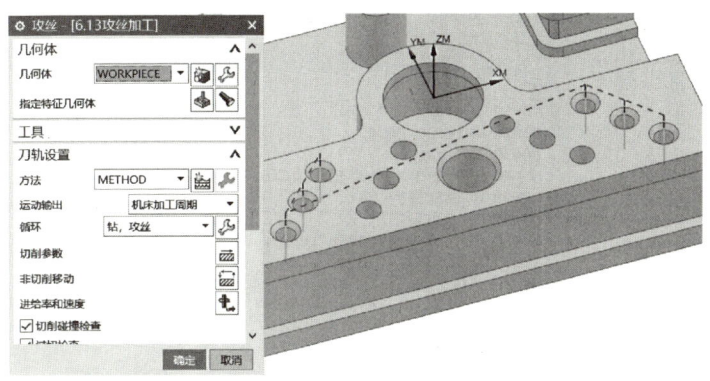

图 8-55　攻丝加工工序刀轨

学习活动 8.7　根据加工工序内容,设置进给率和速度

根据区域加工策略规划,按照前文项目讲述方法,设置进给率和速度。

学习活动 8.8　刀轨可视验证,G 代码后处理

在"工序导航器-程序顺序"视图中,选中"PROGRAM",进行"3D 动态"刀轨可视化仿真,查看仿真加工结果(图 8-56)。如有干涉碰撞或未切削到位现象,修改加工工序刀具路径直至合格。

图 8-56　仿真加工结果

在"工序导航器-程序顺序"视图中,分别单击选中"PROGRAM"工序文档,选择后处

理器文件,完成 G 代码生成,如图 8-57 所示。

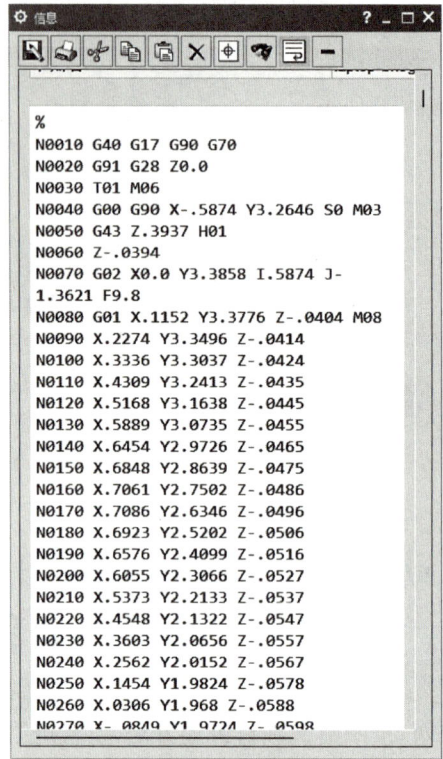

图 8-57　G 代码

任务评价

完成本任务实施以后,对上述所有活动进行评价,填写任务评价表(表 8-3)。

表 8-3　任务评价表

序号	项目(分值)	评价内容	配分	得分
1	零件建模 (15 分)	零件模型结构完整	4	
2		零件模型局部圆角、倒角处理合理	4	
3		零件模型体积检测误差	4	
4		建模过程高效、合理	3	
5	分析工艺 (20 分)	加工方法描述正确、清晰	5	
6		装夹方式描述合理,具有可实施性	3	
7		加工策略、加工刀具选用合理	12	
8	设置加工几何体(5 分)	工件坐标系设置	2	
9		加工几何体设置	3	

(续表)

序号	项目(分值)	评价内容	配分	得分
10	创建加工刀具	创建刀具齐全,命名清晰	3	
11	(5分)	刀具参数设置正确	2	
12		外螺纹大径加工工序合理	2	
13		内螺纹小径、沉头孔加工工序合理	4	
14		圆柱与内孔倒角加工工序合理	2	
15		外螺纹铣削加工工序合理	4	
16		内螺纹铣削加工工序合理	4	
17		直线侧面沟槽加工工序合理	4	
18	编制加工工序(50分)	内径沟槽加工工序合理	4	
19		曲线侧面沟槽加工工序合理	6	
20		钻定心孔工序合理	2	
21		钻埋头孔工序合理	4	
22		钻底孔工序合理	6	
23		铰孔、镗孔加工工序合理	4	
24		攻丝加工工序合理	4	
25	G代码后处理	可视化仿真无干涉,误差值合格	3	
26	(5分)	后处理G代码,命名格式合理	2	
	总计		100	

数控仿真模块

项目九

VERICUT 数控车削仿真

任务目标

1. 正确识读转接头零件图的加工质量要求。
2. 使用仿真软件进行基本视图操作。
3. 使用仿真软件调用常用车削数控系统组件。
4. 使用仿真软件加载数控车床组件。
5. 使用仿真软件定义卡盘夹具。
6. 使用仿真软件合理装夹毛坯。
7. 使用仿真软件正确建立工作坐标系。
8. 使用仿真软件正确设置工作偏置。
9. 使用仿真软件新建车削加工刀具。
10. 使用仿真软件加载数控程序。
11. 使用仿真软件进行多工位仿真设置。
12. 使用仿真软件进行加工仿真。

确定任务

现有一批转接头零件生产任务(图 9-1),零件已完成加工程序设计,并已生成加工程序,毛坯尺寸为 $\phi50$ mm×72 mm,材料为 45♯钢。根据总体生产任务安排,现需要使用 VERICUT 仿真软件完成以下生产验证任务:

(1) 完成加工程序仿真验证;
(2) 正确定义工艺工装与刀具;
(3) 规划多工位仿真流程;
(4) 选择数控系统与机床结构;
(5) 可视化仿真验证加工刀具路径及加工碰撞结果;
(6) 合理优化加工切削参数。

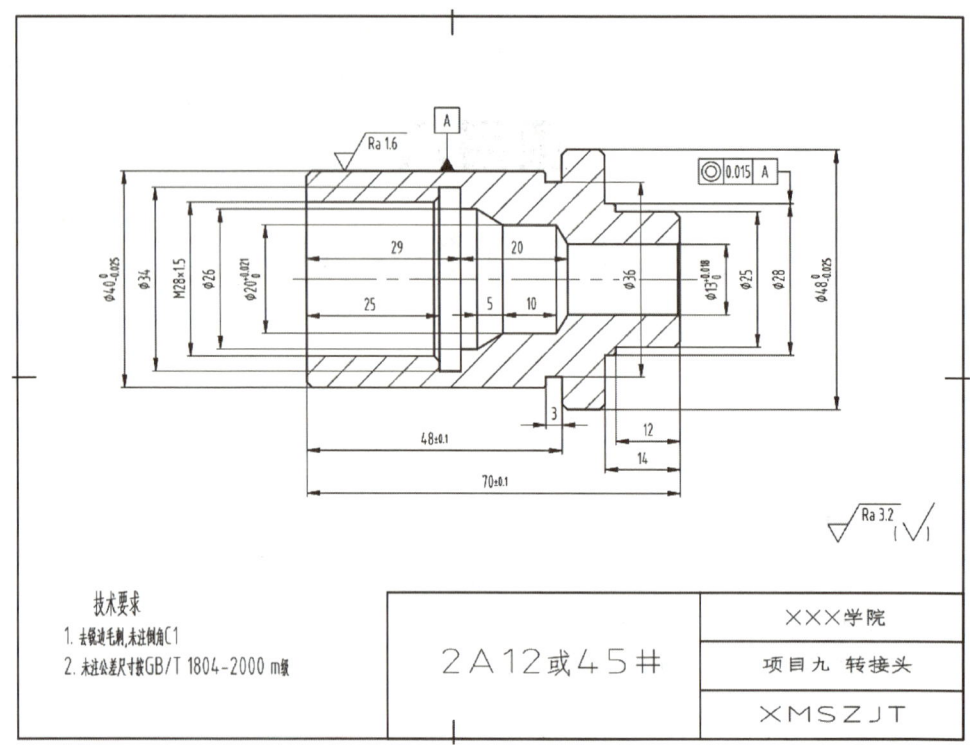

图 9-1 转接头零件图

任务实施

学习活动 9.1 VERICUT 软件简介

VERICUT 是一款由美国 CGTECH 公司开发的数控加工仿真系统,自 1988 年发布首个版本以来,已成为全球数控加工程序验证、机床模拟和工艺优化软件领域的领导者,启动窗口如图 9-2 所示。它广泛应用于航空航天、汽车、模具制造等多个行业,帮助制造商在产品实际加工前模拟整个加工过程,检测潜在的错误,优化切削效率。

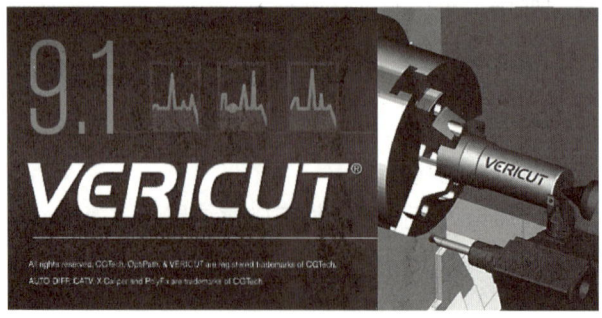

图 9-2 VERICUT 仿真系统启动窗口

VERICUT 系统由多个模块组成,包括 NC 程序验证模块、机床运动仿真模块、优化路径模块、多轴模块、高级机床特征模块、实体比较模块和 CAD/CAM 接口等。这些模块共同协作仿真数控车床、铣床、加工中心、线切割机床和多轴机床等多种加工设备的数控加工过程。

其中,NC 程序验证模块能够检查 NC 程序中的错误,如过切、欠切、机床碰撞和超行程等问题。机床运动仿真模块则模拟机床的运动和控制系统,检测机床干涉和碰撞。优化路径模块通过修改切削速度,优化刀具路径,实现高效切削,减少加工时间和刀具磨损。

VERICUT 仿真系统还具有真实的三维实体显示效果,可以对切削模型进行尺寸测量,并保存切削模型供检验和后续工序切削加工。此外,它还提供了 CAD/CAM 接口,能够与 NX、CATIA 及 MasterCAM 等软件进行嵌套运行,实现数据传送。

在教学方面,VERICUT 仿真系统也发挥了重要作用。利用该软件的定量检测及分析功能,可以评判学生工艺方案的合理性,以达到了解学生对所学知识和技能掌握情况的目的。同时,VERICUT 仿真系统的模拟功能还可以模拟出各种实训设备、实习环境,根据虚拟的现实加工条件进行验证,以检测加工过程中可能存在的问题,并优化工艺方案。

VERICUT 是一款功能强大、应用广泛的数控加工仿真系统。它能够帮助制造商在产品实际加工前发现潜在的问题,优化切削效率,降低生产成本,提高产品质量。同时,它还能够为教学提供有力的支持,帮助学生更好地掌握数控加工知识和技能。

学习活动 9.2　　创建数控车削加工项目

选择"开始"→"所有程序"→"CGTech VERICUT 9.1.1"→"VERICUT 9.1.1"命令,显示如图 9-3 所示的软件界面。

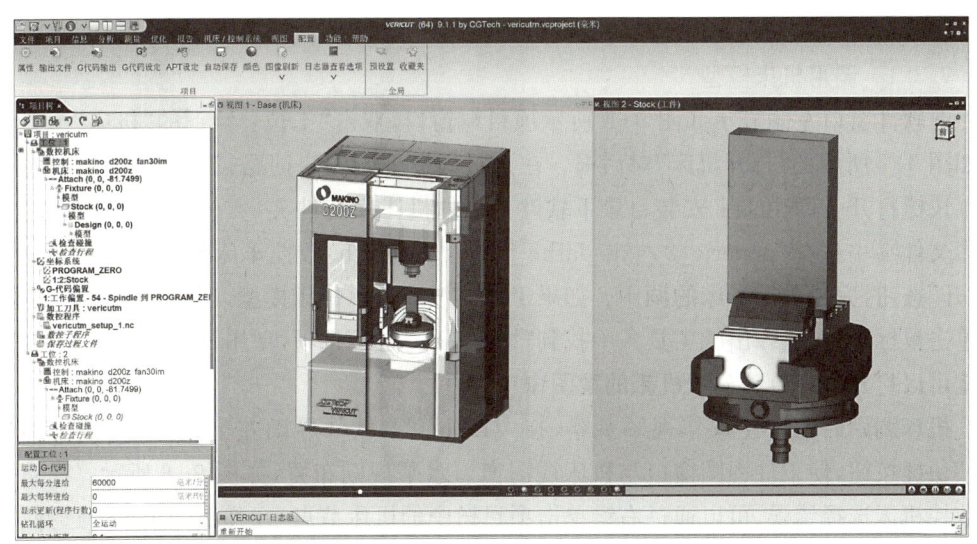

图 9-3　VERICUT 9.1.1 软件界面

单击"文件"菜单,在文件工具条中单击"工作目录"按钮,打开如图 9-4 所示"工作目录"窗口。选择工作目录"D:\VERICUT\9"后,单击"确定"按钮,将"D:\VERICUT\9"设为工作目录。

单击"文件"菜单,在文件工具条中单击"新建项目"按钮,打开如图 9-5 所示"新建VERICUT 项目"窗口。在"新建项目"选项中选择项目单位为"毫米","从机床模板开始"栏默认空项,不选择任何机床,稍后再单独定义。在"新建项目名称"栏中输入新建项目的名称"转接头仿真案例.vcproject"。单击"确定"按钮,仿真软件即创建了一个新的项目文件。

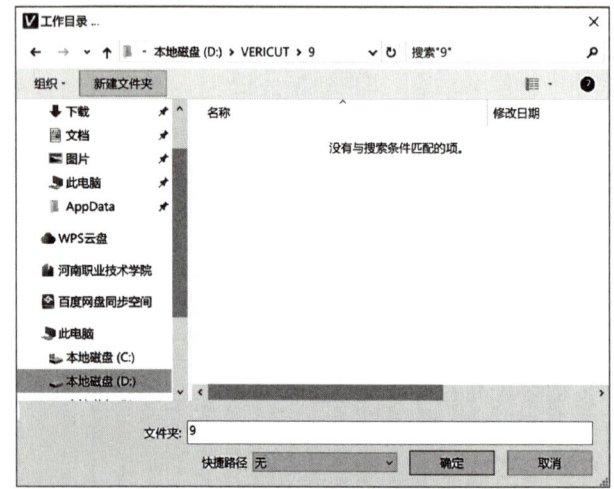

图 9-4 "工作目录"窗口

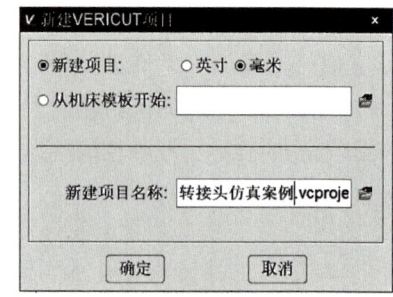

图 9-5 "新建 VERICUT 项目"窗口

学习活动 9.3 调用机床模型与系统

9.3.1 调用机床模型

在软件窗口左侧显示如图 9-6 所示项目树窗口,双击"工位:1"下的"机床"节点,弹出如图 9-7 所示的"打开机床"对话框。在该对话框下侧的快捷路径栏中选择"库"选项,可以快捷打开 VERICUT 安装目录下软件自带的机床库文件夹,方便用户选择使用。在"库"文件夹中选择"generic_2_axis_lathe_turret_3d.mch"数控车床模型,然后单击下侧"打开"按钮,完成数控车床的调用。如果工作区没有显示机床模型,可以在工作区任意位置单击鼠标右键,在弹出的工具条中找到"添加一个视图"选项,单击该选项下的"机床"选项就可以打开一个单独显示机床的视图窗口。

机床调用后为方便操作视图观察,在 VERICUT 软件界面左上角单击"双视图(水平)"快捷按钮,使工件视图窗口与机床视图窗口水平规则布置,如图 9-8 所示。注意,如果数控机床选择错误,可以通过右键单击项目树中的机床节点,在弹出的菜单中选择"新"按钮,即可删除选择错误的机床,重新调用机床。

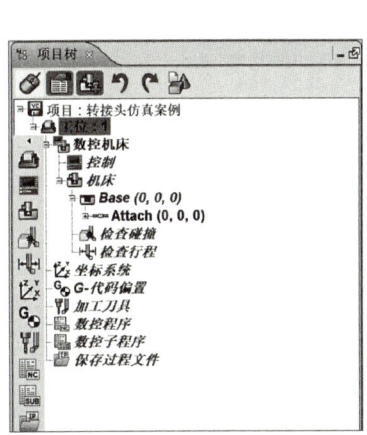
图 9-6 "项目树"窗口

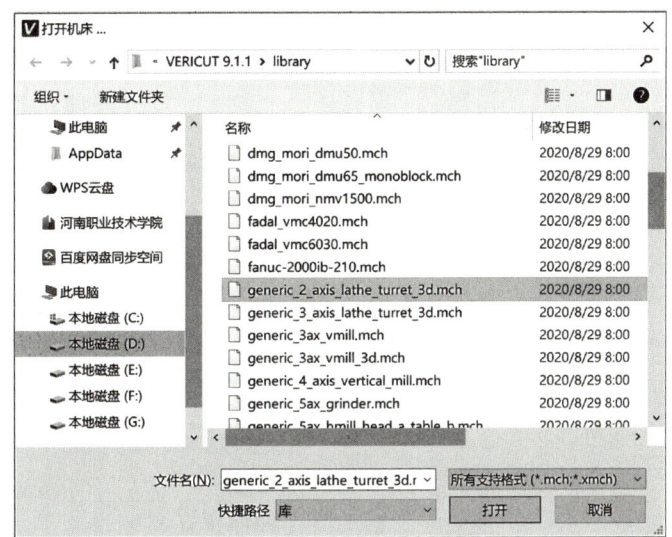
图 9-7 "打开机床"对话框

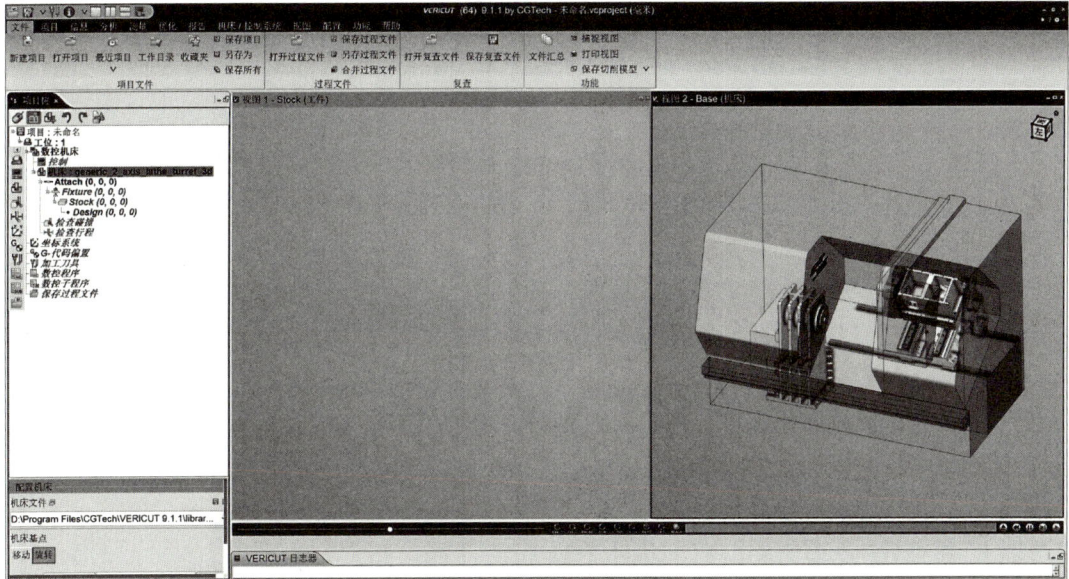
图 9-8 双视图(水平)显示方式

9.3.2 数控系统的配置

在软件窗口左侧显示的项目树窗口,双击"工位:1"下的"控制"节点,弹出如图 9-9 所示的"打开控制系统"对话框。在该对话框下侧的快捷路径栏中选择"库"选项,快捷打开 VERICUT 安装目录下软件自带的数控控制系统库文件夹。在"库"文件夹中选择"fan18it.ctl"的数控系统,然后单击下侧"打开"按钮,完成数控系统的配置。数控系统只是后台运算的控制系统,在配置结束后,工作窗口不发生改变,只在项目树"控制"节点后显示加载的数控系统的名称。

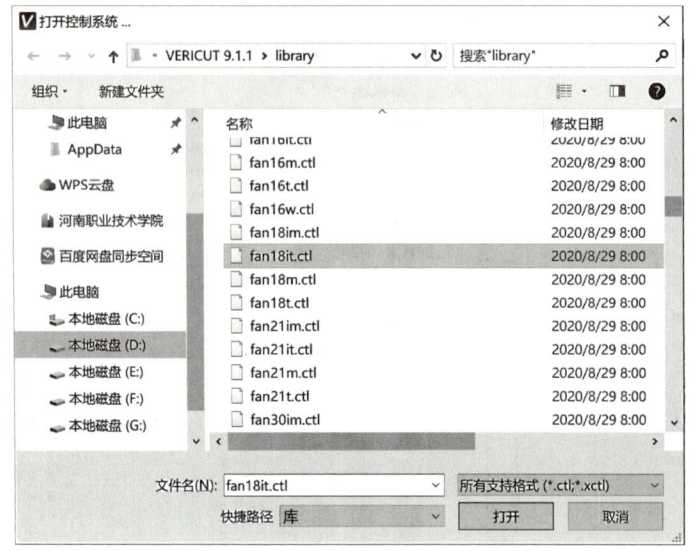

图 9-9 "打开控制系统"对话框

学习活动 9.4　毛坯安装（工位一）

转接头的毛坯是尺寸为 ϕ50 mm×72 mm 的圆柱形 45♯ 钢，为方便该毛坯的装夹和定位，加工夹具选择使用三爪自定心卡盘。毛坯的安装分为两个步骤，分别是机床夹具安装和毛坯的装夹定位。

9.4.1　安装机用卡盘夹具

操作之前先把附带的卡盘模型文件夹复制到"D：\VERICUT\9"工作目录内。

（1）单击"项目树"窗口上方的"显示机床组件"按钮，展开如图 9-10 所示机床节点下所有项目树节点，方便对各组件编辑操作。同样可以再次按下"显示机床组件"按钮，收起机床节点下所有项目树节点，简化项目树内容，方便整体观察与操作。另外，还可以通过单击机床节点左侧的"＋"号，展开机床节点。同样的操作依次单击机床下附属组件节点左侧的"＋"号，可依次展开机床下附属组件和节点。如果需要收起已展开的节点，只需单击左侧"－"号即可。

（2）找到"Fixture(0,0,0)"夹具组件节点，在该节点上单击右键，在弹出的菜单中找到"添加模型"，单击"添加模型"下的"模型文件"选项。打开"打开"窗口，默认打开目录即为工

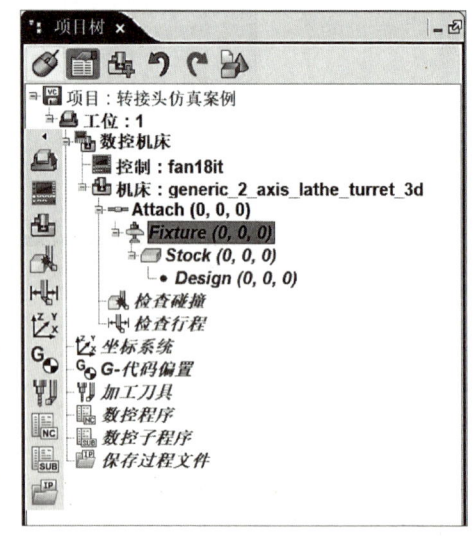

图 9-10　机床节点

作目录,打开卡盘文件夹,选中该文件下的"KP.ply"和"SanZhua.ply"两个文件。单击"确定"按钮,安装卡盘模型到仿真机床。如图 9-11 所示,"Fixture(0,0,0)"夹具组件节点加载该两个模型文件,同时在机床仿真窗口显示已安装卡盘的形状。

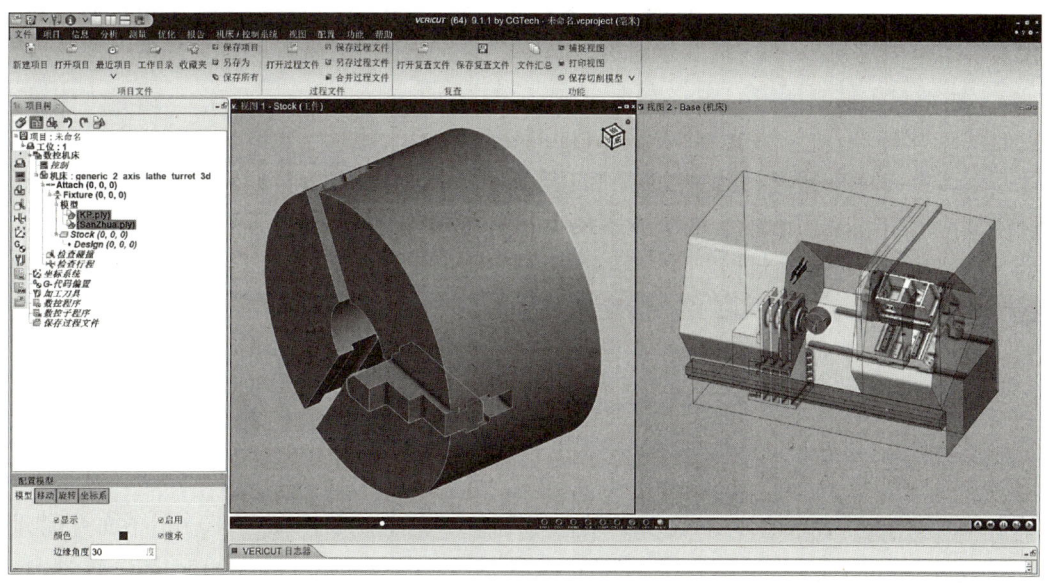

图 9-11 添加夹具组件

(3) 保持"Fixture(0,0,0)"夹具组件节点下的"KP.ply"和"SanZhua.ply"两个文件为选中状态。单击"项目树"下方的"配置模型"面板中的"旋转"选项卡,在"增量"控制栏中显示"30",单击三次"Y+"按钮,把卡盘向 Y 轴正方向旋转 90°,安装到正确主轴位置,如图 9-12 所示。如果移动位置错误可以单击反方向退回原来位置。

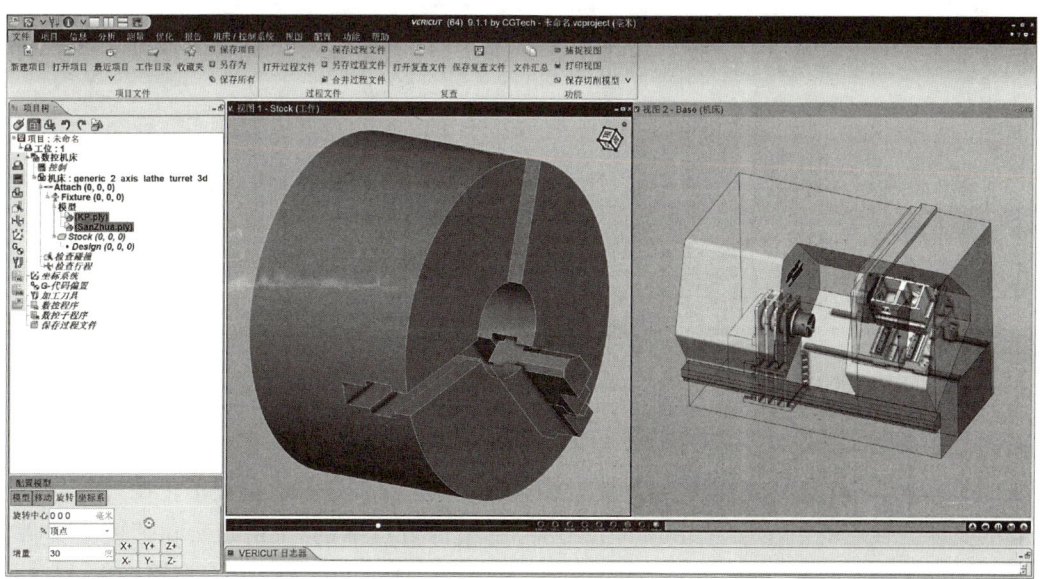

图 9-12 卡盘正确合理位置

9.4.2 创建毛坯及装夹

创建毛坯及装夹有两个关键步骤：第一步，创建尺寸为 $\phi50\ mm\times72\ mm$ 的圆柱形转接头的毛坯；第二步是卡盘卡爪正确夹持到配合位置。

(1) 保证机床组件下的节点在展开状态，在"Stock(0,0,0)"毛坯组件上单击右键，在弹出的菜单中找到"添加模型"，单击"添加模型"下的"圆柱体"选项。

(2) 通过工件视图窗口观察发现，在坐标的原点处默认添加了一个 $\phi25\ mm\times25\ mm$ 的圆柱形，这个毛坯尺寸不合适，需要调整直径和长度尺寸。保持"Stock(0,0,0)"毛坯组件节点下的圆柱体模型为选中状态，单击"项目树"下方的"配置模型"面板中的"模型"选项卡，在"高(Z)"的文本框中输入"72"，在"半径"的文本框中输入"25"，配置如图9-13所示模型尺寸参数。

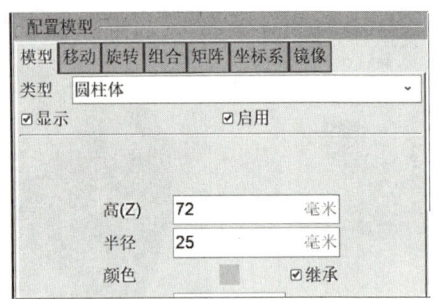

图9-13 配置模型尺寸参数

(4) 单击"项目树"下方的"配置模型"面板中的"移动"选项卡，在"到"的文本框中输入"0 0 10"，单击"移动"按钮，表示毛坯 X 轴和 Y 轴位置不变，Z 轴正方向移动了 10 mm。如果移动位置错误，单击"向后"退回即可。配置参数后毛坯将移动到正确的装夹位置，如图9-14所示。

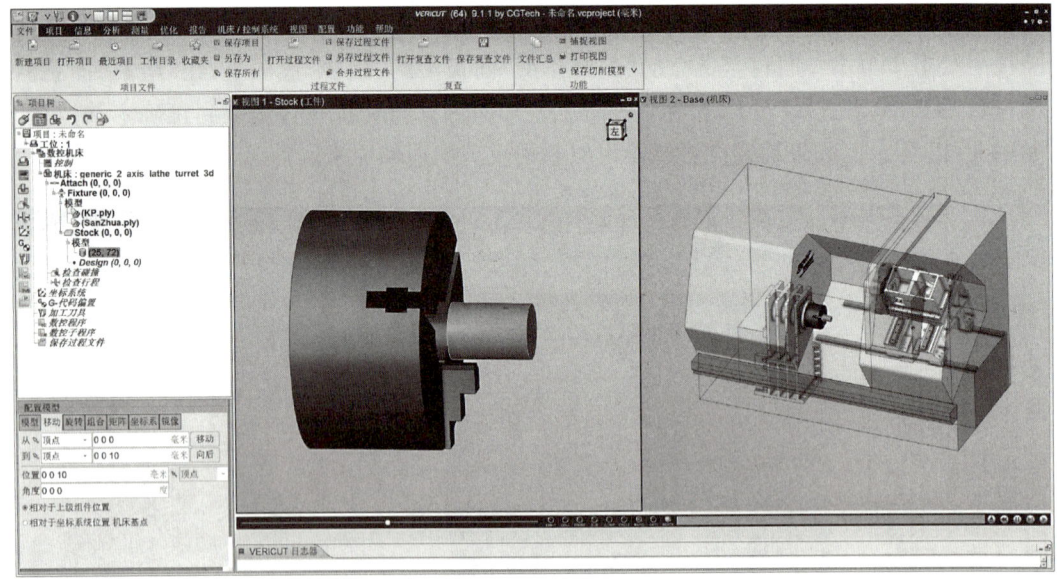

图9-14 毛坯正确装夹位置

(5) 观察工件视图窗口，毛坯已放置在合理装夹位置，但卡爪位置不正确，需要调整卡爪位置。单击选中在"Fixture(0,0,0)"夹具组件节点下的"SanZhua.ply"模型文件。单击"项目树"下方的"配置模型"面板中的"移动"选项卡，在"到"的文本框中输入坐标"0 5 0"。单击"移动"按钮，卡爪移动到了正确的毛坯夹紧位置。如果移动位置错误可以单击"向后"退回原来位置。右键单击卡爪"SanZhua.ply"模型文件,在弹出的菜单中单击"复制"按钮。再右键单击卡爪"SanZhua.ply"模型文件,在弹出的菜单中单击"粘贴"按钮,重复上述操作,复制出两个卡爪模型。选择复制出来的第一个"SanZhua.ply"模型文件,单击"项目树"下方的"配置模型"面板中的"旋转"选项卡,增量文本框中输入"120",单击"Z+"按钮,沿 Z 轴正方向旋转 120°移动。同样的方法,选择复制的第二个"SanZhua.ply"模型文件进行旋转,调整后的卡爪位置效果如图 9-15 所示。

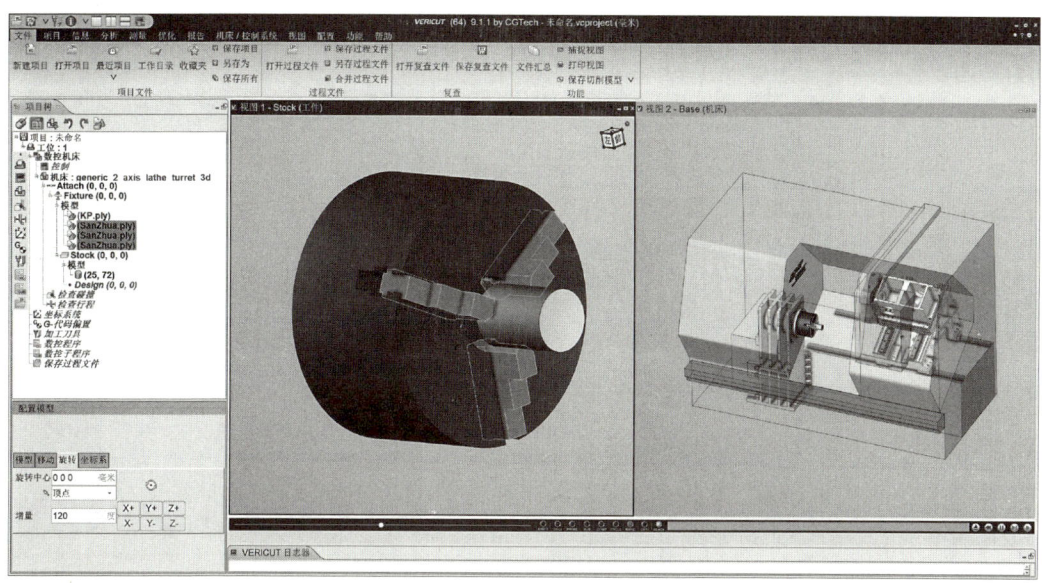

图 9-15 卡爪正确夹紧位置

学习活动 9.5 创建车削刀具(工位一)

9.5.1 刀具库构建

构建刀具库主要包括以下四个步骤。

(1) 建立刀具(Cutter):根据车间或编程用到的刀具类型在 VERICUT 中创建相应的刀具。创建刀具需要选择刀具类型,设置刀具直径、圆角半径、长度、刃长以及夹持点和刀尖点等参数。

(2) 建立刀柄(Holder):根据机床所使用的各种规格的刀柄,按具体尺寸,在 VERICUT 刀具库中创建刀柄。复杂的刀柄也可以在 CAD/CAM 软件中构建,再以 STL、WRL 或 PLY 格式导入 VERICUT 中。另外,在 VERICUT 刀具库中可以定义角铣头,如直角铣头等。

(3) 刀具命名:根据程序中的刀具号或者刀具名称命名刀具,保证刀具库中的刀具号与程序中的刀具号或者刀具名称一致,可通过刀具号实现换刀。如果程序中没有换刀指令,可以根据车间或编程规范命名,在 VERICUT 换刀时通过文件名实现换刀。

(4) 设置夹持点：根据工艺需求，设定合理、安全的刀具夹持点位置。

9.5.2 创建 T01 80°外圆车刀

(1) 双击软件界面左侧项目树"工位：1"中"加工刀具"组件，出现如图 9-16 所示的"刀具管理器"窗口。

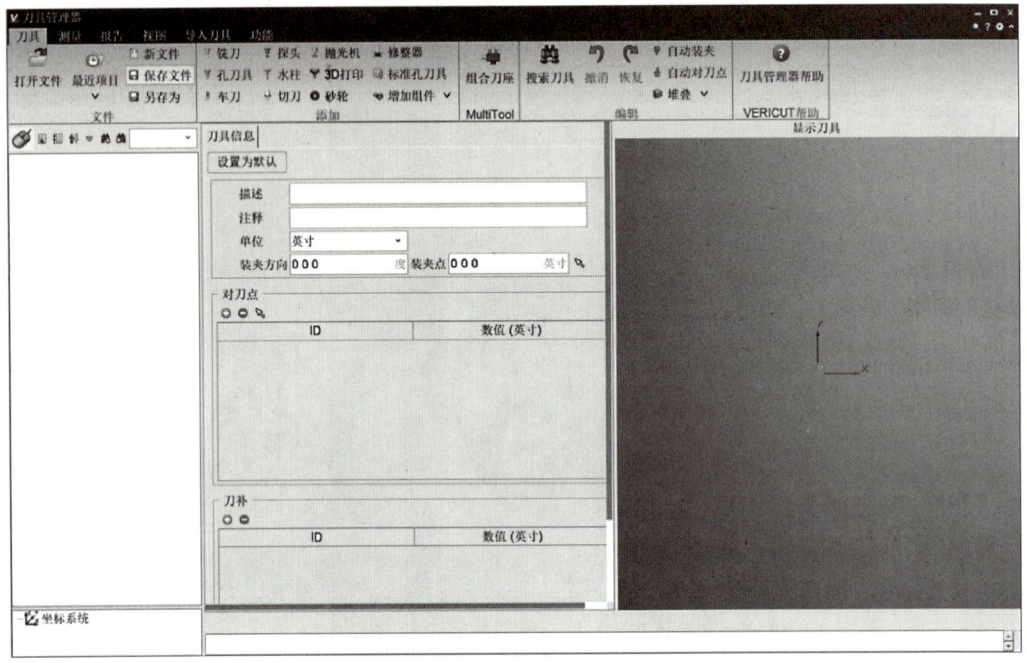

图 9-16 "刀具管理器"窗口

(2) 在创建刀具之前，首先检查一下刀具默认设置参数是否合适。在"刀具管理器"窗口中，单击"功能"菜单，在功能菜单快捷工具条中单击"预设置"按钮，打开如图 9-17 如所示的"参数设置"窗口。首先确认项目单位是"毫米"，其次在"刀具选项"栏中，"初始驱动点"选择"以刀具号开始"单选项。

(3) 在"刀具管理器"窗口中，单击"刀具"菜单，在刀具菜单快捷工具条中单击"车刀"按钮，即可创建一把车刀。如图 9-18 所示设置 T01 80°外圆车刀参数内容。在"一般刀片"控制栏，修改"L-长"为 12 mm，"R-圆鼻半径"为 0.4 mm，按回车键即可确认修改。

9.5.3 创建 T02 3 mm 切槽刀

在"刀具管理器"窗口中，单击"刀具"菜单，在刀具菜单快捷工具条中单击"车刀"按钮，即可创建

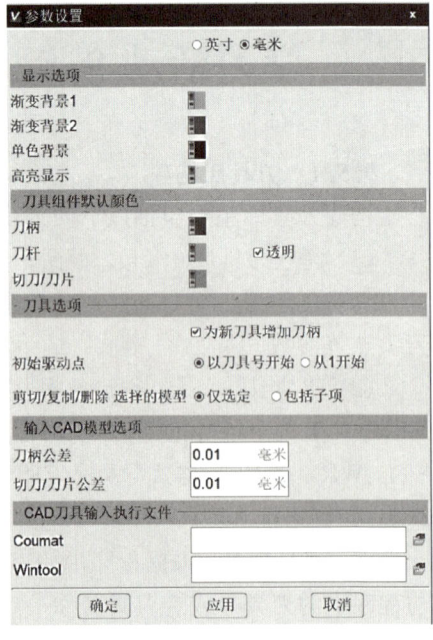

图 9-17 "参数设置"窗口

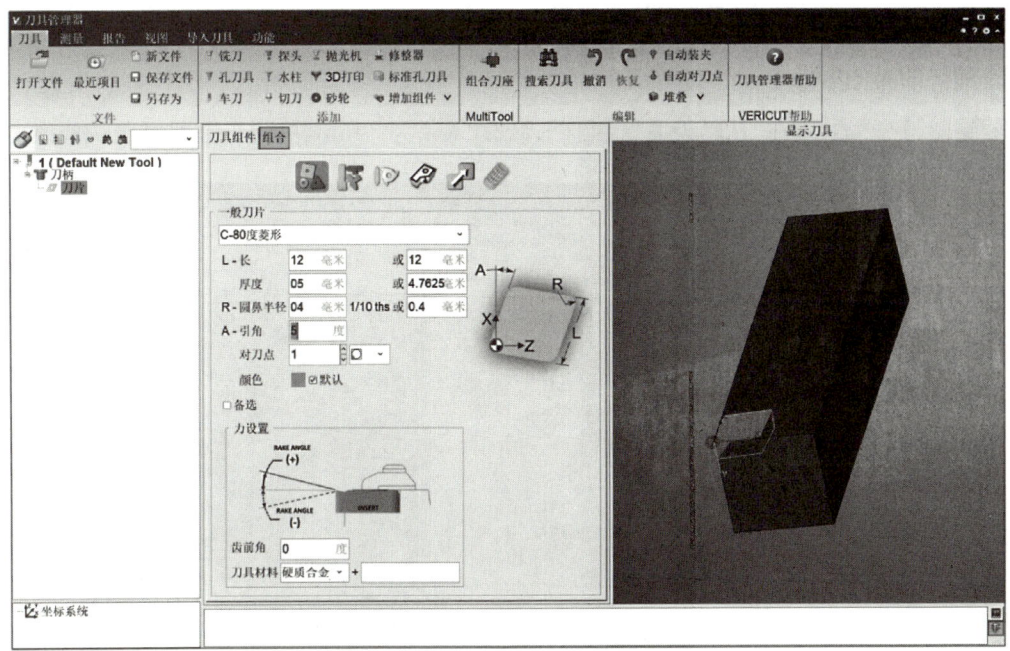

图 9-18　新建 T01 80°外圆车刀参数

一把车刀。如图 9-19 所示设置 T02 3 mm 切槽刀参数内容。选择"车槽刀片"类型,在"车槽刀片"控制栏,修改"W-宽"为 10 mm,"L-长"为 3 mm,"厚度"为 3 mm,按回车键即可确认修改。

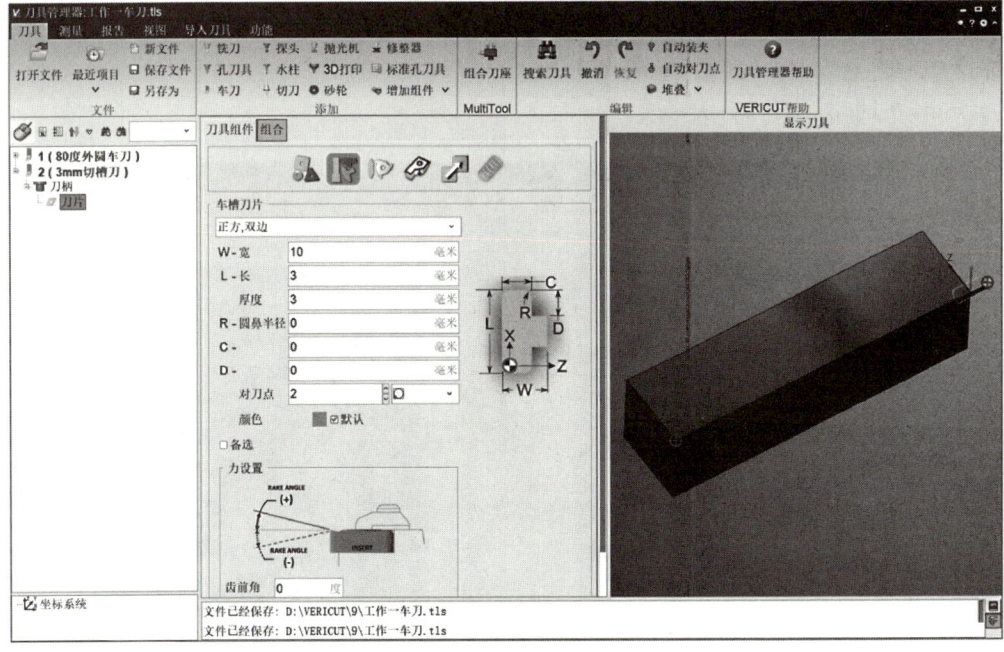

图 9-19　新建 T02 3 mm 切槽刀参数

9.5.4　创建 T03 ϕ12.6 mm 麻花钻

在"刀具管理器"窗口中,单击"刀具"菜单,在刀具菜单快捷工具条中单击"孔刀具"按钮,即可创建一把麻花钻。如图 9-20 所示设置 T03 ϕ12.6 mm 麻花钻刀具参数内容。选择"钻削刀具"类型,在"钻削刀具"控制栏,修改"ϕ:"为 2 mm,按回车键即可确认修改。

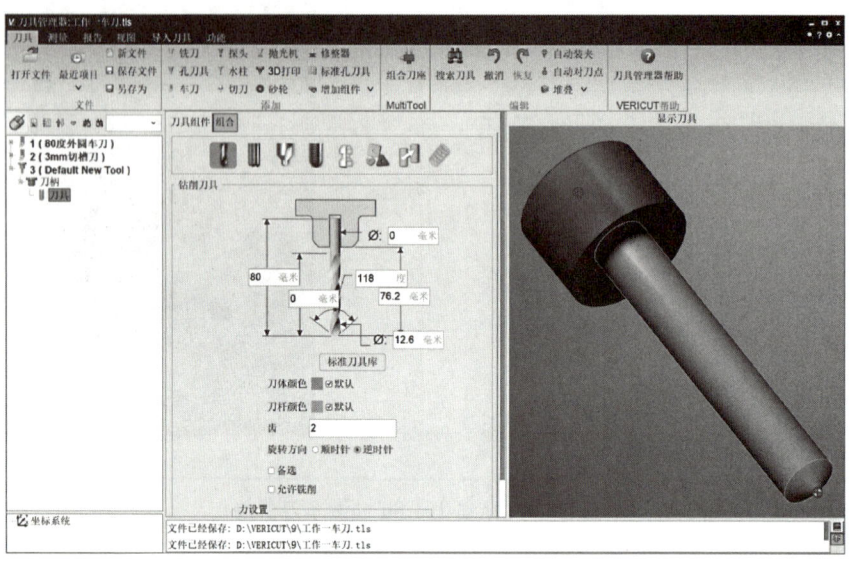

图 9-20　新建 T03 ϕ12.6 mm 麻花钻刀具参数

9.5.5　创建 T04 55°内孔镗刀

在"刀具管理器"窗口中,单击"刀具"菜单,在刀具菜单快捷工具条中单击"车刀"按钮,即可创建一把车刀。如图 9-21 所示设置 T04 55°内孔镗刀参数内容。选择"一般刀片"类型,在"一般刀片"控制栏,修改"L-长"为 2 mm,"厚度"为 1 mm,"R-圆鼻半径"为 0.2 mm,按回车键即可确认修改。

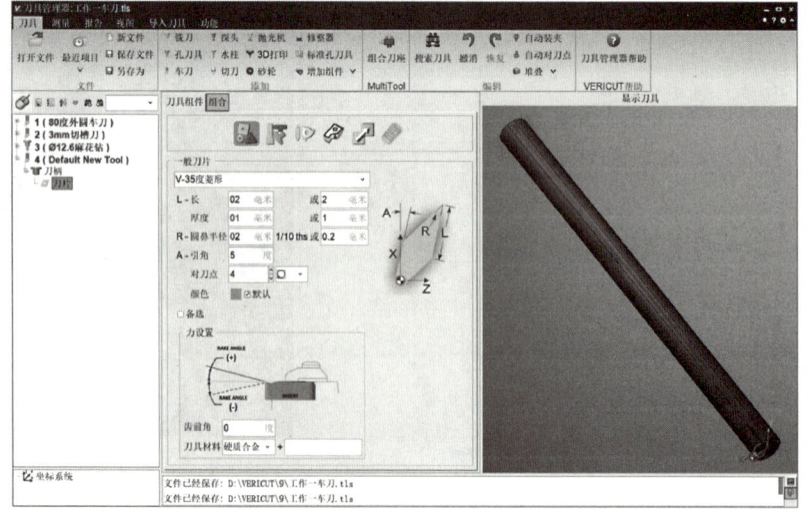

图 9-21　新建 T04 55°内孔镗刀参数

9.5.6 创建 T05 2 mm 内沟槽刀

在"刀具管理器"窗口中,单击"刀具"菜单,在刀具菜单快捷工具条中单击"车刀"按钮,即可创建一把车刀。如图 9-22 所示设置 T05 2 mm 内沟槽刀参数内容。选择"车槽刀片"类型,在"车槽刀片"控制栏,修改"W-宽"为 2 mm,"L-长"为 10 mm,"厚度"为 2 mm,按回车键即可确认修改。

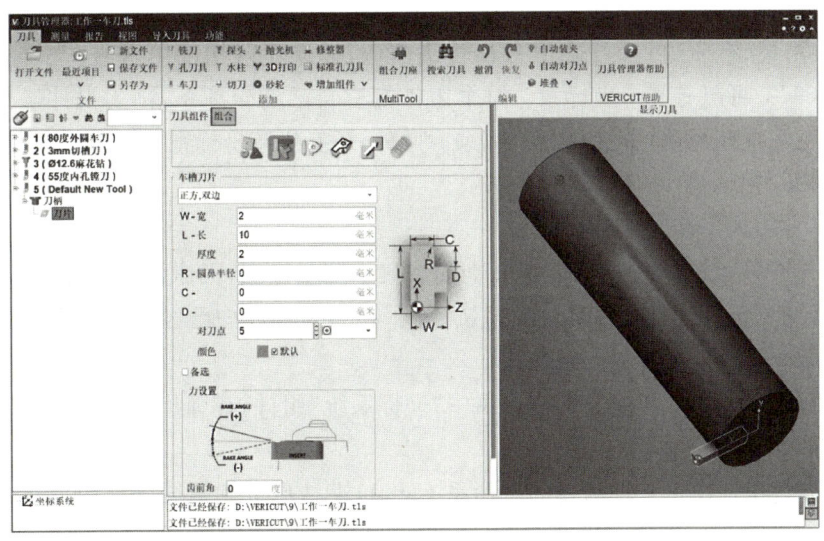

图 9-22 新建 T05 2 mm 内沟槽刀参数

9.5.7 创建 T06 60°内螺纹刀

在"刀具管理器"窗口中,单击"刀具"菜单,在刀具菜单快捷工具条中单击"车刀"按钮,即可创建一把车刀。如图 9-23 所示设置 T06 60°内螺纹刀参数内容。选择"攻螺纹刀片"类型,在"攻螺纹刀片"控制栏,修改"L-长"为 16 mm,"厚度"为 2 mm,按回车键即可确认修改。

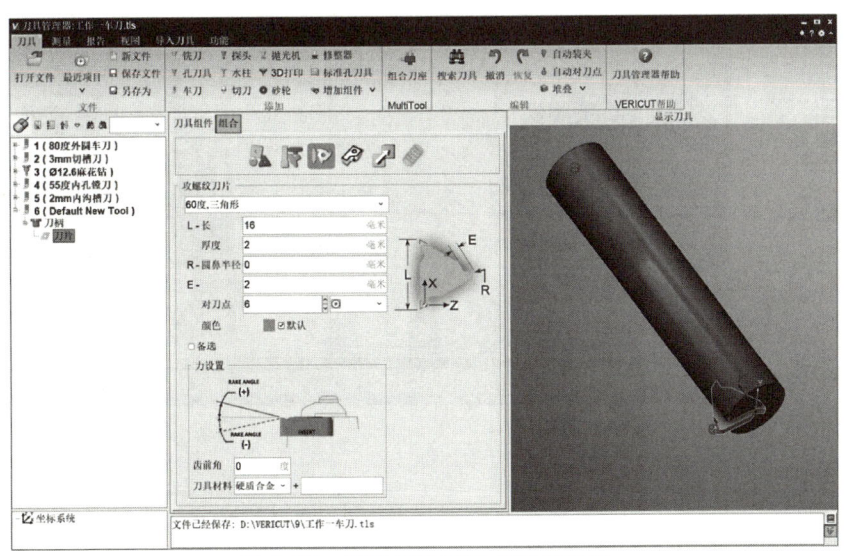

图 9-23 新建 T06 60°内螺纹刀参数

学习活动 9.6　设置工件坐标系与 G 代码偏置（工位一）

VERICUT 中所使用的坐标系是右手直角坐标系，利用坐标系可以确定组件模型及其相互关系、定义 NC 机床并确定刀具轨迹方位，以便正确切削仿真等。根据使用的需要，VERICUT 可以有多个坐标系。每个组件都有自己的坐标系，称为组件坐标系；每个模型也有自己的坐标系，称为模型坐标系。此外，还有机床坐标系、工件坐标系，用户也可以自定义用户坐标系。

9.6.1　添加工件坐标系

利用用户定义的坐标系可以定义剖面或集中测量数据，已激活的坐标系也可应用于 X-测量规的测量、剖面值、刀具运动轨迹（除了在刀轨列表中已经定义了方向的刀轨）坐标系的设置。

(1) 右键单击软件界面左侧项目树中"坐标系统"组件，在弹出的菜单中单击"新建坐标系"按钮，新建一个坐标系 Csys1。

(2) 通过工件窗口观察新建的坐标系 Csys1，默认位置和系统坐标原点重合，在这里需要借助 Csys1 标记工位一的工件原点位置，显然默认的位置不合适，需要进行位置调整。选中软件界面左侧项目树中"坐标系统"组件下的"Csys1"坐标系，在项目树下方的"配置坐标系统：Csys1"控制面板中单击"CSYS"选项卡，在"位置"文本框右单击箭头选择图标，确认方法为"圆心"。这时把鼠标移动至工作窗口，放置到毛坯右端面，第一个图素捕捉选取右端面，第二个图素捕捉选取圆柱面，系统自动确认 Csys1 坐标系至毛坯右端面圆心点处，该点即工位坐标原点，如图 9-24 所示。

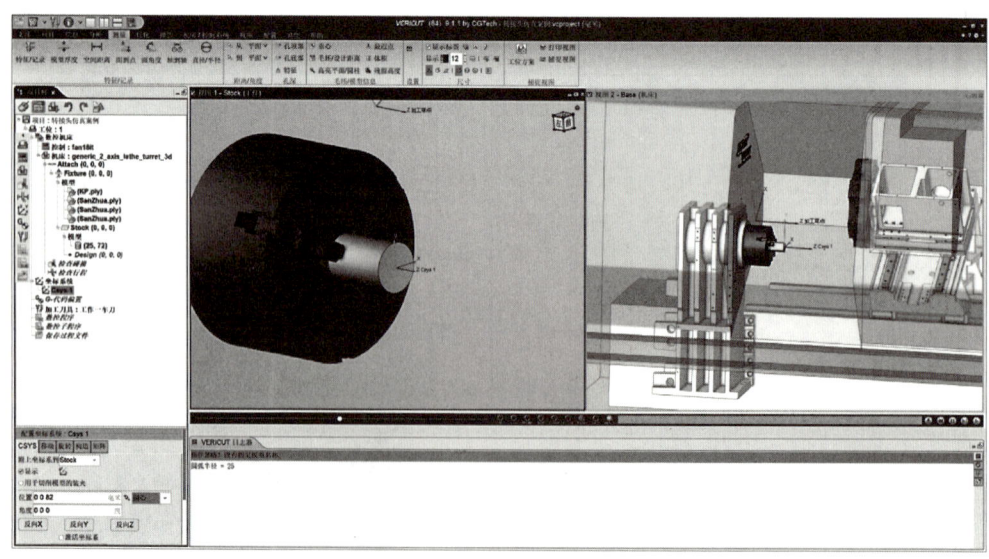

图 9-24　Csys1 工位坐标原点

9.6.2 添加 G 代码偏置

G 代码偏置用于设定数控程序加工基准、程序零点、机床初始化位置以及换刀位置等。

（1）新建坐标系统，首先选中软件界面左侧项目树中"G-代码偏置"组件，在项目树下方显示"配置 G-代码偏置"控制面板。在面板"偏置"选项中选择"程序零点"选项，显示数控加工程序中的程序零点。单击"添加"按钮，在"G-代码偏置"组件下添加"1-工作偏置-54-C 到 Stock"工作偏置。

（2）通过观察发现，默认添加程序零点-1 是组件 Turret 到 Stock 毛坯的偏置，不符合加工要求，需要调整偏置内容。单击选中软件界面左侧项目树中"G-代码偏置"组件下的"1-程序零点-1-Turret 到 Stock"工作偏置。在项目树下方显示如图 9-25 所示的"配置程序零点"控制面板，在"从"名字框中选择"Turret"刀具组件，在"到"特征中选择"坐标原点"，名字组件中自动选择"Csys1"，即建立程序零点是从主轴的刀位点到毛坯右端面圆心工作原点的工作偏置。

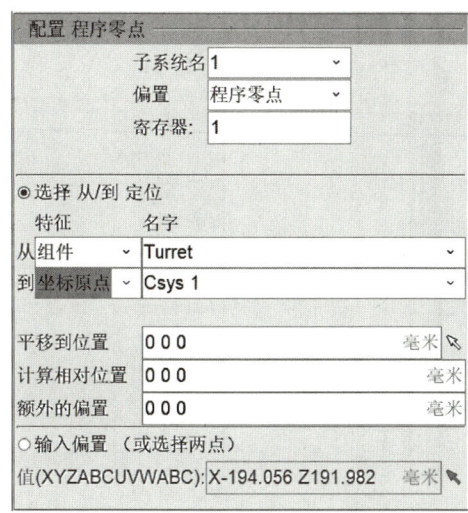

图 9-25　工位一配置工作偏置

学习活动 9.7　导入 G 代码程序（工位一）

选中软件界面左侧项目树中"数控程序"组件，在项目树下方的"配置数控程序"窗口中找到"数控程序类型"选项，选择"G-代码数据"选项，单击"添加数控程序"按钮，可打开如图 9-26 所示的"数控程序"窗口。选择工作目录中生成的数控程序"O1.txt"，单击"确定"按钮，即可添加 O1.txt 加工程序。

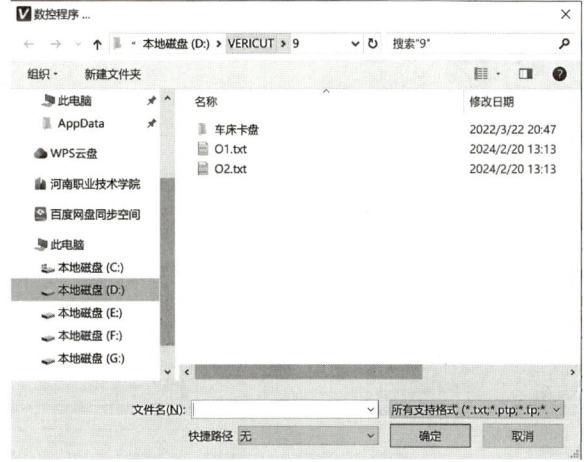

图 9-26　打开"数控程序"窗口

打开数控程序后,在左侧项目树"数控程序"组件下,显示"O1.txt"程序节点。双击"O1.txt"程序节点,可打开如图 9-27 所示程序显示窗口,方便检查和修改程序内容。

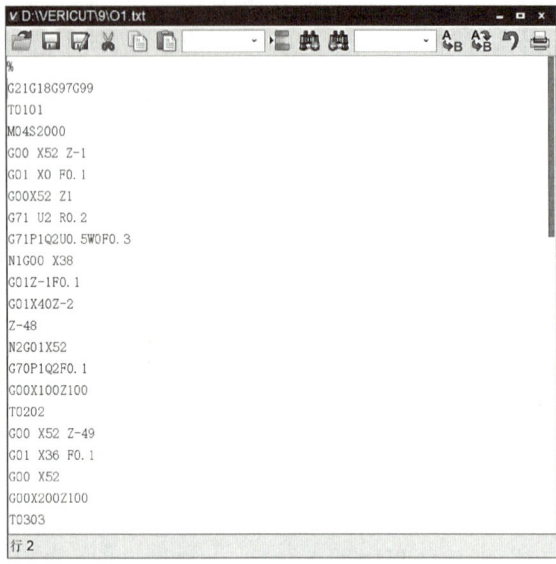

图 9-27 程序显示窗口

学习活动 9.8 仿真检查(工位一)

设置完成后,可以单击"仿真"按钮,开始仿真加工。在工作区单击右键,在弹出的菜单中结果选择"添加一个视图"下的"轮廓"按钮,添加一个剖视图,方便观察工件内部轮廓,如图 9-28 所示。

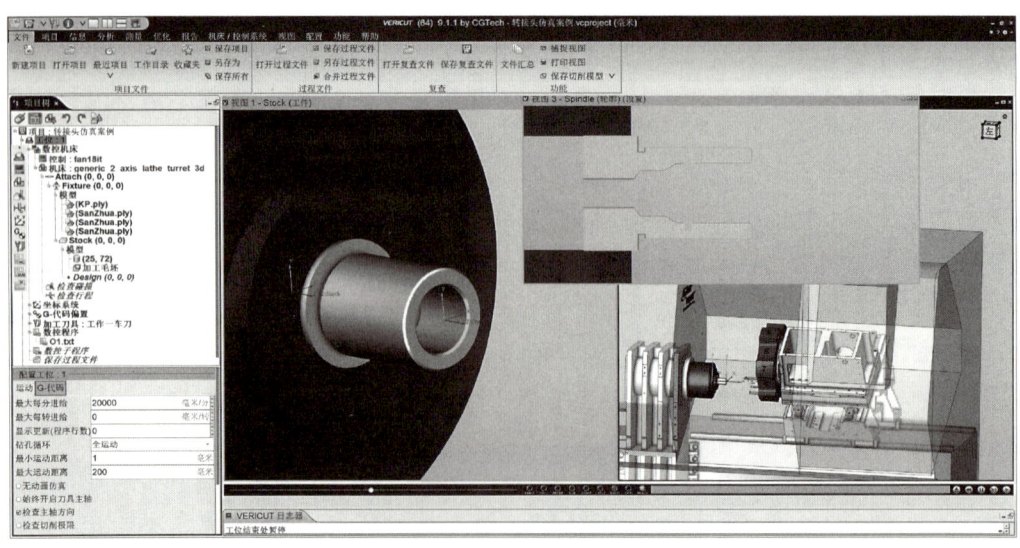

图 9-28 工位一仿真结果

通过仿真验证显示结果,检查编程精确与否、快速移动时刀具是否碰到毛坯、走刀路径是否正确、工装夹具是否发生碰撞、图纸或读图是否错误、刀具和刀柄是否与毛坯碰撞、CAD/CAM 软件和后置处理器是否错误、是否按用户要求拟合刀具路径以及是否生成新的 G 代码等。

学习活动 9.9　毛坯安装(工位二)

9.9.1　创建加工工位

(1) 在软件界面左侧项目树找到"工位:1"组件,在"工位:1"组件上单击右键,在弹出的菜单上单击"复制"按钮,复制工位一组件下的所有数据。在"工位:1"组件上单击右键,在弹出的菜单中单击"粘贴"按钮,把复制的"工位:1"组件数据粘贴到"工位:1"组件后。

(2) 单击项目树窗口上方的"显示机床组件"按钮,可以展开刚复制的"工位:2"的组件内容。因为是复制工位一的数据,所以可以看到刚在工位一定义的所有组件内容,如图 9-29 所示。

9.9.2　加工毛坯安装

(1) 单击"重置模型"控制按钮。

(2) 右键单击"仿真"控制按钮,在"各个工位的结束"复选框前单击,确认此复选框已勾选生效。

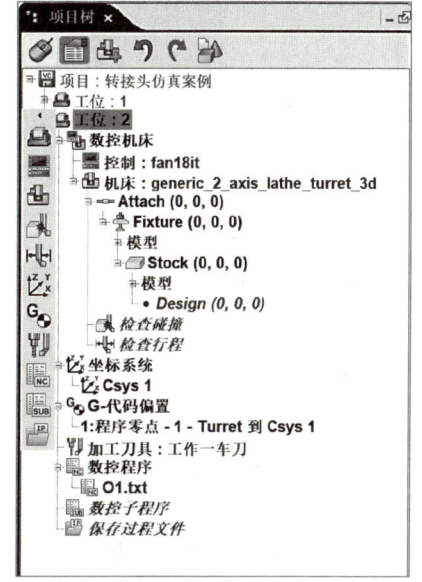

图 9-29　"工位:2"组件

(3) 单击"仿真"控制按钮,系统开始仿真"工位:1"加工内容。"工位:1"加工内容仿真结束后会暂停至"工位:1"最后一步。

(4) 单击一次单步按钮,仿真加工跳入"工位:2"。从项目树可以看到"工位:2"组件数控已生效,当前处于活动状态。

(5) 找到"工位:2"机床组件下"Stock"毛坯组件下的"模型"节点,单击"模型"节点左侧的"+"号,展开"模型"节点,可以看到相对于"工位:1"创建的(25,72)毛坯外,多出一个如图 9-30 所示的"加工毛坯"组件。

(6) 单击选中"加工毛坯"组件,在项目树下方"配置模型"控制面板中,单击"旋转"选项卡。在"旋转中心"文本框中输入"0 0 81",表示工件右端面圆心点坐标位置。单击右侧"旋转中心显示开/关"按钮,确认工件上表面中心点为旋转中心。在"增量"文本框中输入"90",表示旋转步进角度为 90°。单击两次"Y+"按钮,工件绕 Y 轴旋转了 180°,实现了工作调头装夹,结果如图 9-31 所示。

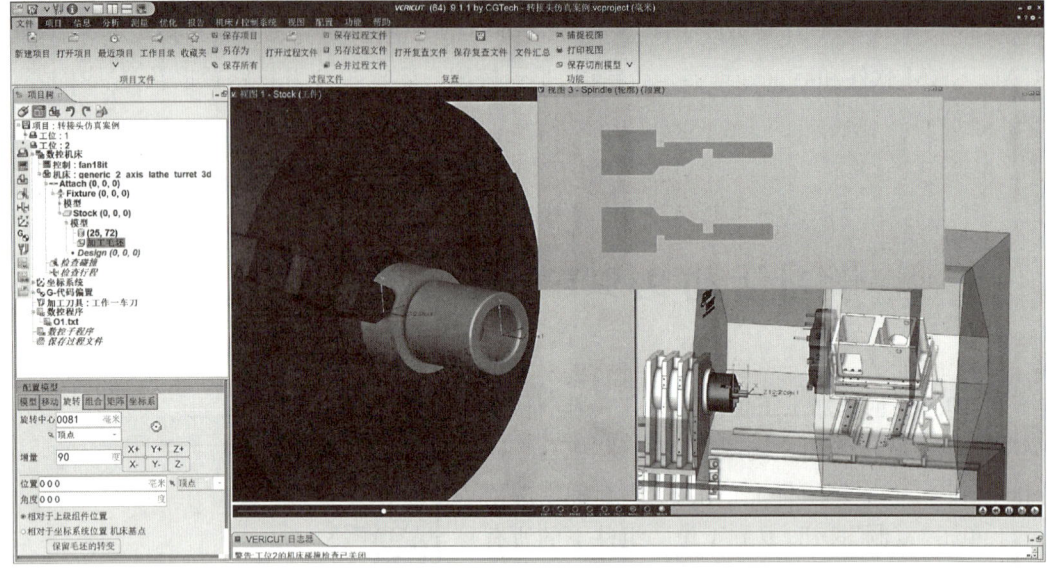

图 9-30 "加工毛坯"组件

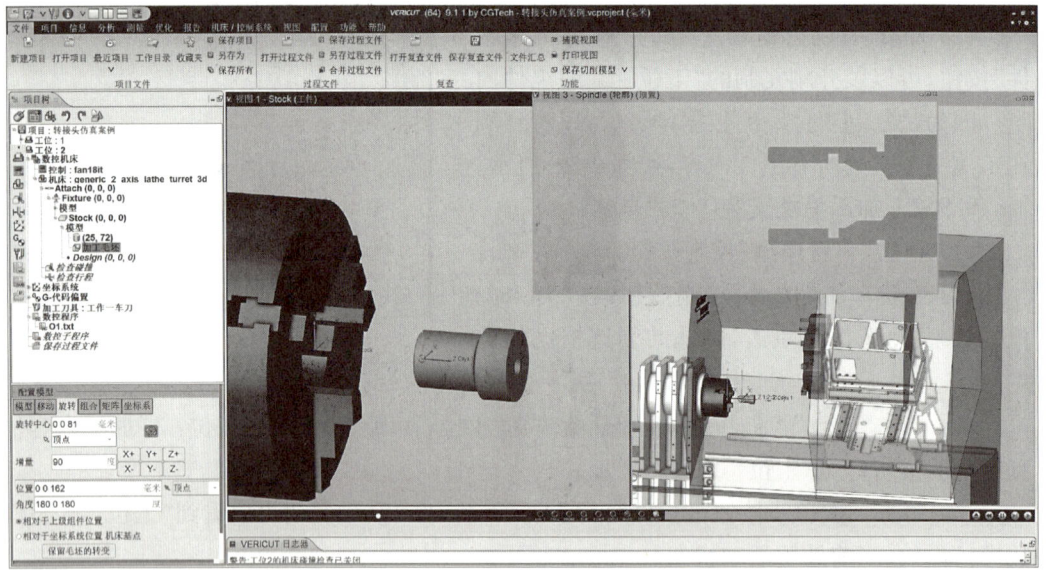

图 9-31 工件旋转后效果

(7) 单击选中"加工毛坯"组件,在项目树下方"配置模型"控制面板中,单击"移动"选项卡,在"到"文本框中输入"0 0 -80",分别表示 X 轴位置不变,Y 轴位置不变,Z 轴向负方向移动 80 mm。单击"移动"按钮,工件移动至合适装夹位置,如图 9-32 所示。如果移动位置错误可以单击"向后"退回原来位置。

(8) 修改工件到合适的装夹位置后,一定要在"加工毛坯"组件上单击右键,在弹出的菜单中单击"保留毛坯的转变"按钮。

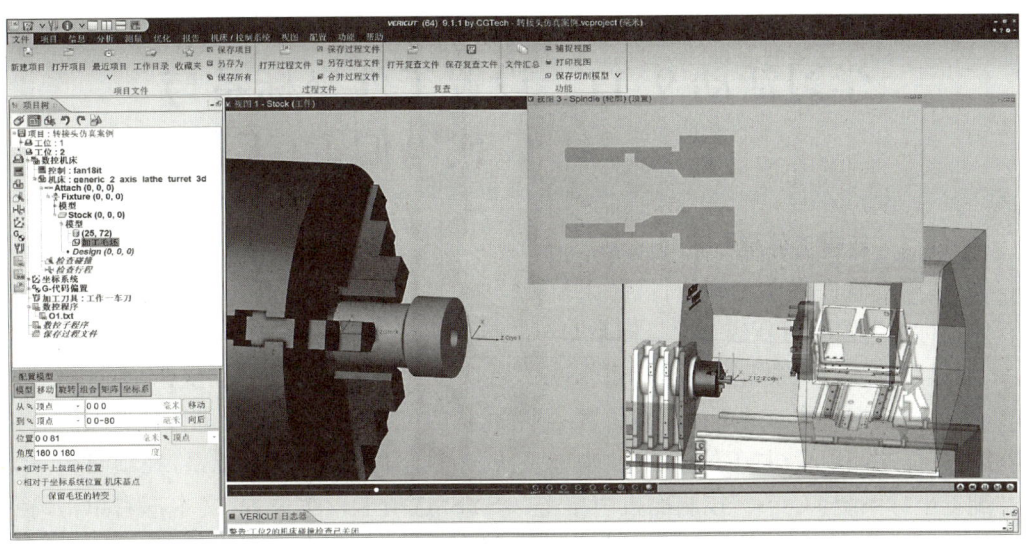

图 9-32 工件合适的卡盘装夹位置

学习活动 9.10　创建车削刀具(工位二)

双击软件界面左侧项目树"工位：2"中"加工刀具"组件，打开"刀具管理器"窗口。在"刀具管理器"窗口中，单击"刀具"菜单，在刀具菜单快捷工具条中单击"孔刀具"按钮，刀具类型选择"铰刀"，即可在"6(60 度内螺纹刀)"后创建一把铰刀。如图 9-33 所示设置 T07 ϕ13 mm 铰刀参数内容。修改刀具直径尺寸"ϕ："为 13 mm，按回车键即可确认修改。

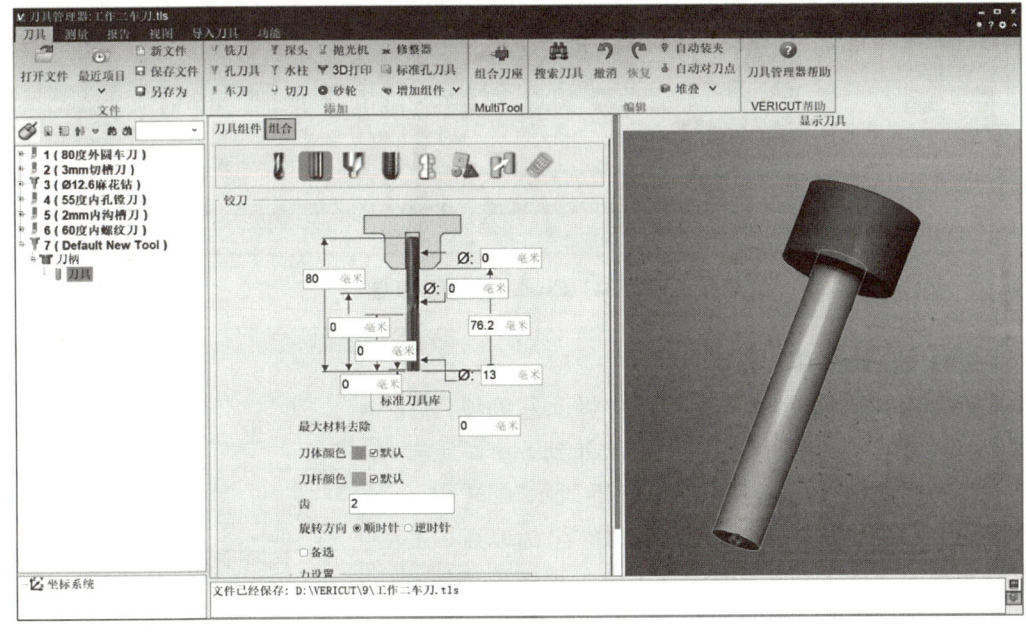

图 9-33　新建 T07 ϕ13 mm 铰刀参数

学习活动 9.11　设置工件坐标系与 G 代码偏置(工位二)

9.11.1　新建工件坐标系

右键单击软件界面左侧项目树"工位：2"中"坐标系统"组件，在弹出的菜单中单击"新建坐标系"按钮，可新建一个坐标系 Csys2。

通过工件窗口观察新建的坐标系 Csys2，默认位置和系统坐标原点重合，在这里需要借助 Csys2 标记工位二的工件原点位置，显然默认的位置不合适，需要进行位置调整。选中软件界面左侧项目树"工位：2"中"坐标系统"组件下的"Csys2"坐标系，在项目树下方的"配置坐标系统：Csys2"控制面板中单击"CSYS"选项卡，在"位置"文本框右单击箭头选择图标，确认方法为"圆心"。VERICUT 选择圆心时，需要定义两个图素，一个是圆所在的平面，一个是圆形轮廓。把鼠标移动至工作窗口，放置到工作右端面，选择第一个图素为工件右端面，然后单击选择工件外圆柱面定义第二个图素。系统自动捕捉到右端面圆心位置，该点即为工位坐标原点，如图 9-34 所示。

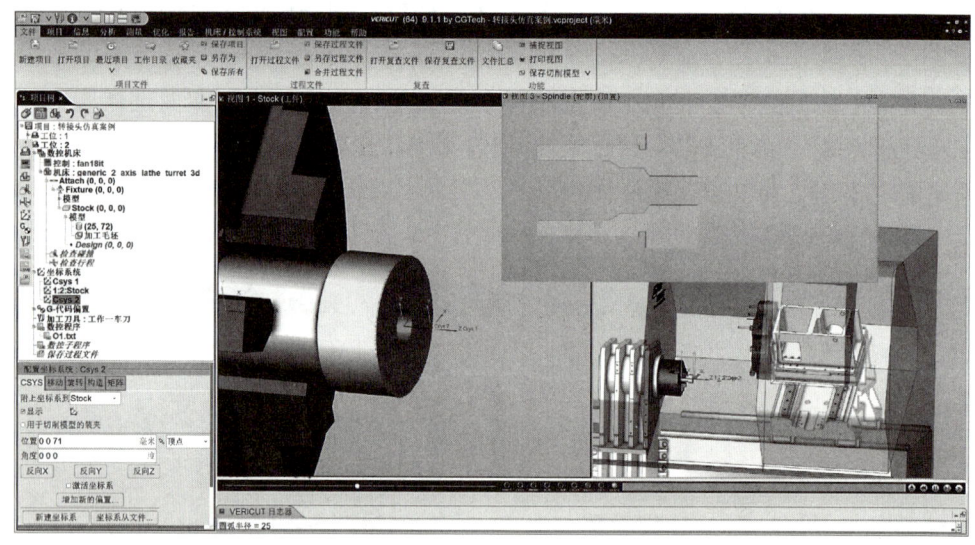

图 9-34　Csys2 工位坐标原点

9.11.2　修改 G 代码偏置

修改 G 代码偏置，首先选中软件界面左侧项目树"工位：2"中"1-程序零点-1-Turret 到 Stock"工作偏置。在项目树下方显示如图 9-35 所示"配置程序零点"控制面板，在"到"特征中选择"坐标原点"，名字组件中选择"Csys2"，即建立工位二程序零点是从刀位点到工件右端面圆心工件原点的工作偏置。

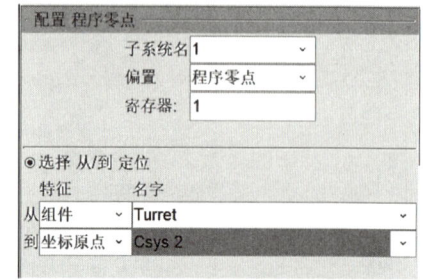

图 9-35　工位二配置工作偏置

学习活动 9.12　导入 G 代码程序(工位二)

在软件界面左侧项目树"工位：2"的"数控程序"组件下,找到"O1.txt"程序节点,在"O1.txt"程序节点单面右键,在弹出的菜单中单击"删除"按钮,删除工位一加工数控程序。

右键单击软件界面左侧项目树"工位：2"中"数控程序"组件,在弹出的菜单中单击"添加数控程序"按钮,打开如图 9-36 所示"数控程序"窗口。

打开数控程序后,在左侧项目树"数控程序"组件下,显示"O2.txt"程序节点。双击"O2.txt"程序节点,可打开显示窗口,方便检查和修改程序内容。

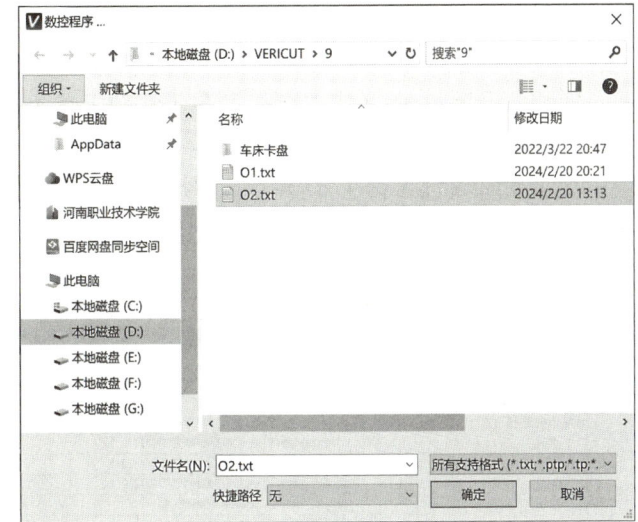

图 9-36　打开"数控程序"窗口

学习活动 9.13　仿真检查(工位二)

设置完成后,可以单出"仿真"按钮,开始仿真加工,结果如图 9-37 所示。

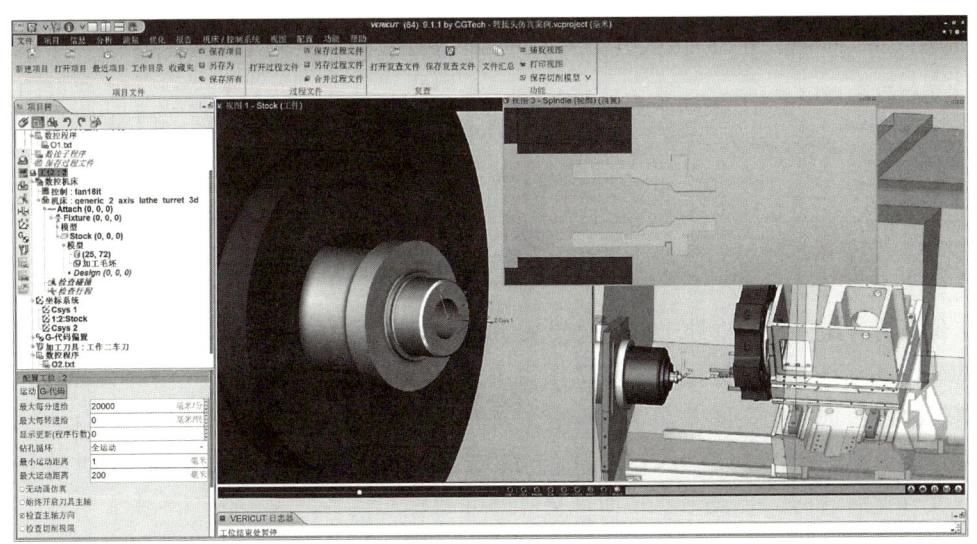

图 9-37　工位二仿真结果

学习活动 9.14 保存项目文件

如果仿真项目只是在个人电脑中操作,不会在其他电脑中打开使用。项目保存只需要单击"文件"菜单下快捷工具条中的"保存项目"按钮,确定存放路径和项目名称保存即可。需要打开项目时,单击"文件"菜单下快捷工具条中的"打开项目",找到保存的仿真项目打开即可。

如果仿真项目需要在多台电脑中使用,在项目保存时需要做把有项目组件完整保存。单击"文件"菜单下快捷工具条中的"文件汇总"按钮,打开如图 9-38 所示文件汇总窗口。窗口显示此仿真项目所用到的所有组件内容。

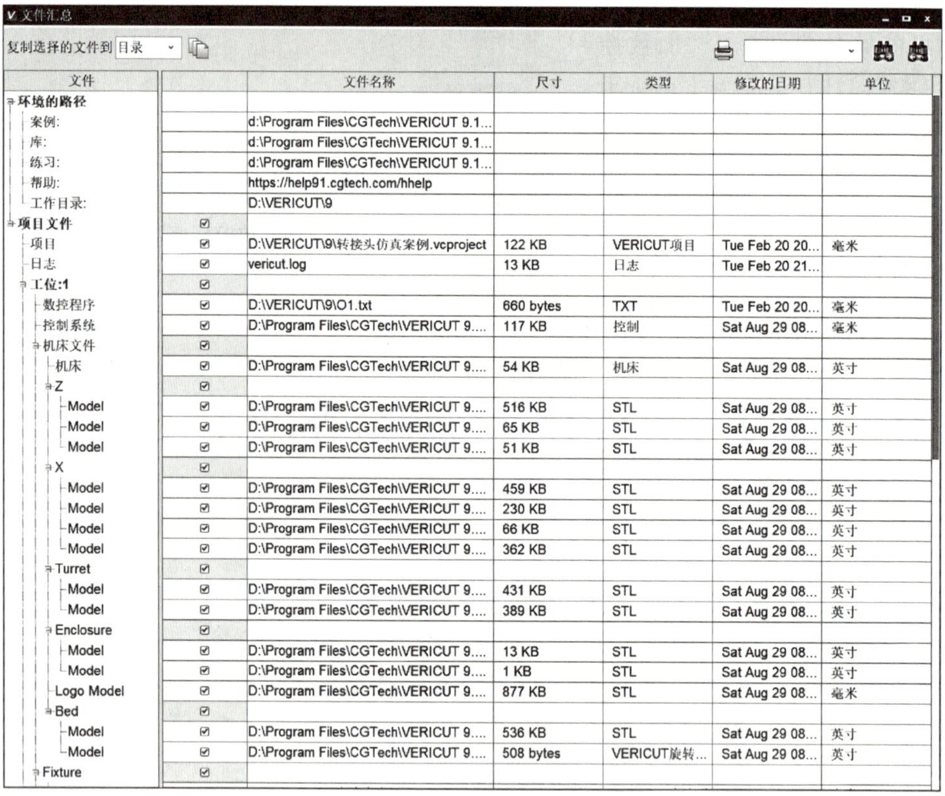

图 9-38 "文件汇总"窗口

保证所有组件复选框处于打勾选中状态,单击窗口上方的"复制"按钮,打开"复制选择的文件到"窗口,默认保存路径是工作目录,在工作目录内新建一个"项目九 数控车削仿真"文件夹,选择此文件夹,单击"确定"按钮。所有此项目所用到的组件数据已全部保存至如图 9-39 所示"项目九 数控车削仿真"文件夹内。若需在其他电脑打开此项目,复制此文件夹后,打开 *.vcproject 项目文件即可。

项目九　VERICUT 数控车削仿真

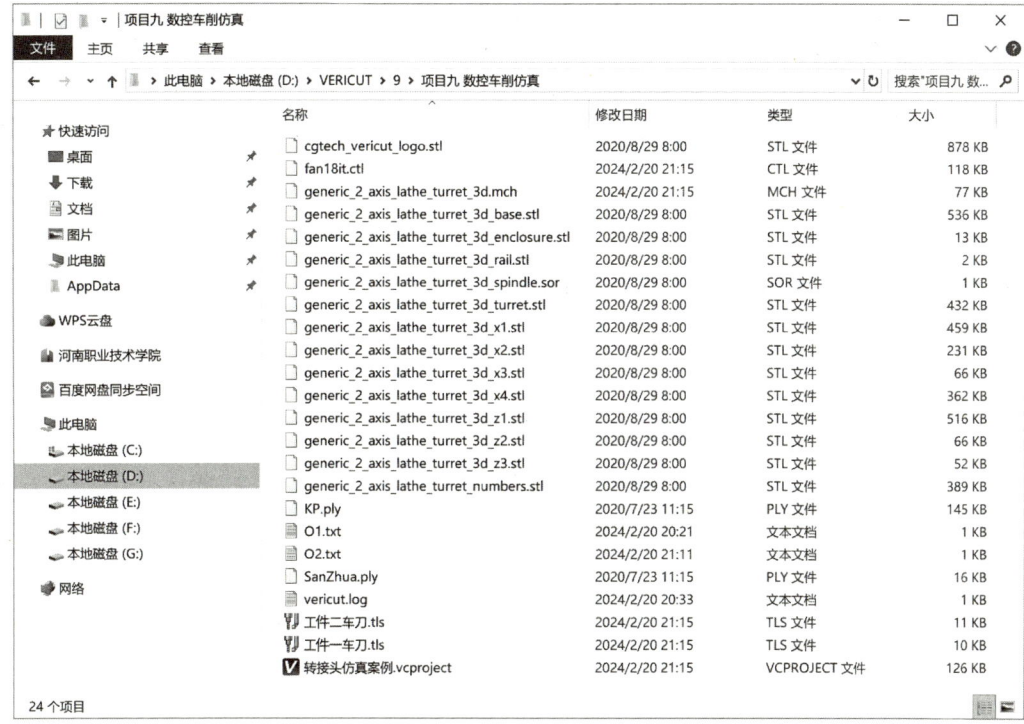

图 9-39　仿真项目文件汇总

任务评价

完成本任务实施以后，对上述所有活动进行评价，填写任务评价表（表 9-1）。

表 9-1　任务评价表

序号	项目（分值）	评价内容	配分	得分
1	基本操作（10 分）	项目文件管理	2	
2		项目树操作	2	
3		工作窗口视图操作	3	
4		控制面板操作	3	
5	机床定义（20 分）	正确选择数控系统	4	
6		正确选择数控机床	4	
7		正确选择夹具	6	
8		合理装夹毛坯	6	
9	工作偏置（20 分）	合理建立工件坐标系	7	
10		新建正确的工作偏置	7	
11		多工位工作偏置设置	6	

(续表)

序号	项目(分值)	评价内容	配分	得分
12	创建加工刀具（20分）	新建加工刀具	5	
13		正确配置刀柄	5	
14		正确设置刀具控制点	5	
15		合理设置名称、刀具偏置	5	
16	数控程序(10分)	加工数控程序正确	4	
17		观察与修改程序内容	4	
18		多工位程序管理	2	
19	加工仿真(20分)	仿真控制工具条正确使用	5	
20		正确选择仿真验证模式	5	
21		多工位仿真设置	5	
22		仿真结果检查	5	
		总计	100	

项目十

VERICUT 数控铣削仿真

任务目标

1. 正确识读轴承座零件图的加工质量要求。
2. 使用仿真软件进行基本视图操作。
3. 使用仿真软件调用常用铣削数控系统组件。
4. 使用仿真软件加载加工中心机床组件。
5. 使用仿真软件定义虎钳夹具。
6. 使用仿真软件合理装夹毛坯。
7. 使用仿真软件正确建立工件坐标系。
8. 使用仿真软件正确设置工作偏置。
9. 使用仿真软件新建铣削加工刀具。
10. 使用仿真软件加载数控程序。
11. 使用仿真软件进行多工位仿真设置。
12. 使用仿真软件进行加工仿真。

确定任务

现有一批轴承座零件生产任务(图 10-1),零件已完成加工程序设计,并已生成加工程序,使用毛坯尺寸为 80 mm×80 mm×25 mm,材料为 2A12L。根据总体生产任务安排,现需要完成以下任务:

(1) 完成加工程序仿真验证;
(2) 正确定义工艺工装与刀具;
(3) 规划多工位仿真流程;
(4) 选择数控系统与机床结构;
(5) 可视化仿真验证加工刀路及加工碰撞结果;
(6) 合理优化加工切削参数。

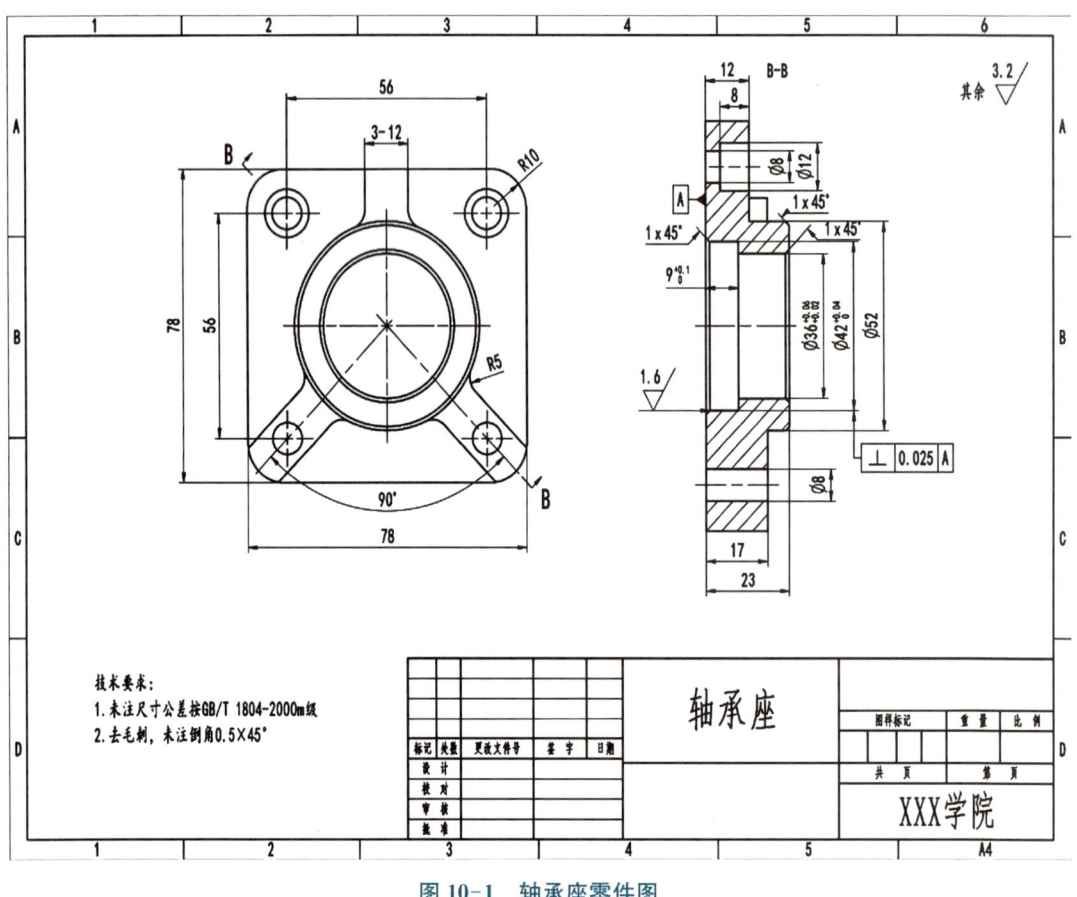

图 10-1 轴承座零件图

任务实施

学习活动 10.1　创建数控铣削加工项目

(1) 选择"开始"→"所有程序"→"CGTech VERICUT 9.1.1"→"VERICUT 9.1.1"命令,或者在系统桌面上双击 VERICUT 9.1.1 快捷方式图标即可启动 VERICUT 软件,显示如图 10-2 所示的软件界面。

(2) 单击"文件"菜单,在文件工具条中单击"工作目录"按钮,打开如图 10-3 所示"工作目录"窗口。选择工作目录"D:\VERICUT\10"后,单击"确定"按钮,将"D:\VERICUT\10"设为工作目录。

(3) 单击"文件"菜单,在文件工具条中单击"新建项目"按钮,打开如图 10-4 所示"新建 VERICUT 项目"窗口。在"新建项目"单选项中选择项目单位为"毫米"。在"新建项目名称"栏中输入新建项目的名称"轴承座仿真案例.vcproject",单击"确定"按钮。

项目十 VERICUT数控铣削仿真

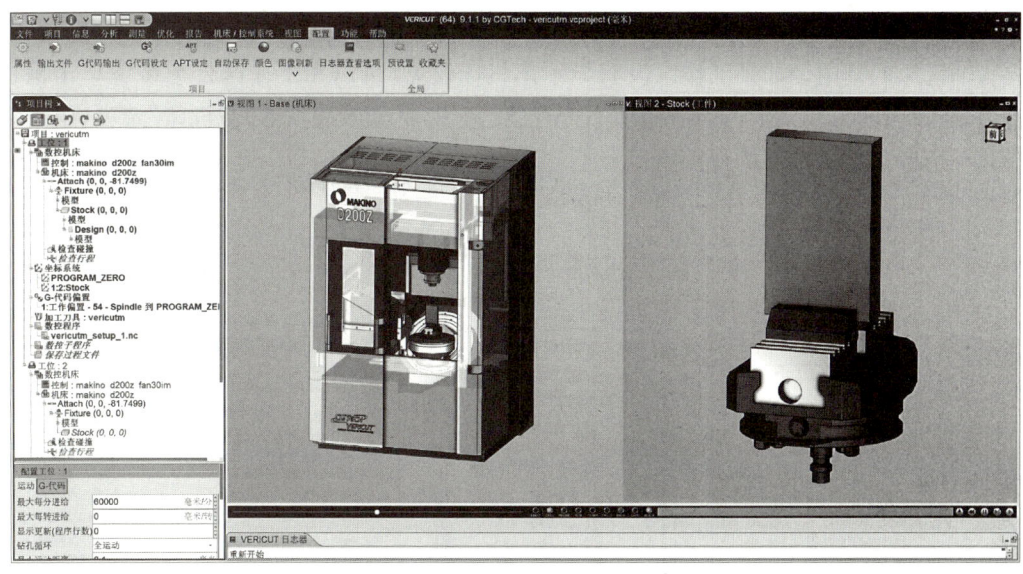

图 10-2 VERICUT 9.1.1 软件界面

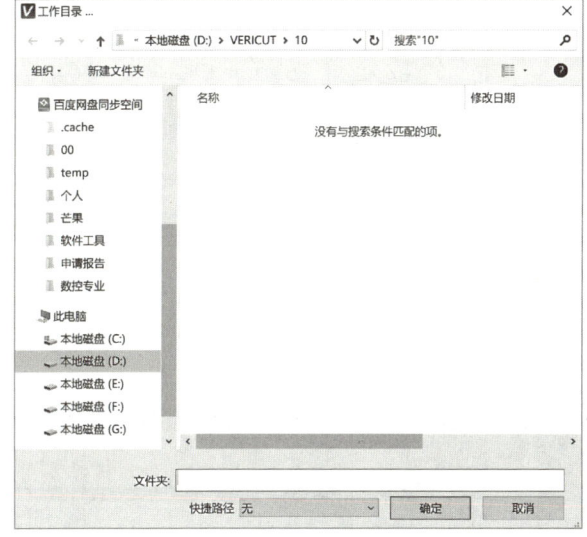

图 10-3 "工作目录"窗口

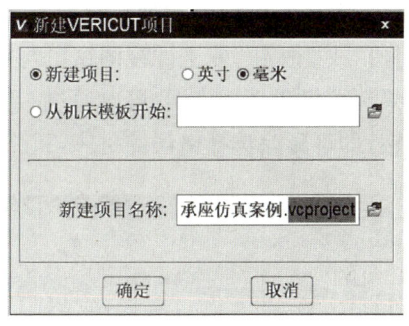

图 10-4 "新建 VERICUT 项目"窗口

学习活动 10.2　调用机床模型与系统

10.2.1　调用机床模型

在软件窗口左侧显示如图 10-5 所示"项目树"窗口,双击"工位:1"下的"机床"节点,弹出如图 10-6 所示的"打开机床"对话框。在该对话框下侧的快捷路径栏中选择"库"选项,快捷打开 VERICUT 安装目录下软件自带的机床库文件夹,方便用户选择使用。在

237

"库"文件夹中选择"basic_3axes_vmill.mch"三轴铣床模型,然后单击下侧"打开"按钮,完成三轴铣床的调用。如果工作区没有显示出机床模型,可以在工作区任意位置单击鼠标右键,在弹出的工具条中,找到"添加一个视图"选项,单击该选项下的"机床"选项,就可以打开一个单独显示机床的视图窗口。

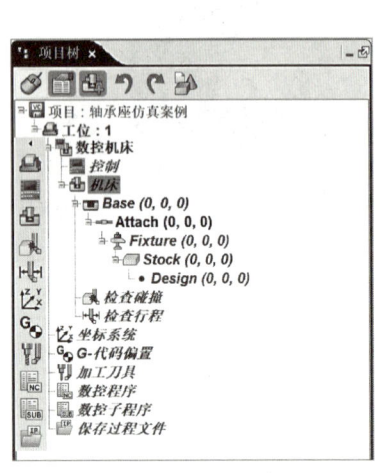

图 10-5 "项目树"窗口

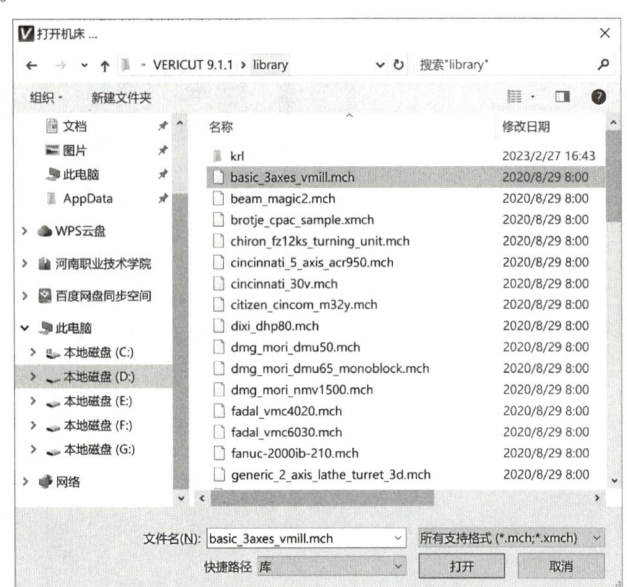

图 10-6 "打开机床"对话框

机床调用后为方便操作视图观察,在 VERICUT 软件界面左上角单击"双视图(水平)"快捷按钮,使工件视图窗口与机床视图窗口水平规则布置,如图 10-7 所示。注意,如果数控机床选择错误,可以通过右键单击项目树中机床节点,在弹出的菜单中选择"新"按钮,即可删除选择错误的机床,重新调用机床。

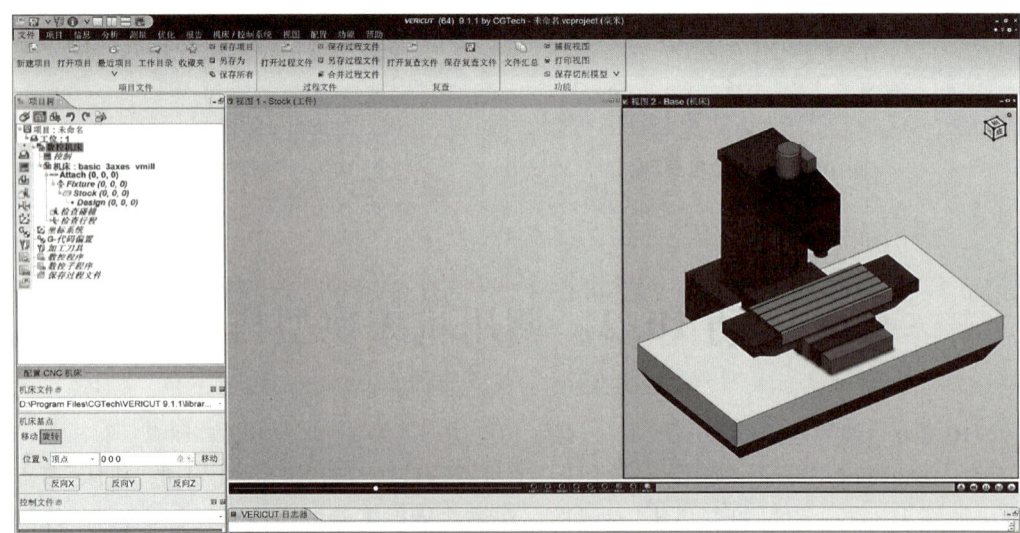

图 10-7 双视图(水平)显示方式

10.2.2 调用数控系统

在软件窗口左侧显示的项目树窗口中双击"工位：1"下的"控制"节点，弹出如图10-8所示的"打开控制系统"对话框。在该对话框下侧的快捷路径栏中选择"库"选项，快捷打开VERICUT安装目录下软件自带的数控系统库文件夹，方便用户选择使用。在"库"文件夹中选择"fan18m.ctl"的数控系统，然后单击下侧"打开"按钮，完成数控系统的配置。

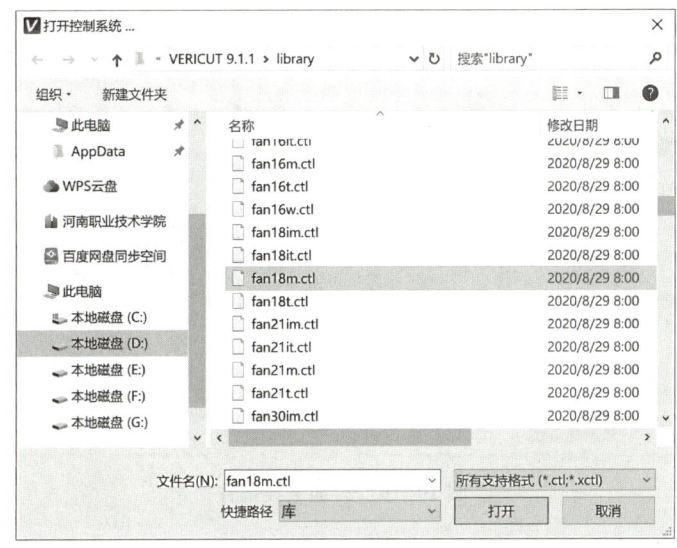

图 10-8 "打开控制系统"对话框

学习活动 10.3 毛坯安装(工位一)

轴承座的毛坯是尺寸为 80 mm×80 mm×25 mm 的方形 2A12 铝块，为方便该毛坯的装夹和定位，加工夹具选择使用机用虎钳。毛坯的安装分为两个步骤，分别是机床夹具安装和毛坯的装夹定位。

10.3.1 安装机用虎钳夹具

操作之前先把附带的虎钳模型文件夹复制到"D：\VERICUT\10"工作目录内。

（1）单击"项目树"窗口上方的"显示机床组件"按钮，展开如图10-9所示机床节点下所有项目树节点，方便对各组件编辑操作。

（2）找到"Fixture(0,0,0)"夹具组件节点，在该节点上单击右键，在弹出的菜单中找到"添加模型"，单击"添加模型"下的"模型文件"选项。打开"打开"窗口，默认打开目录即为工作目录，打开虎钳文件夹，选中该文件下的"3_

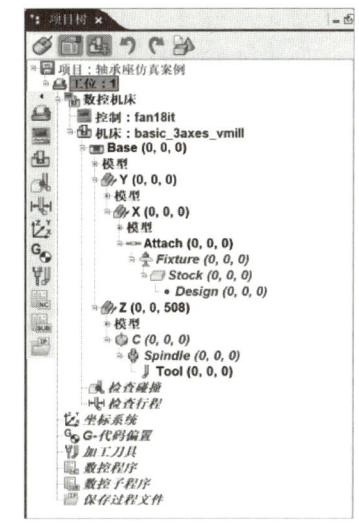

图 10-9 机床节点

axis_mill_fanuc_body_fxt.stl"和"3_axis_mill_fanuc_jaw_fxt.stl"两个文件,单击"确定"按钮,安装机用虎钳模型到仿真机床。如图10-10所示,"Fixture(0,0,0)"夹具组件节点加载该两个模型文件,同时在机床仿真窗口显示已安装虎钳的形状。

提示: 通过添加模型方式可以载入定义好的多种类型模型文件,如 *.ply、*.stl、*.stk、*.fxt、*.dsn、*.swp等。为方便格式转化,常使用 *.stl 格式文件。

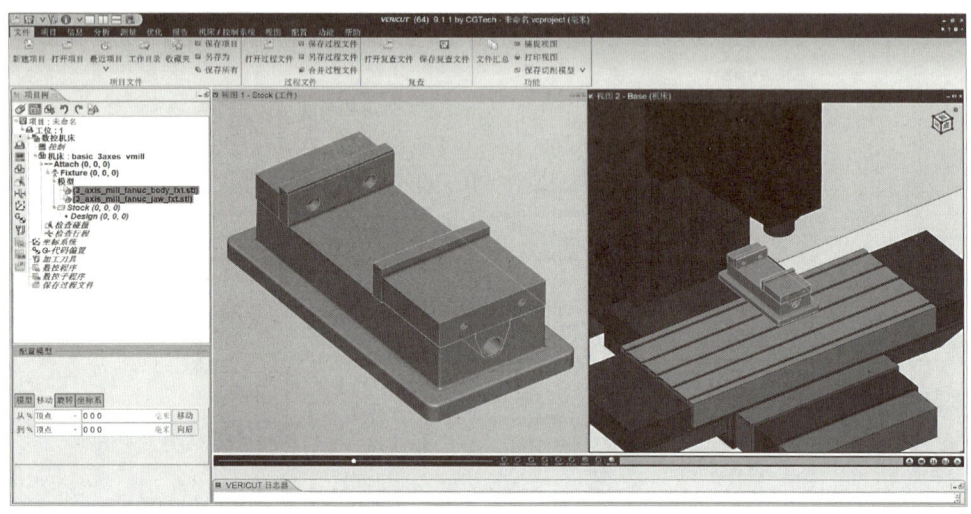

图10-10 添加夹具组件

(3) 通过观察发现,虎钳在机床工作台安装位置不合适,需要调整安装位置。保持"Fixture(0,0,0)"夹具组件节点下的"3_axis_mill_fanuc_body_fxt.stl"和"3_axis_mill_fanuc_jaw_fxt.stl"两个文件为选中状态。单击"项目树"下方的"配置模型"面板中的"移动"选项卡,在"到"的文本框输入坐标"-100 -200 0",分别表示 X 轴向负方向移动100 mm,Y 轴向负方向移动200 mm,Z 轴位置不变。单击"移动"按钮,虎钳移动到了合适的机床安装位置,如图10-11所示。如果移动位置错误可以单击"向后"退回原来位置。

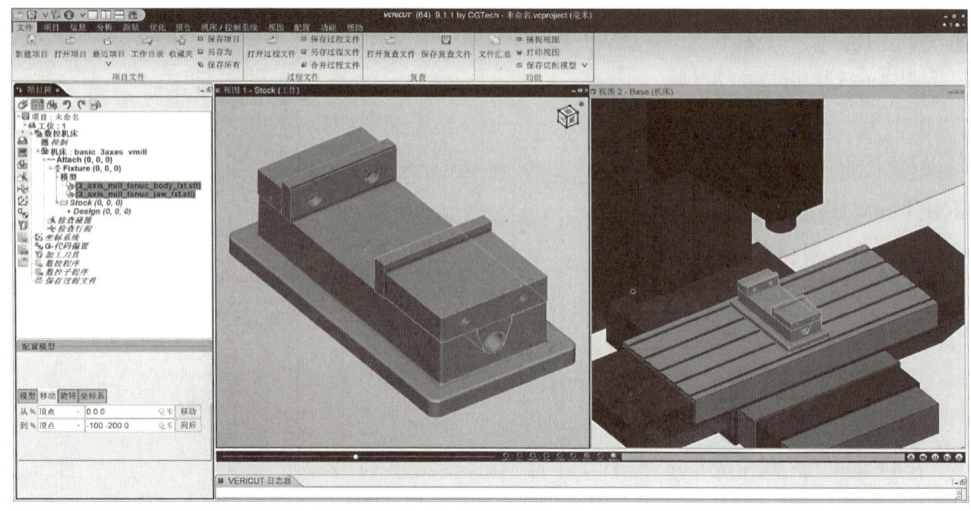

图10-11 虎钳正确合理位置

10.3.2 创建毛坯及装夹

创建毛坯及装夹有两个关键步骤：第一步创建尺寸为 80 mm×80 mm×25 mm 的方形轴承座的毛坯；第二步是正确装夹到虎钳安装位置。

(1) 保证机床组件下的节点在展开状态，在"Stock(0,0,0)"毛坯组件上单击右键，在弹出的菜单中找到"添加模型"，单击"添加模型"下的"立方体"选项。

(2) 通过工件视图窗口观察发现，在坐标的原点处默认添加了一个 25 mm×25 mm×25 mm 的立方体，这个毛坯尺寸不合适，需要改变长宽高尺寸。保持"Stock(0,0,0)"毛坯组件节点下的立方体模型为选中状态。单击"项目树"下方的"配置模型"面板中的"模型"选项卡，在"长(X)"的文本框中输入"80"，在"宽(Y)"的文本框中输入"80"，在"高(Z)"的文本框输入"25"，配置如图 10-12 所示模型尺寸参数，分别表示立方体长 X 轴方向尺寸是 80 mm，宽 Y 轴方向尺寸是 80 mm，高 Z 轴方向尺寸是 25 mm。输入参数后按回车键即可完成毛坯尺寸的修改。

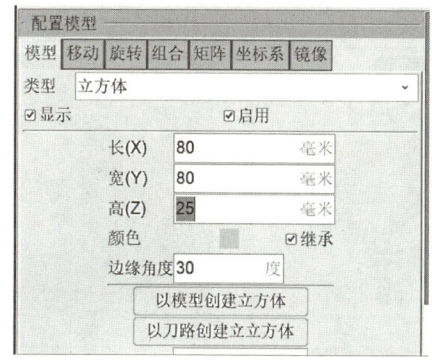

图 10-12 配置模型尺寸参数

(3) 观察工件视图窗口，毛坯在机床工作台放置位置不正确，需要调整毛坯装夹位置。单击"项目树"下方的"配置模型"面板中的"移动"选项卡，在"位置"的文本框中输入坐标"-35 52.7 137.2"，表示毛坯三轴负方向的角点为控制点，该点距仿真系统原点的距离分别是 X 轴负方向 35 mm，Y 轴、Z 轴正方向 137.2 mm。坐标输入后按回车键确认即可，配置参数后毛坯将移动到正确的装夹位置，如图 10-13 所示。

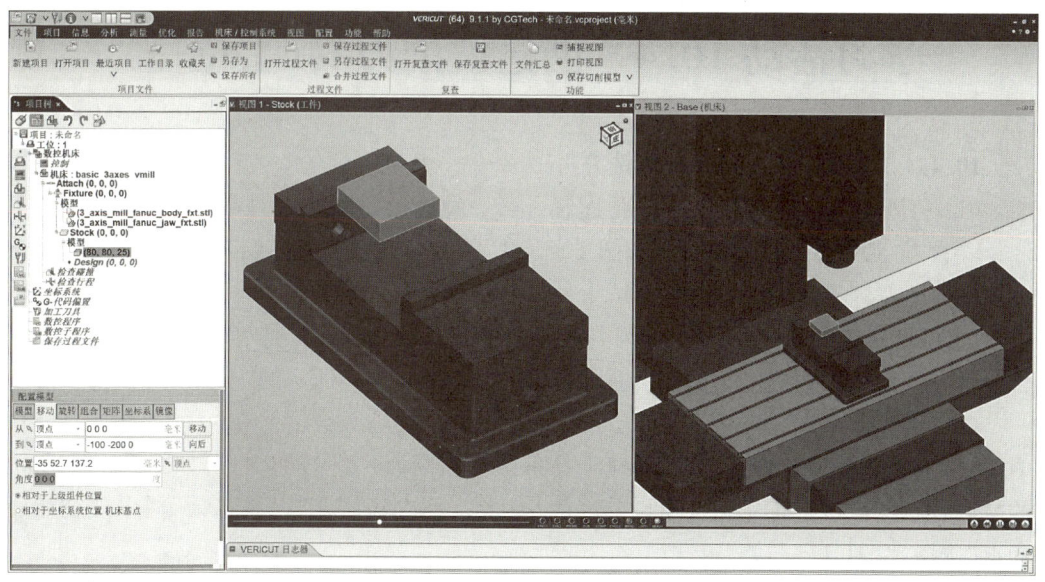

图 10-13 毛坯正确装夹位置

(4) 观察工件视图窗口，毛坯已放置在合理装夹位置，但活钳口位置不正确，没有表示已夹紧毛坯,需要调整活钳口位置。单击选中在"Fixture(0,0,0)"夹具组件节点下的"3_axis_mill_fanuc_jaw_fxt.stl"模型文件。单击"项目树"下方的"配置模型"面板中的"移动"选项卡,在"到"的文本框输入坐标"0 96.5 0",分别表示 X 轴位置不变,Y 轴向正方向移动 96.5 mm,Z 轴位置不变。单击"移动"按钮,活钳口移动到了正确的毛坯夹紧位置,如图 10-14 所示。如果移动位置错误可以单击"向后"退回原来位置。

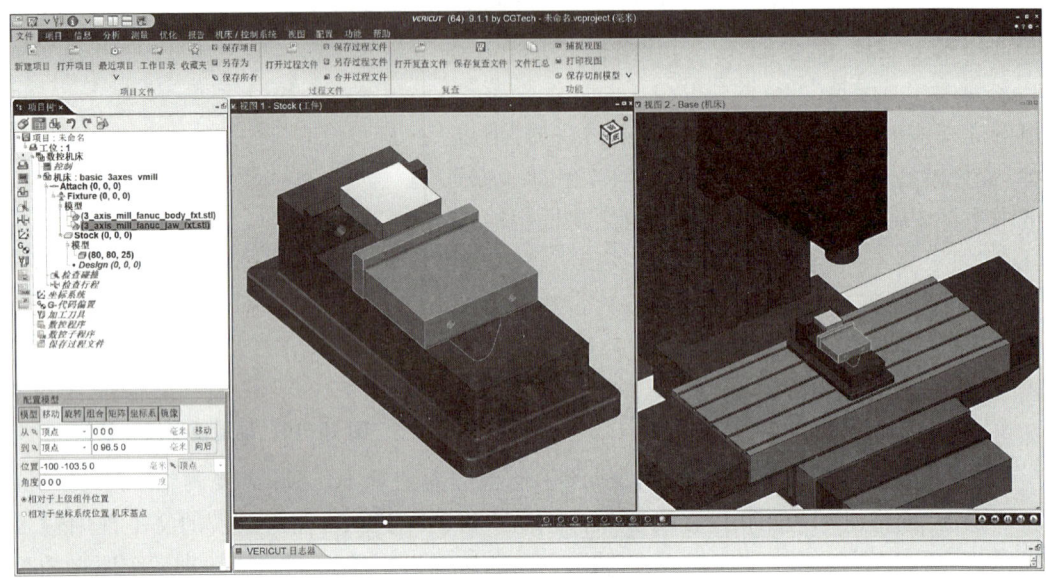

图 10-14　活钳口正确夹紧位置

学习活动 10.4　创建铣削刀具(工位一)

10.4.1　创建 T01 ϕ63 mm 面铣刀

(1) 打开刀具管理器有以下三种途径:第一种途径是双击软件界面左侧项目树"工位:1"中"加工刀具"组件,可打开如图 10-15 所示的"刀具管理器"窗口;第二种途径是选中软件界面左侧项目树中"加工刀具"组件,在项目树下方的"配置刀具"窗口中单击"刀具"按钮,也可打开如图 10-15 所示的"刀具管理器"窗口;第三种途径是单击"项目"菜单,在项目菜单快捷工具条中单击"刀具"按钮,同样可打开如图 10-15 所示的"刀具管理器"窗口。

(2) 在创建刀具之前,首先检查刀具默认设置参数是否合适。在"刀具管理器"窗口中,单击"功能"菜单,在功能菜单快捷工具条中单击"预设置"按钮,打开如图 10-16 所示的"参数设置"窗口。首先确认项目单位是"毫米",其次确认在"刀具选项"栏中,"初始驱动点"选择"以刀具号开始"单选项。

(3) 在"刀具管理器"窗口中,单击"刀具"菜单,在刀具菜单快捷工具条中单击"铣刀"按钮,即可创建一把铣刀。如图 10-17 所示设置 T01 ϕ63 mm 面铣刀参数内容。修改刀具直径尺寸为 63 mm,按回车键即可确认修改。

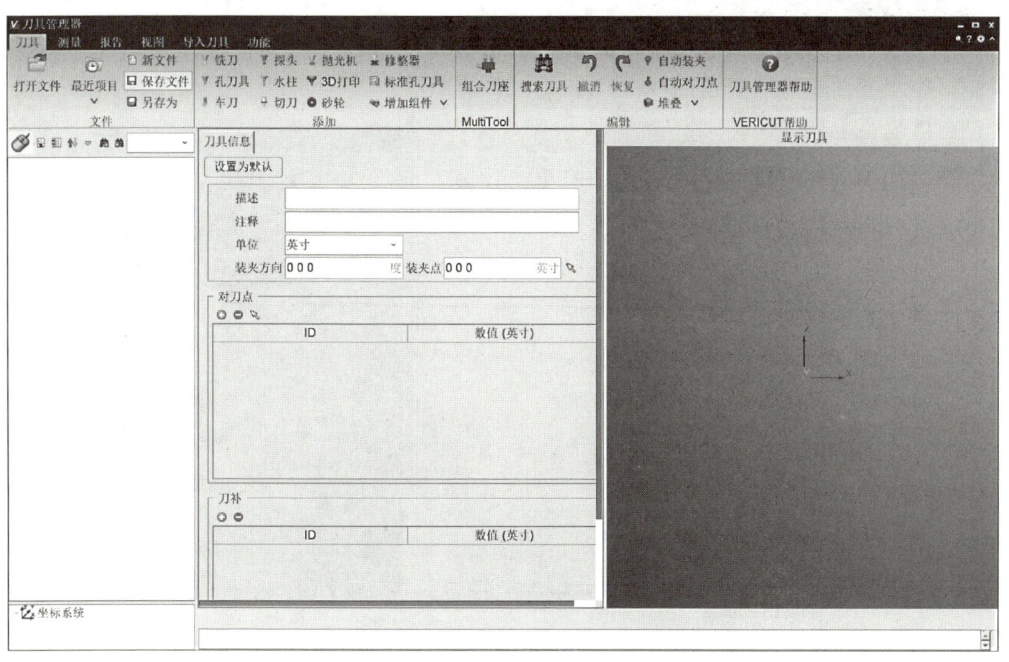

图 10-15 工位一"刀具管理器"窗口

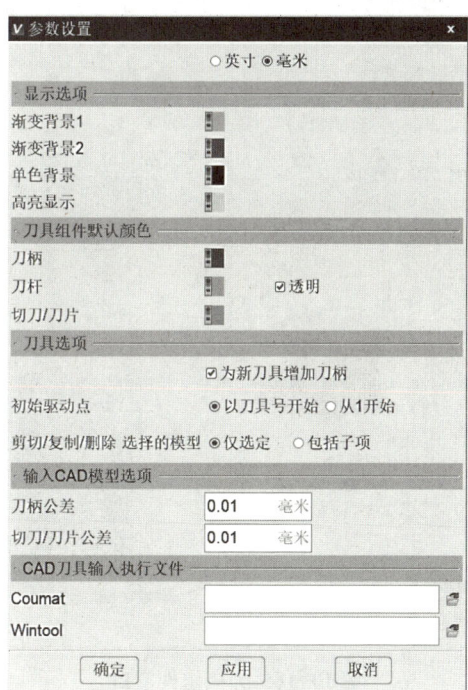

图 10-16 "参数设置"窗口

（4）在左侧刀具树中，单击刚创建的 1 号刀具中的"刀柄"组件。在如图 10-18 所示刀柄组件窗口中，选择"圆柱体"，修改"R"值为"40"。按回车键即可确认修改。

机械 CAD/CAM 应用

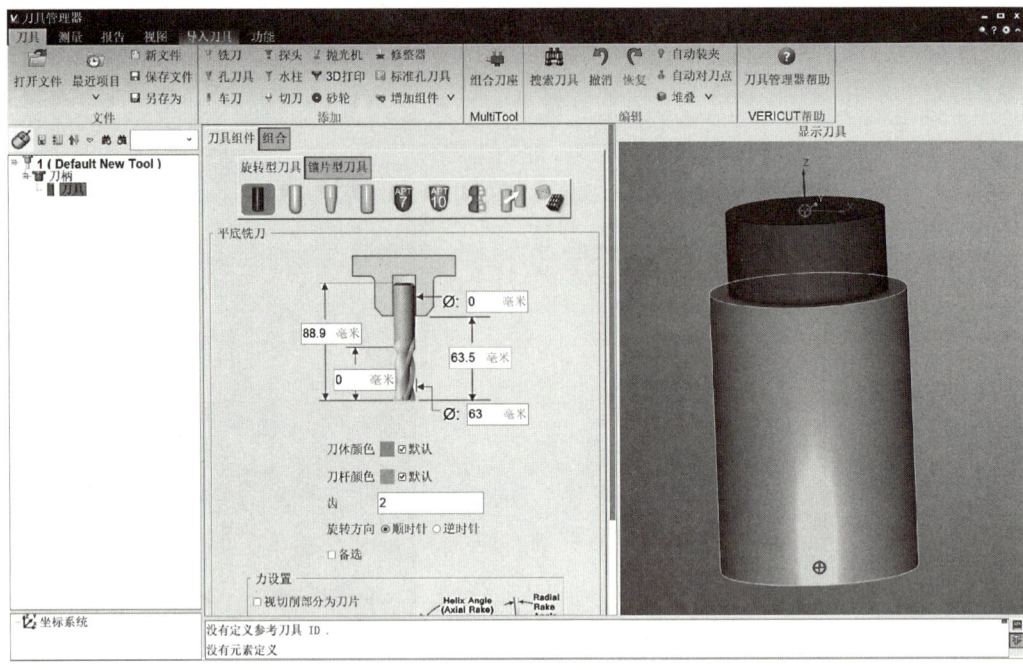

图 10-17　新建 T01 ϕ63 mm 面铣刀参数

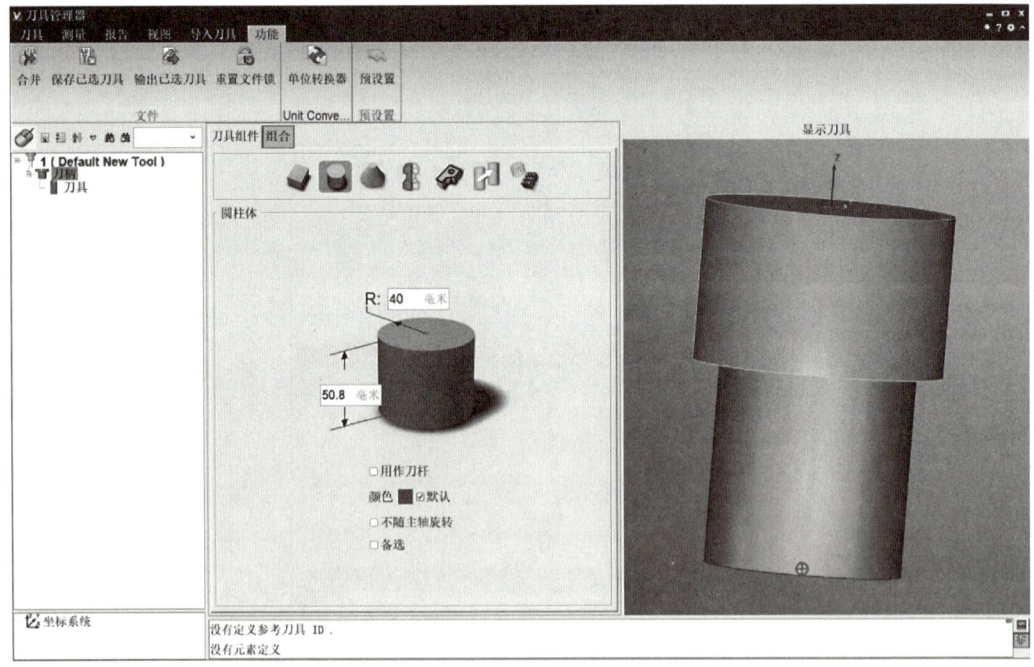

图 10-18　刀柄组件窗口

10.4.2　创建 T02 ϕ16 mm 立铣刀

在"刀具管理器"窗口中,单击"刀具"菜单,在刀具菜单快捷工具条中单击"铣刀"按钮,即可创建一把铣刀。如图 10-19 所示设置 T02 ϕ16 mm 立铣刀参数内容。修改刀具直径尺寸为 16 mm，按回车键即可确认修改。

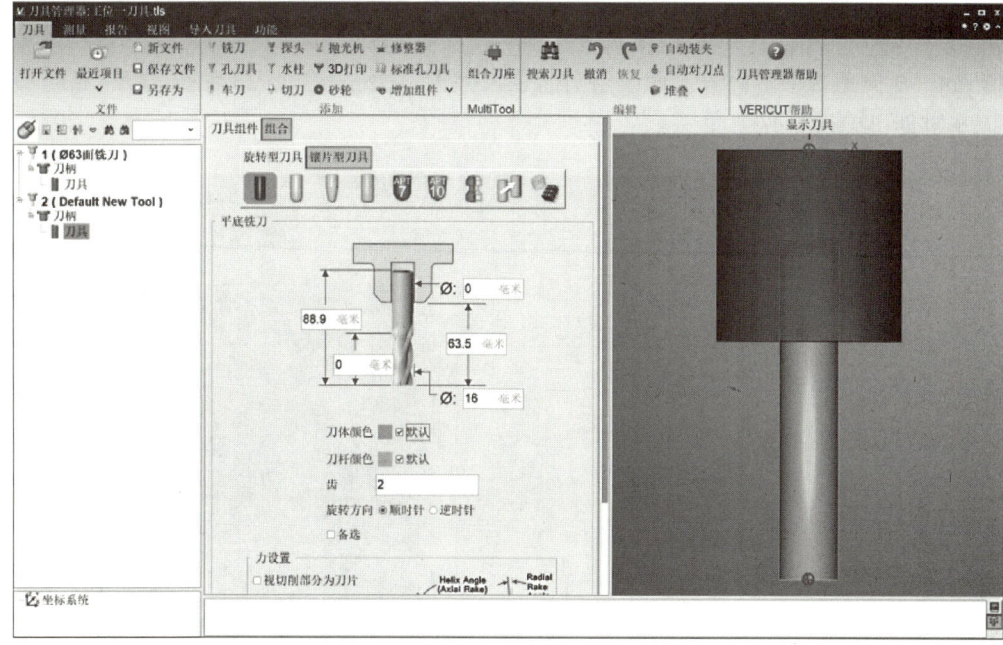

图 10-19　新建 T02 ϕ16 mm 立铣刀参数

10.4.3　创建 T03 ϕ10 mm 立铣刀

在"刀具管理器"窗口中，单击"刀具"菜单，在刀具菜单快捷工具条中单击"铣刀"按钮，即可创建一把铣刀。如图 10-20 所示设置 T03 ϕ10 mm 立铣刀参数内容。修改刀具直径尺寸为 10 mm，按回车键即可确认修改。

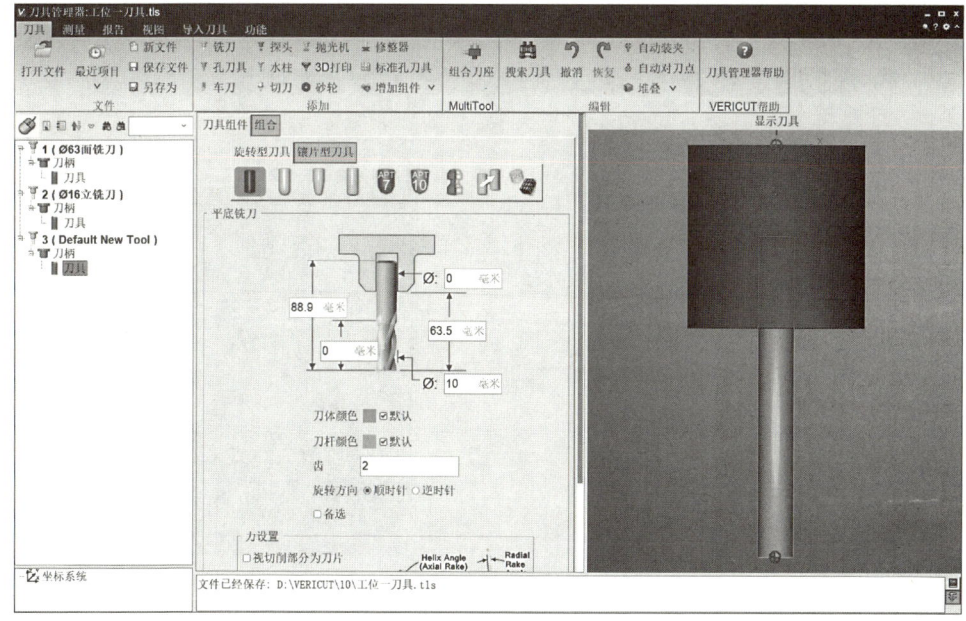

图 10-20　新建 T03 ϕ10 mm 立铣刀参数

10.4.4 创建 T04 φ10 mm 90°倒角刀

在"刀具管理器"窗口中,单击"刀具"菜单,在刀具菜单快捷工具条中单击"铣刀"按钮,即可创建一把铣刀,在刀具类型中选择"7 参数"铣刀,如图 10-21 所示设置 T04 φ10 mm 90°倒角刀参数内容。修改刀具直径尺寸为 10 mm,修改刀具底刃角度 A 为 45°,按回车键即可确认修改。

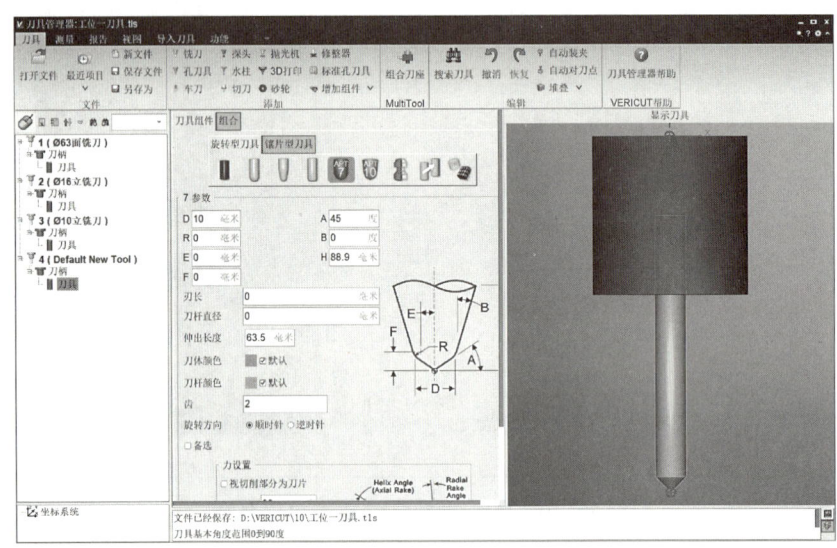

图 10-21　新建 T04 φ10 90°倒角刀参数

10.4.5 创建 T05 φ8 mm 麻花钻

在"刀具管理器"窗口中,单击"刀具"菜单,在刀具菜单快捷工具条中单击"孔刀具"按钮,即可创建一把麻花钻。如图 10-22 所示设置 T05 φ8 mm 麻花钻参数内容。修改刀具直径尺寸为 8 mm,按回车键即可确认修改。

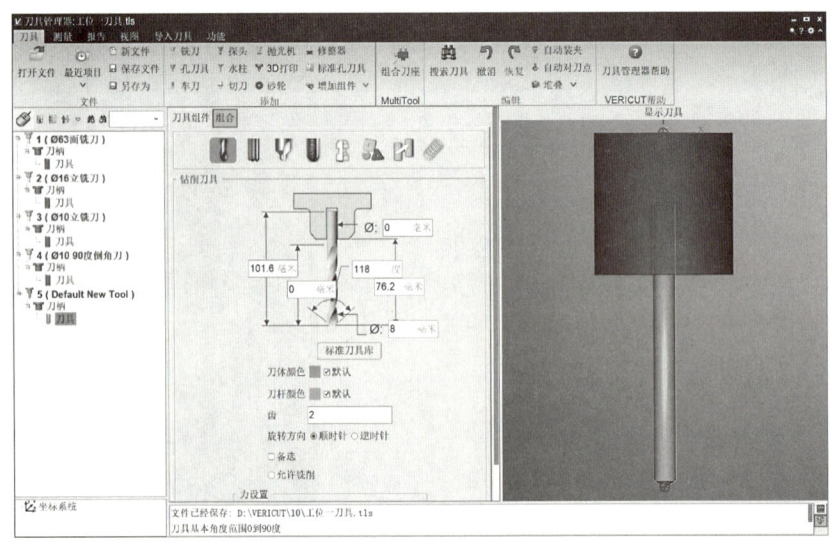

图 10-22　新建 T05 φ8 mm 麻花钻参数

学习活动 10.5 设置工件坐标系与G代码偏置（工位一）

10.5.1 添加工件坐标系

利用用户定义的坐标系可以定义剖面或集中测量数据，已激活的坐标系也可应用于X-测量规的测量、剖面值、刀具运动轨迹（除了在刀轨列表中已经定义了方向的刀轨）坐标系的设置。

（1）选中软件界面左侧项目树中"坐标系统"组件，在项目树下方的"配置坐标系统"窗口中单击"新建坐标系"按钮，可新建一个坐标系 Csys1。

（2）选中软件界面左侧项目树中"坐标系统"组件下的"Csys1"坐标系，在项目树下方的"配置坐标系：Csys1"控制面板中单击"CSYS"选项卡，在"位置"文本框右单击箭头选择图标，确认方法为"顶点"。这时把鼠标移动至工作窗口，放置到毛坯上表面，当系统自动捕捉到上表面中心位置时，单击鼠标确认 Csys1 坐标系移动至毛坯上表面中心点处，该点即为工位一坐标原点，如图 10-23 所示。

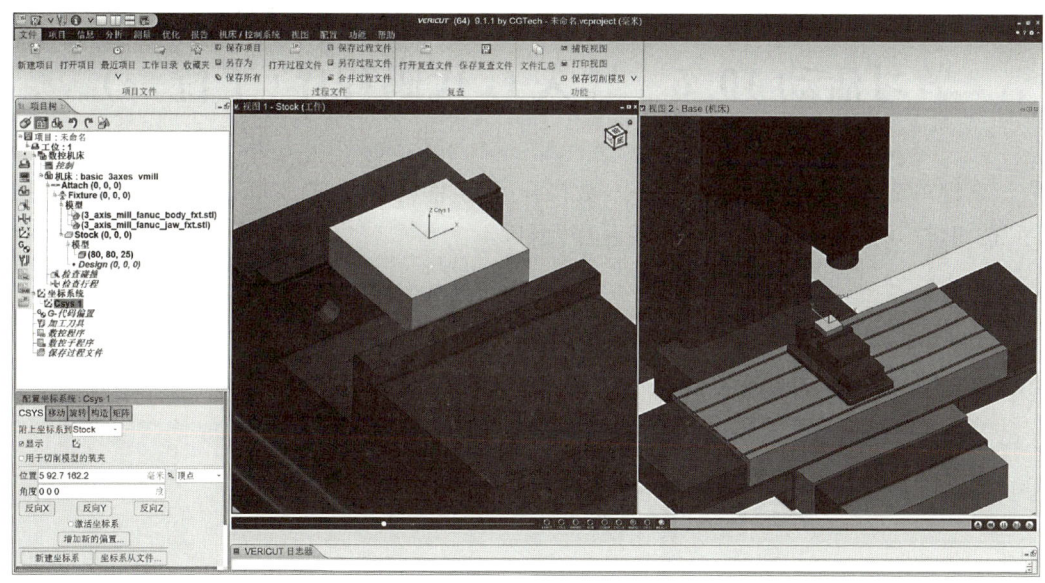

图 10-23 Csys1 工位坐标原点

10.5.2 添加 G 代码偏置

G 代码偏置用于设定数控程序加工基准、程序零点、机床初始化位置以及换刀位置等。

（1）新建坐标系，首先选中软件界面左侧项目树中"G-代码偏置"组件，在项目树下方显示"配置 G-代码偏置"控制面板。在面板"寄存器"文本框中输入"54"，表示数控加工程序中调用的是 G54 工件坐标。

（2）单击选中软件界面左侧项目树中"G-代码偏置"组件下的"1-工作偏置-54-C到Stock"工作偏置。在项目树下方显示如图10-24所示"配置工作偏置"控制面板，在"从"名字框中选择"Spindle"主轴组件，在"到"特征中选择"坐标原点"，名字组件中自动选择"Csys1"，即建立了G54的工作偏置是从主轴的刀位点到毛坯上表面正中心工作原点的工作偏置。

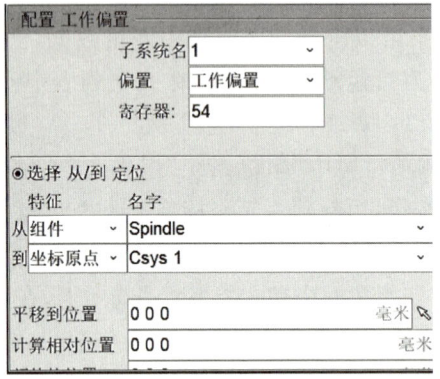

图10-24 配置工作偏置

学习活动10.6 导入G代码程序（工位一）

右键单击软件界面左侧项目树中"数控程序"组件，在弹出的菜单中单击"添加数控程序"按钮，打开如图10-25所示"数控程序"窗口。

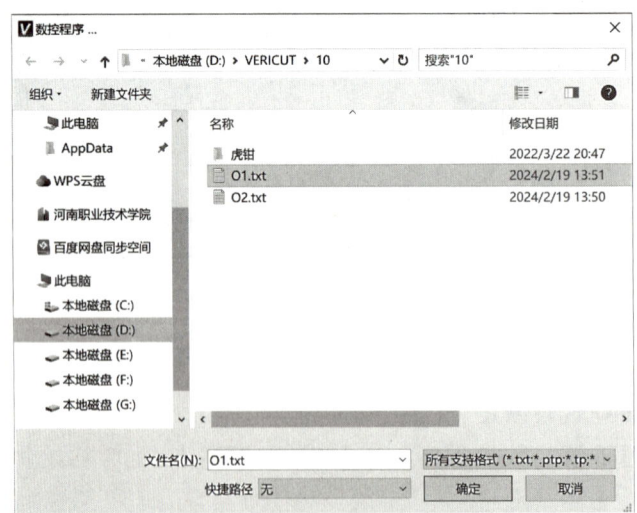

图10-25 打开"数控程序"窗口

打开数控程序后，在左侧项目树"数控程序"组件下，显示"O1.txt"程序节点。双击

"O1.txt"程序节点,可打开如图 10-26 所示程序显示窗口,方便检查和修改程序内容。

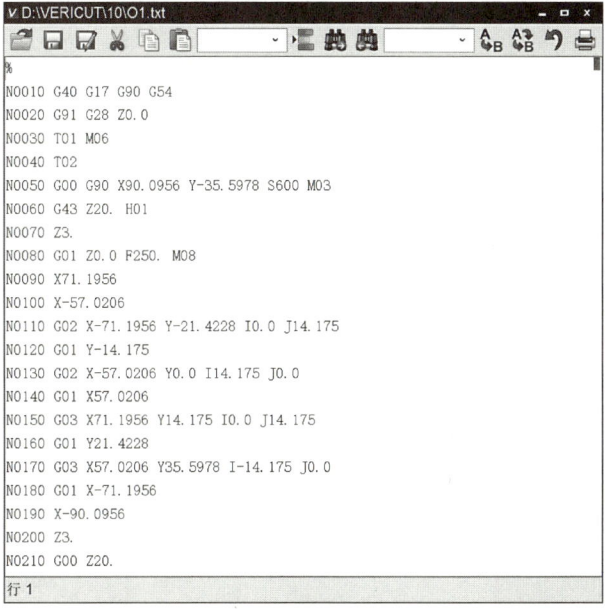

图 10-26　程序显示窗口

学习活动 10.7　仿真检查(工位一)

设置完成后,可以单击"仿真"按钮,开始加工仿真,结果如图 10-27 所示。

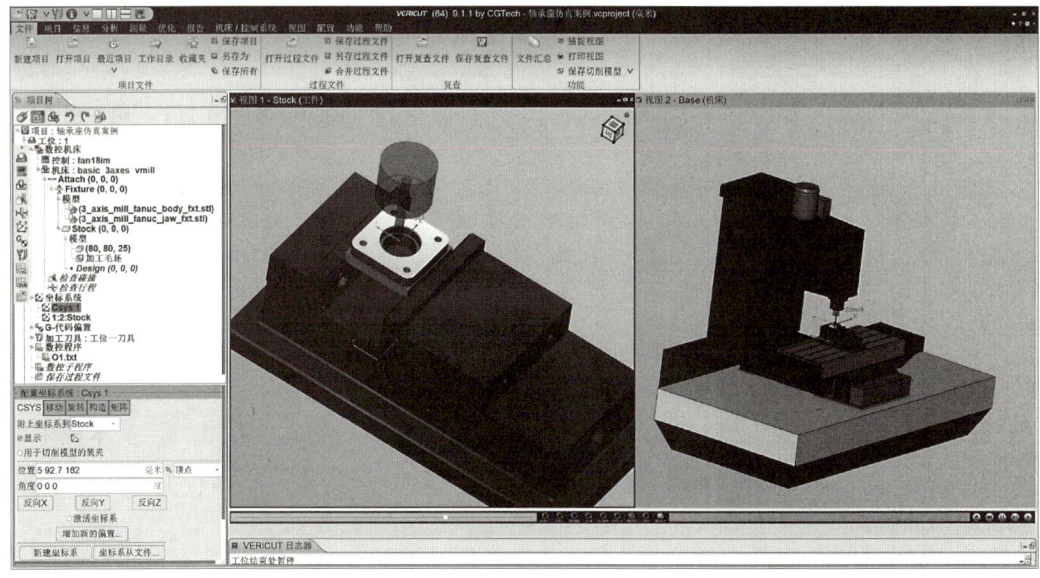

图 10-27　工位一仿真结果

通过仿真验证显示结果,检查编程的精确与否、快速移动时刀具是否碰到毛坯、走刀路径是否正确、刀具与工装夹具是否发生碰撞、图纸或读图是否错误、刀具和刀柄是否与毛坯碰撞、CAD/CAM 软件和后置处理器是否错误、是否按用户要求拟合刀具路径,以及是否生成新的 G 代码等。

学习活动 10.8　毛坯安装(工位二)

10.8.1　创建加工工位

(1) 在软件界面左侧项目树找到"工位：1"组件,在"工位：1"组件上单击右键,在弹出的菜单中单击"复制"按钮。在"工位：1"组件上单击右键,在弹出的菜单是单击"粘贴"按钮,把复制的"工位：1"组件数据粘贴到"工位：1"组件后。

(2) 单击项目树窗口上方的"显示机床组件"按钮,可以展开刚复制的"工位：2"的组件内容,如图 10-28 所示。

10.8.2　加工毛坯安装

(1) 单击"重置模型"控制按钮。

(2) 右键单击"仿真"控制按钮,在"各个工位的结束"复选框前单击,确认此复选框已勾选生效。

(3) 单击"仿真"控制按钮,系统开始仿真"工位：1"加工内容。"工位：1"加工内容仿真结束后会暂停至"工位：1"最后一步。

(4) 单击一次单步按钮,仿真活动进入"工位：2"。从项目树可以看到"工位：2"组件数控已生效,当前处于活动状态。

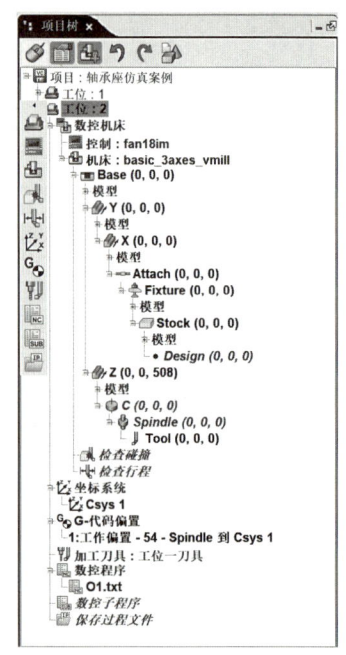

图 10-28　"工位：2"组件创建

(5) 找到"工位：2"机床组件下"Stock"毛坯组件下的"模型"节点,单击"模型"节点左侧的"+"号,展开"模型"节点,可以看到相对于"工位：1"创建的 80 mm×80 mm×25 mm 毛坯外,多出一个如图 10-29 所示"加工毛坯"组件。

(6) 单击选中"加工毛坯"组件,在项目树下方"配置模型"控制面板中,单击"旋转"选项卡。在"旋转中心"文本框中输入"5 92 162",表示工件上表面中心点坐标位置。单击右侧"旋转中心显示开/关"按钮,确认工件上表面中心点为旋转中心。在"增量"文本框中输入"90",表示旋转步进角度为 90°。单击两次"Y+"按钮,工件绕 Y 轴旋转了 180°,实现了翻转更换加工面。结果如图 10-30 所示。

(7) 单击选中"加工毛坯"组件,在项目树下方"配置模型"控制面板中,单击"移动"选项卡。

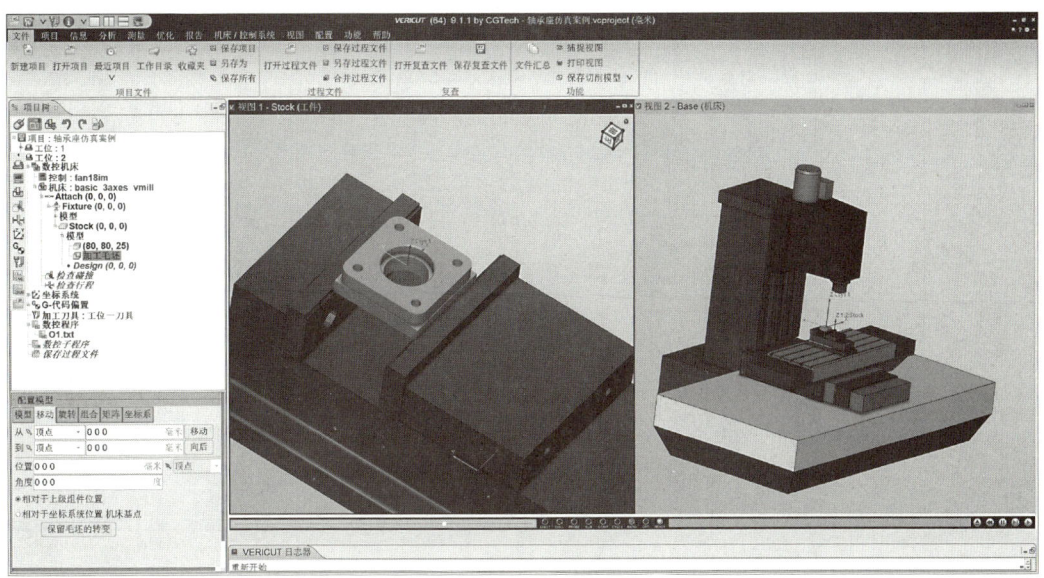

图 10-29 "加工毛坯"组件

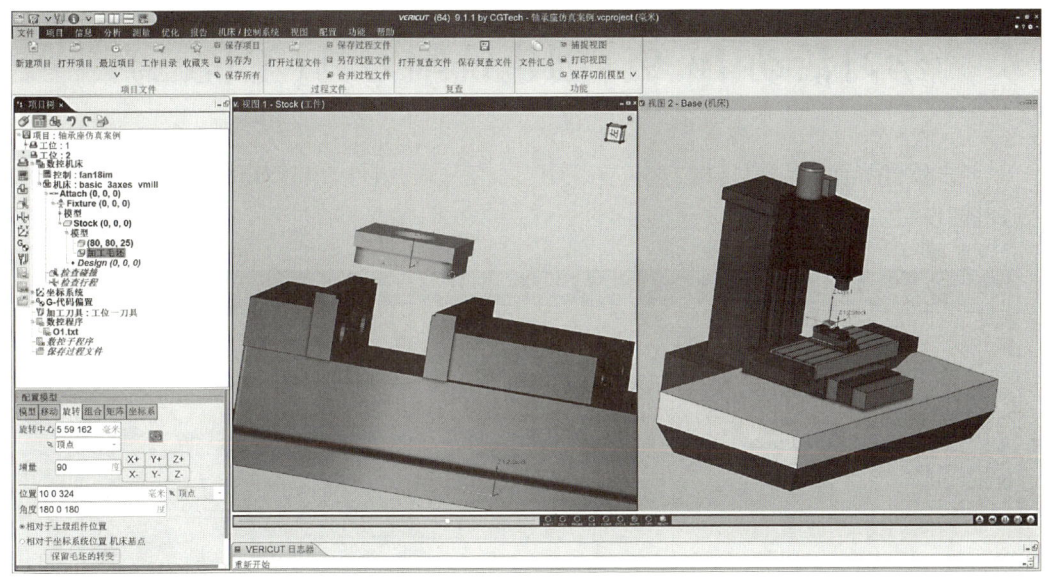

图 10-30 工件旋转后效果

在"从"文本框中输入"0 -1 -24.8"分别表示 X 轴位置不变,Y 轴向负方向移动 1 mm,Z 轴向负方向移动 24.8 mm。单击"移动"按钮,工件移动到了合适的虎钳装夹位置,如图 10-31 所示。如果移动位置错误可以单击"向后"退回原来位置。

(8) 最关键的一步,工位二修改工件到合适的装夹位置后,一定要在"加工毛坯"组件上单击右键,在弹出的菜单中单击"保留毛坯的转变"按钮。

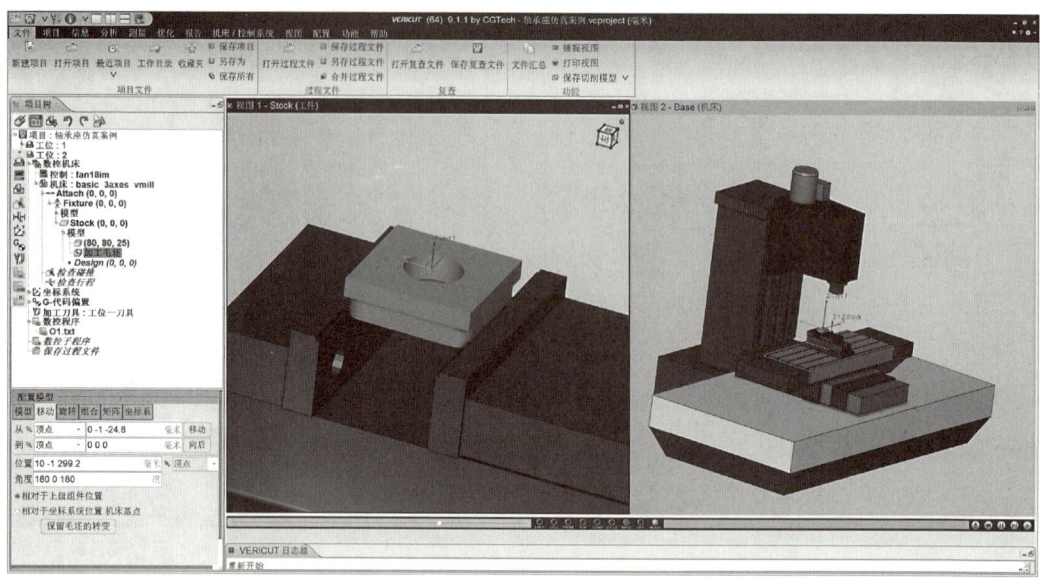

图 10-31　工件合适的虎钳装夹位置

学习活动 10.9　创建铣削刀具（工位二）

双击软件界面左侧项目树"工位：2"中"加工刀具"组件，出现如图 10-32 所示"刀具管理器"窗口。

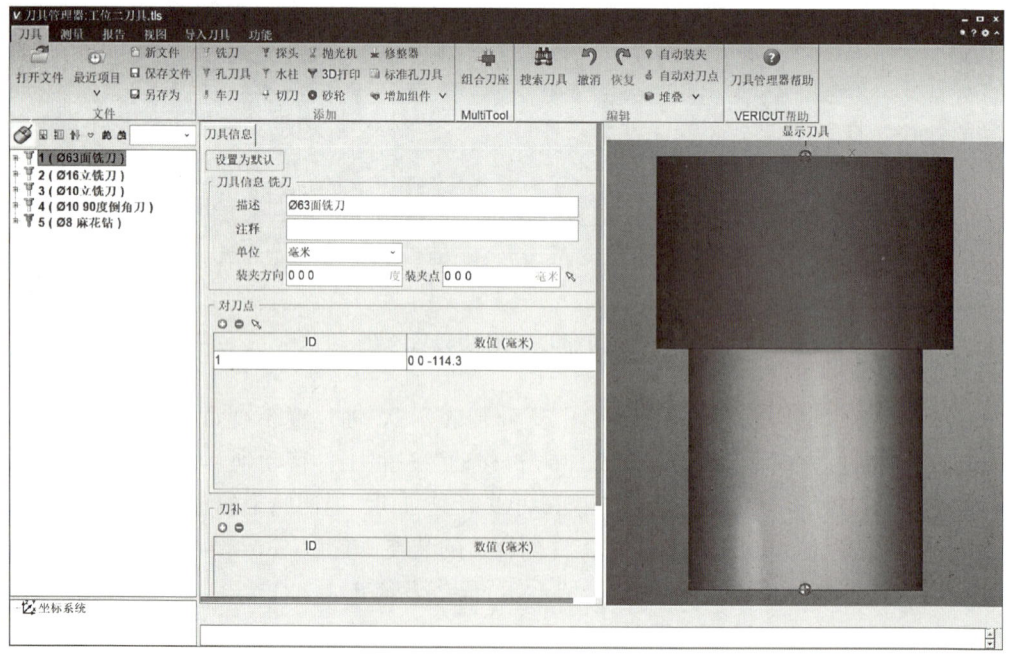

图 10-32　工位二"刀具管理器"窗口

由于是工位一复制的刀具数据,先将数据另存一份。单击刀具菜单下的"另存为"按钮,打开如图 10-33 所示"另存刀具库为…"窗口,默认的存储路径为工作目录,修改文件名为"工位二刀具.tls",单击"保存"按钮。

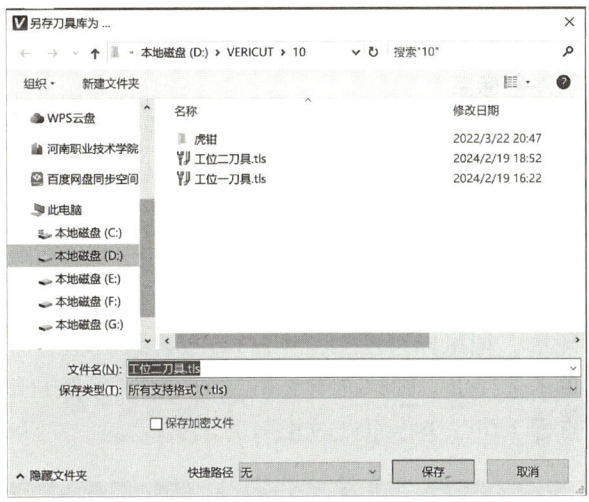

图 10-33 "另存刀具库为…"窗口

根据加工工艺需要,工位二对比工位一所使用加工刀具需增加一把 T06 ϕ12 mm 平底钻头。单击选中"5(ϕ8 麻花钻)",在"刀具管理器"窗口中,单击"刀具"菜单,在刀具菜单快捷工具条中单击"孔刀具"按钮,即可在"5(ϕ8 麻花钻)"后创建一把孔加工刀具。如图 10-34 所示设置 ϕ8 mm 麻花钻参数内容。修改刀具直径尺寸为 12 mm,底刃角度 180°,按回车键即可确认修改。

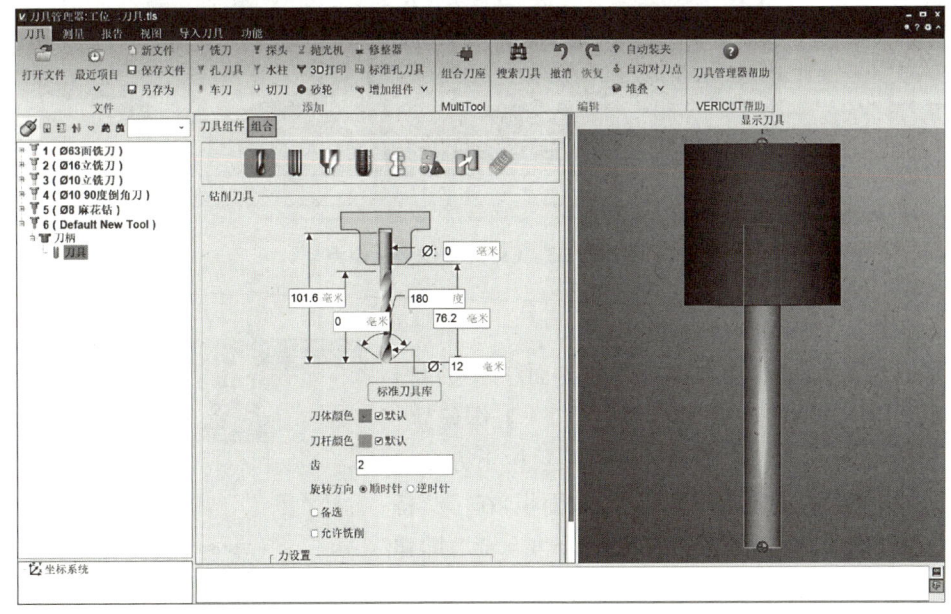

图 10-34 新建 ϕ8 mm 麻花钻参数

253

学习活动 10.10　设置工件坐标系与 G 代码偏置（工位二）

10.10.1　新建工件坐标系

（1）选中软件界面左侧项目树"工位：2"中"坐标系统"组件，在项目树下方的"配置坐标系统"窗口中单击"新建坐标系"按钮，新建一个坐标系 Csys1。

（2）选中软件界面左侧项目树"工位：2"中"坐标系统"组件下的"Csys2"坐标系，在项目树下方的"配置坐标系统：Csys2"控制面板中单击"CSYS"选项卡，在"位置"文本框右单击箭头选择图标，确认方法为"圆心"。选择圆心时，需要定义两个图素，一个是圆所在的平面，一个是圆形轮廓。把鼠标移动至工作窗口，放置到毛坯上表面，选择第一个图素为工件上表面，然后单击选择中心圆柱面定义第二个图素。系统自动捕捉到上表面中心圆柱圆心的位置，该点即工位二坐标原点，如图 10-35 所示。

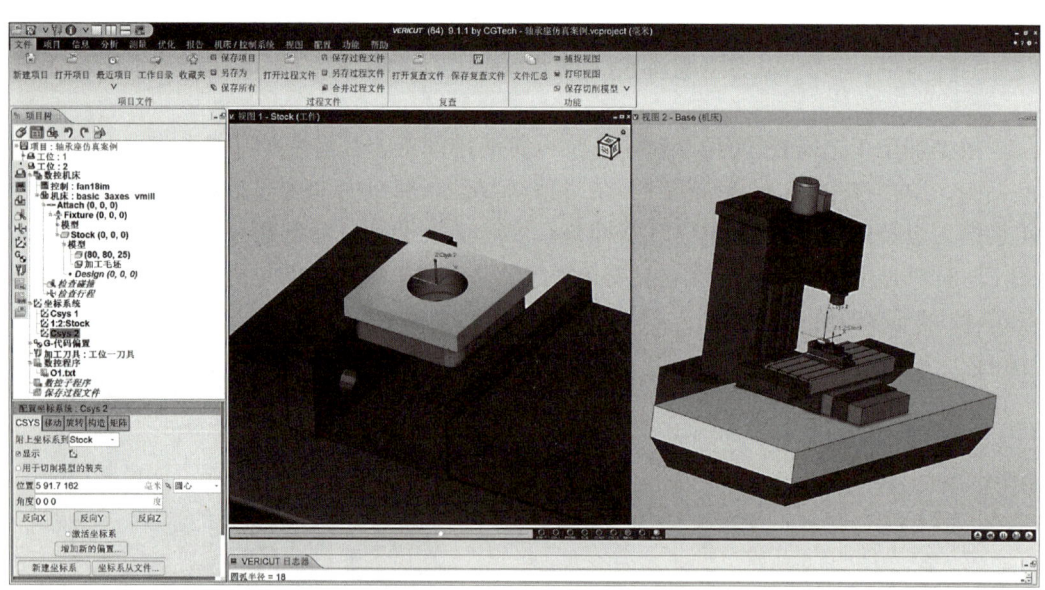

图 10-35　Csys2 工位坐标原点

10.10.2　修改 G 代码偏置

修改 G 代码偏置，首先选中软件界面左侧项目树"工位：2"中"G-代码偏置"组件中"1-工作偏置-54-Spindle 到 Csys1"工作偏置。在项目树下方显示如图 10-36 所示"配置工作偏置"控制面板，在"到"特征中选择"坐标原点"，名字组件中选择"Csys2"，即建立工位二 G54 的工作偏置是从主轴的刀位点到毛坯上表面圆柱轮廓圆心工件原点的工作偏置。

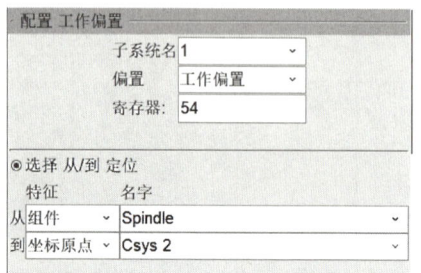

图 10-36　配置工作偏置

学习活动 10.11　导入 G 代码程序(工位二)

在软件界面左侧项目树"工位：2""数控程序"组件下，找到"O1.txt"程序节点，在"O1.txt"程序节点单击右键，在弹出的菜单中单击"删除"按钮，删除工位一加工数控程序。

右键单击软件界面左侧项目树"工位：2"中"数控程序"组件，在弹出的菜单中单击"添加数控程序"按钮，打开如图 10-37 所示"数控程序"窗口。

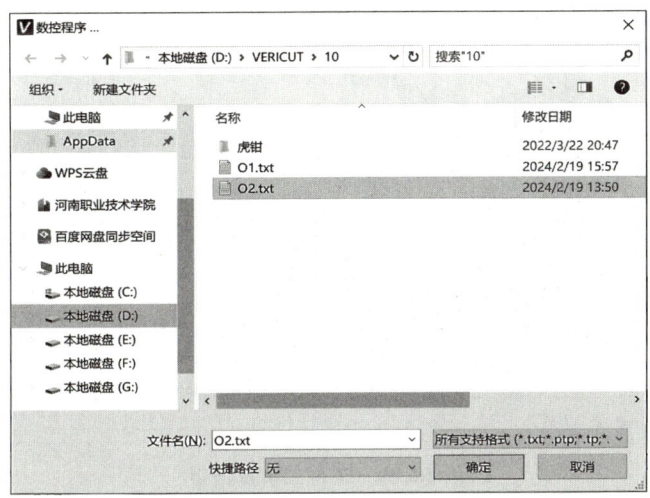

图 10-37　添加"数控程序"窗口

打开数控程序后，在左侧项目树"数控程序"组件下，显示"O2.txt"程序节点。双击"O2.txt"程序节点，打开如图 10-38 所示程序显示窗口，方便检查和修改程序内容。

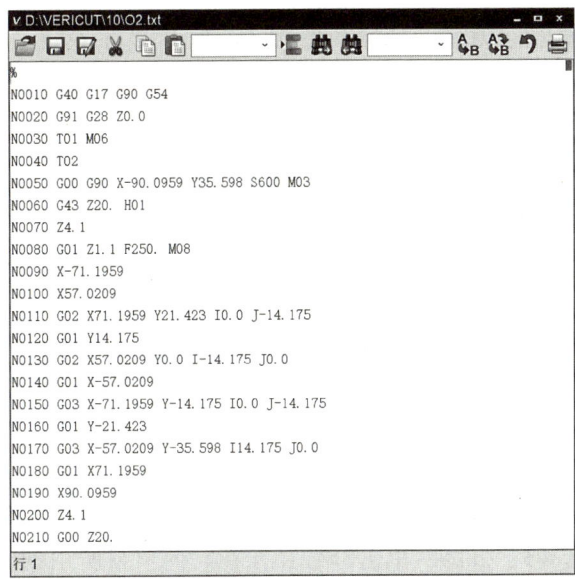

图 10-38　程序显示窗口

学习活动 10.12　仿真检查(工位二)

设置完成后,可以单击"仿真"按钮,开始加工仿真,结果如图 10-39 所示。

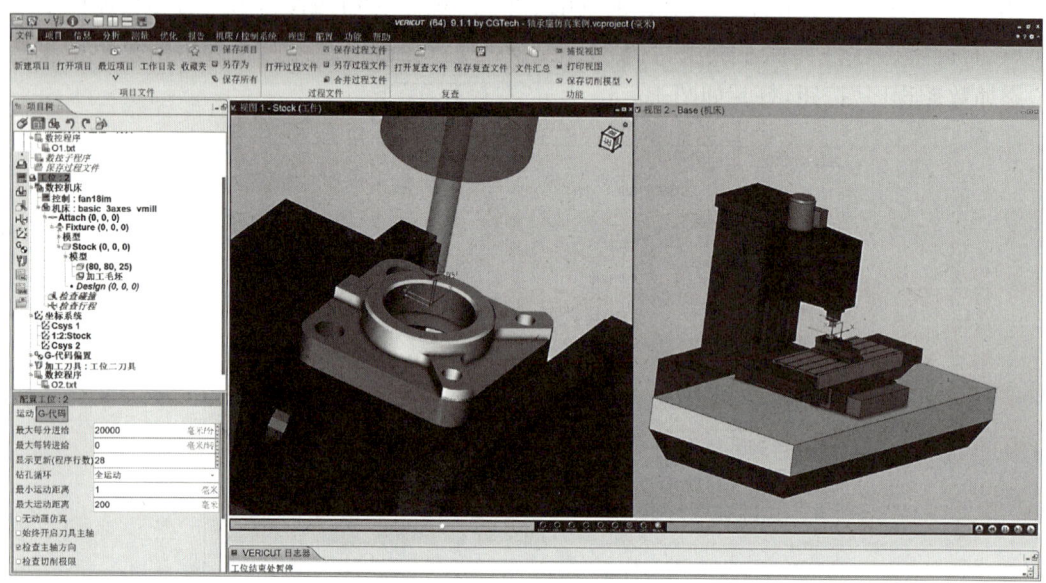

图 10-39　工位二仿真结果

学习活动 10.13　保存项目文件

一个仿真项目包含机床模型、数控系统、夹具、毛坯、坐标系、工作偏置、加工刀具和数控程序等组件,所以保存一个完整的项目需要把所有项目内容打包保存,便于在其他电脑上完整打开所保存仿真项目。

(1) 如果仿真项目只是在个人电脑中使用,不会在其他电脑中打开使用,项目保存只需要单击"文件"菜单下快捷工具条中的"保存项目"按钮,确定存放路径和项目名称保存即可。打开项目时,单击"文件"菜单下快捷工具条中的"打开项目",找到保存的仿真项目打开即可。

(2) 如果仿真项目需要在多台电脑中使用,在项目保存时需要做把所有项目组件完整保存。单击"文件"菜单下快捷工具条中的"文件汇总"按钮,打开如图 10-40 所示文件汇总窗口。窗口显示此仿真项目所用到的所有组件内容。

(3) 保证所有组件复选框处于打勾选中状态,单击窗口上方的"复制"按钮,打开"复制选择的文件到"窗口,默认保存路径是工作目录,在工作目录内新建一个"项目十 数控铣削仿真"文件夹,选择此文件夹,单击"确定"按钮。此项目所用到的所有组件数据已全

项目十 VERICUT 数控铣削仿真

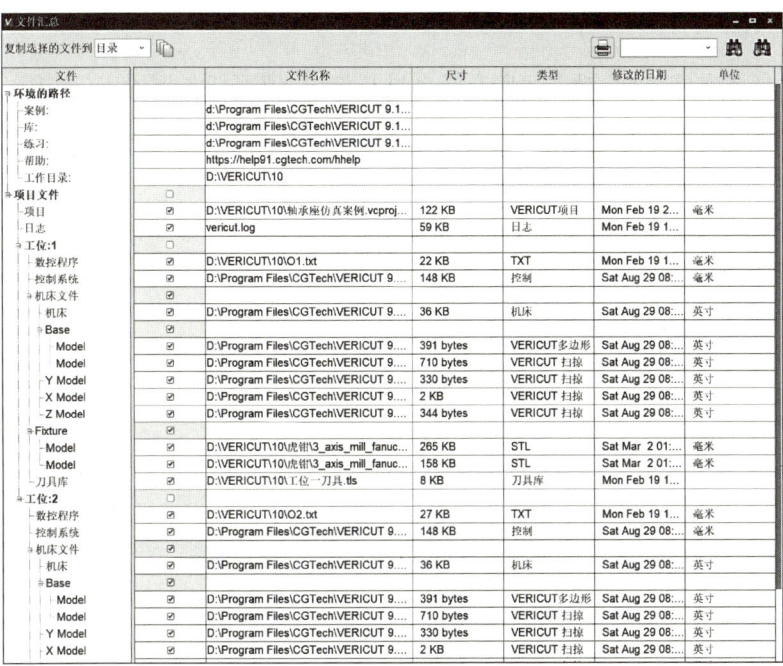

图 10-40 "文件汇总"窗口

部保存至如图 10-41 所示"项目十 数控铣削仿真"文件夹内。若在其他电脑打开此项目，只复制此文件夹后，打开 *.vcproject 项目文件即可。

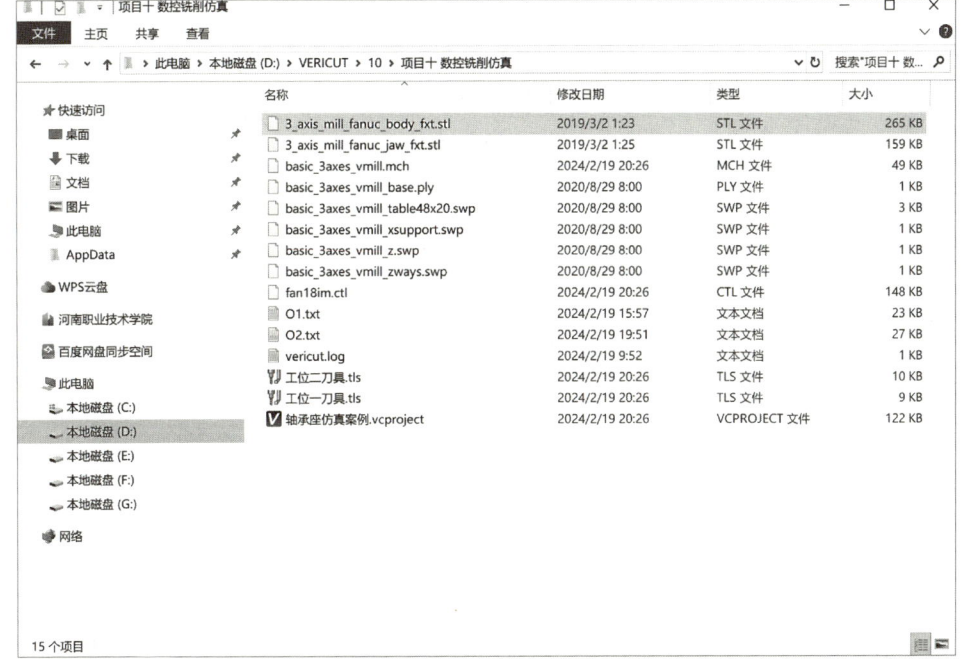

图 10-41 仿真项目文件汇总

257

 **任务评价**

完成本任务实施以后,对上述所有活动进行评价,填写任务评价表(表10-1)。

表 10-1 任务评价表

序号	项目(分值)	评价内容	配分	得分
1	基本操作(10分)	项目文件管理	2	
2		项目树操作	2	
3		工作窗口视图操作	3	
4		控制面板操作	3	
5	机床定义(20分)	正确选择数控系统	4	
6		正确选择数控机床	4	
7		正确选择夹具	6	
8		合理装夹毛坯	6	
9	工作偏置(20分)	合理建立工件坐标系	7	
10		新建正确的工件偏置	7	
11		多工件工作偏置设置	6	
12	创建加工刀具(20分)	新建加工刀具	5	
13		正确配置刀柄	5	
14		正确设置刀具控制点	5	
15		合理设置名称、刀具偏置	5	
16	数控程序(10分)	加工数控程序正确	4	
17		观察与修改程序内容	4	
18		多工位程序管理	2	
19	加工仿真(20分)	仿真控制工具条正确使用	5	
20		正确选择仿真验证模式	5	
21		多工位仿真设置	5	
22		仿真结果检查	5	
		总计	100	

参 考 文 献

[1] 吕宜忠. 数控编程与加工技术[M]. 2版. 北京:机械工业出版社,2024.
[2] 周保牛,黄俊桂. 数控编程与加工技术[M]. 3版. 北京:机械工业出版社,2019.
[3] 钟平福. UG NX12.0基础教程与案例精解[M]. 北京:机械工业出版社,2021.
[4] 易良培,易荷涵. UG NX12.0数控编程与加工案例教程[M]. 北京:机械工业出版社,2020.
[5] 林盛,胡登洲,位忠生. UG NX12.0零基础编程实例教程[M]. 2版. 北京:机械工业出版社,2024.